U0170043

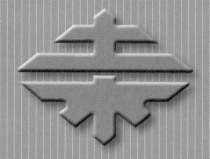

1912 ~ 2022

A HISTORY OF

CHINA

CIVIL ENGINEERING

SOCIETY

中国土木工程学会史
1912 ～ 2022

中国土木工程学会◎编著

中国建筑工业出版社

图书在版编目（CIP）数据

中国土木工程学会史 = A HISTORY OF CHINA CIVIL ENGINEERING SOCIETY：1912-2022 / 中国土木工程学会编著 . —北京：中国建筑工业出版社，2022.9

ISBN 978-7-112-27666-0

I.①中… Ⅱ.①中… Ⅲ.①中国土木工程学会—历史— 1912-2022 Ⅳ.① TU-262

中国版本图书馆CIP数据核字（2022）第133070号

责任编辑：徐　冉　黄习习　刘　静
责任校对：李辰馨

中国土木工程学会史 1912～2022

A HISTORY OF CHINA CIVIL ENGINEERING SOCIETY

中国土木工程学会　编著

＊

中国建筑工业出版社出版、发行（北京海淀三里河路9号）

各地新华书店、建筑书店经销

北京海视强森文化传媒有限公司制版

北京雅昌艺术印刷有限公司印刷

＊

开本：787毫米×1092毫米　1/16　印张：23　字数：433千字

2022年9月第一版　2022年9月第一次印刷

定价：**219.00**元

ISBN 978-7-112-27666-0

（39787）

一、领导题词与贺信

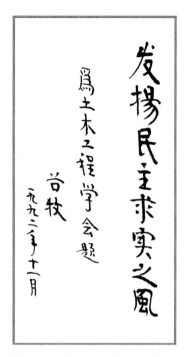

发扬民主求实之风

为土木工程学会题

谷牧
一九九二年十一月

时任全国政协副主席、原国家建委主任谷牧为学会创建80周年题词

面向经济建设
推动科技進步

敬颂中国土木工程学会八十周年

宋健
一九九二年十一月

时任国务委员、国家科委主任宋健为学会创建80周年题词

发挥学会作用促进
建设事业发展

侯捷

一九九二、十二、二十四、

时任建设部部长侯捷为学会创建80周年题词

时任铁道部部长韩杼滨为学会创建80周年题词

统传良优继
煌辉木土铸

周光召
二〇〇二年七月

时任全国人大常委会副委员长、中国科协主席周光召为学会创建90周年题词

深化改革 振兴学会
与时俱进 再创辉煌

贺中国土木工程学会成立九十周年

朱光亚
二〇〇二年七月二十日

时任全国政协副主席朱光亚为学会创建90周年题词

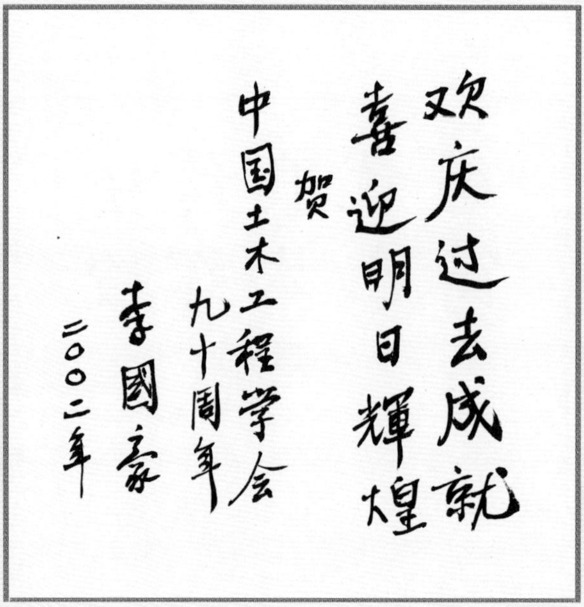

欢庆过去成就
喜迎明日辉煌

贺

中国土木工程学会
九十周年

李国豪

二〇〇二年

学会第四届、第五届理事会理事长李国豪院士为学会创建90周年题词

百十春秋土木群英砥砺前行
创新引领科技兴业铸就辉煌

易军

二〇二三年七月

住房和城乡建设部原党组成员、副部长，中国土木工程学会
第十届理事会理事长易军为学会创建110周年题词

百又十载印华诞
代代英才遍九洲
百年土木筑基石
中华复兴铸伟业

谭庆琏 二〇二二年四月

原建设部副部长、学会第八届理事会理事长谭庆琏为学会创建110周年题词

赞 中国土木工程学会110周年庆典

姚兵
1/7/2022

中纪委驻住房和城乡建设部纪检组原组长、原建设部总工程师、
学会第七届理事会常务副理事长姚兵为学会创建110周年题词

厚德载物立土木，
自强不息守本纲。
百年风雨筑伟业，
万里疆川铸辉煌。

中国坝工程学会
理事长 矫勇

水利部原副部长、中国大坝工程学会理事长矫勇为学会创建110周年题词

科技领未来
创新兴土木
壬寅年春
黄卫书

科技部原副部长、中国工程院院士黄卫为学会创建110周年题词

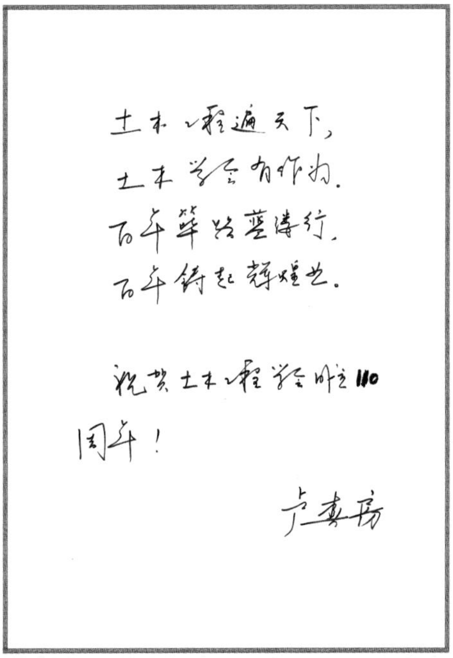

土木工程遍天下，
土木学会有作为，
百年筚路蓝缕行，
百年薪起群峰也。

祝贺土木工程学会110
周年！

　　　　　　卢春房

原铁道部副部长、中国铁道学会理事长、中国工程院工程管理学部主任卢春房院士为学会创建110周年题词

守正创新博雅为先
厚德载物土木人生
中国土木工程学会一一〇年华诞之喜
许溶烈
于北京
二〇二二年二月十日时年九十有一

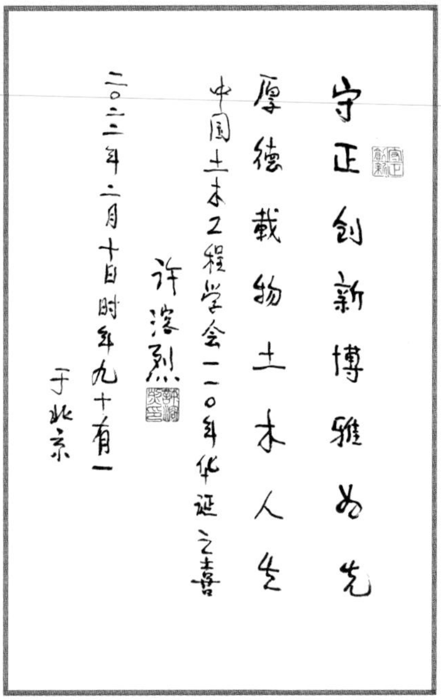

建设部原总工程师、学会第六届理事会理事长许溶烈为学会创建110周年题词

峥嵘岁月百十载
励精图治创未来
何华武

中国铁路总公司原总工程师、中国工程院副院长、中国科协原副主席
何华武院士为学会创建110周年题词

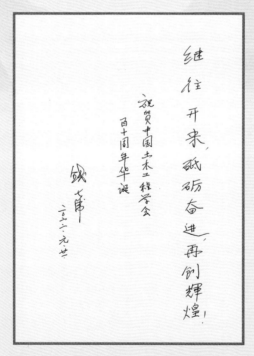

中国人民解放军陆军工程大学教授、中国工程院资深院士、2018年
度国家最高科学技术奖获奖者钱七虎为学会创建110周年题词

贺中国土木工程学会110周年记

继续开展，团结奋进，为中国建造进一步创新发展持续发挥组织、交流和引领作用，为实现国家第二个百年的科技强国目标建功立业。

沈世钊敬贺
2022年2月

哈尔滨工业大学教授、中国工程院资深院士沈世钊为学会创建110周年题词

热烈庆祝中国土木工程学会成立壹百十周年华诞

土木工程 国之基石
回首过往 非凡成就
创新城乡 造福人民
展望未来 再铸辉煌

董石麟敬贺
壬寅年春

浙江大学空间结构研究中心主任、中国工程院资深院士、学会第十届理事会常务理事董石麟为学会创建110周年题词

祝賀中國土木工程學會成立壹佰壹拾週年

祝學會愈來愈興旺發達

浙江大學 龔曉南 敬賀

二零二二年春

浙江大学滨海和城市岩土工程研究中心主任、中国工程院院士、学会第十届理事会常务理事龚晓南为学会创建110周年题词

贺中国土木工程学会成立110周年

百十载筚路蓝缕 为中华民族谋复兴

传薪火守业笃诚 助行业高质量发展

徐建 2022年2月22日

中国机械工业集团有限公司原总经理、中国工程院院士、学会第十届理事会常务理事徐建为学会创建110周年题词

上海建工集团股份有限公司董事长、学会第十届理事会副理事长徐征为学会创建110周年题词

中国建设科技集团股份有限公司董事长文兵为学会创建110周年题词

中华人民共和国住房和城乡建设部

贺　信

中国土木工程学会：

　　值此中国土木工程学会110周年华诞之际，谨向学会致以热烈的祝贺！

　　110年栉风沐雨，110年砥砺奋进，学会继承和弘扬詹天佑爱国创新精神，坚持以推动土木工程科技进步和培育土木工程科技人才为己任，汇聚专家智慧，开展学术交流，组织科技攻关，有力推动了我国土木工程事业蓬勃发展。

　　党的十八大以来，学会全面贯彻新发展理念，团结带领广大土木工程科技工作者面向经济主战场、面向国家重大需求、面向世界科技前沿，不断攻克住房和城乡建设科技难题，培养了一代又一代巧夺天工的大国工匠，打造了一批又一批世界一流的大国工程，为中国制造、中国创造、中国建造协同发展构建了有力支撑，为住房和城乡建设事业发展和美丽中国建设作出了积极贡献，为全球土木工程建设发展创新提供了中国方案。借此机会，向学会和全国广大土木工程科技工作者表示衷心感谢和诚挚问候！

面向新时代、踏上新征程，希望学会坚持服务党和国家工作大局，秉承传统、开拓创新，带领全国土木工程科技工作者，为促进土木工程科技创新和技术进步，为推动国民经济持续健康发展，为实现中华民族伟大复兴的中国梦再立新功。

住房和城乡建设部
2022 年 4 月 2 日

住房和城乡建设部贺信

中国科学技术协会

贺　信

中国土木工程学会:

　　值此中国土木工程学会成立110周年之际,中国科协谨向中国土木工程学会表示热烈的祝贺,向广大土木工程科技工作者致以诚挚的问候!

　　中国土木工程学会具有光荣的学术传统。成立110年来,学会始终保持爱国铁路工程专家詹天佑先生的建会初心,薪火相传,奋斗不息,积极开展学术交流、科学普及、人才举荐、期刊出版、国际交流等工作,会风清正、影响广泛,打造了鲜明的办会特色,促进了一代又一代土木工程科技工作者成长成才,为发展我国土木工程事业作出了重要贡献。

　　土木工程在国民经济建设中具有重要的支柱地位,学科内涵丰富,涉及领域宽广,是新型城镇化建设和新型工业化建设的基础保障。促进我国土木工程事业高质量发展,是广大土木工程科技工作者的时代使命。希望中国土木工程学会携建会110周年之荣光,以习近平新时代中国特色社会主义思想为指导,坚持党的全面领导,聚焦团结引领主责主业,不忘初心,守正创新,持续深化改革,健全完善联系广泛、服务人才的工作体系,不断提升学会组织凝聚力、学术引领力、社会公信力和国际影响力，扎实推进中国特色一流学会建设，团结带领广大土木工程科技工作者坚定创新自信、坚定科技报国，攻坚克难，砥砺奋进，为促进我国土木工程建设创新发展、实现中华民族伟大复兴的中国梦作出新的更大贡献，以优异成绩迎接党的二十大胜利召开！

2022 年 3 月 22 日

中国科学技术协会贺信

中华人民共和国交通运输部

贺 信

中国土木工程学会：

　　值此中国土木工程学会成立 110 周年之际，向学会表示热烈祝贺，并对学会为推动土木工程科技事业发展，特别是为国家交通运输事业发展作出的积极贡献表示感谢！

　　百十年沧桑历练，百十年砥砺前行。学会自成立以来，始终以"促进土木工程科技进步与繁荣"为根本宗旨，围绕国家重大战略布局和土木工程行业创新发展热点，立足土木工程领域重大科技需求，持续推进土木工程科技创新和学术发展，为推动我国工程建设科技进步作出了重要贡献。

　　勇立潮头风正劲，乘风破浪好扬帆。2022 年，将召开党的二十大，新起点、新征程，希望学会认真贯彻习近平新时代中国特色社会主义思想，继承和发扬崇尚科学、求实创新的优良传统，更好地团结带领广大土木工程科技工作者，继往开来、与时俱进、踔厉奋发、笃行不息，为加快建设交通强国、实现高水平科技自立自强作出更大贡献。

交通运输部

2022 年 3 月 18 日

交通运输部贺信

中国国家铁路集团有限公司

致中国土木工程学会创建 110 周年的贺信

在中国土木工程学会创建 110 周年之际，我谨代表中国国家铁路集团有限公司表示热烈祝贺！对学会长期以来给予铁路工作的关心和支持表示衷心感谢！

中国土木工程学会由詹天佑先生创建，与铁路工程及铁路事业有着深厚的渊源。学会创建以来，始终坚守办会初衷，充分发挥学术引领和专家智库作用，为提升我国铁路工程水平、促进铁路事业发展作出了重要贡献。特别是党的十八大以来，学会坚持以习近平新时代中国特色社会主义思想为指导，组织动员广大会员，围绕铁路土木工程重点、难点问题，广泛开展学术交流活动，取得一大批技术创新和管理创新成果，为我国建成世界上最现代化的铁路网和最发达的高铁网发挥了重要作用。

进入新时代，贯彻习近平总书记对铁路工作的重要指示批示精神，落实党中央、国务院的部署，总结我国高铁自主创新经验，争取"十四五"有更大发展；高质量建设川藏铁路这一实现第二个百年奋斗目标中的标志性工程，解决我国西部铁路"留白"太大的问题等，迫切需要发挥科技创新的关键性作用。希望中国土木工程学会坚守办会初心，充分发挥智力汇聚的资源优势、学术领域的权威优势、学术交流的平台优势，助力铁路土木工程基础研究和关键技术攻关，为推动铁路高质量发展、实现交通强国铁路先行目标任务贡献更多智慧和力量。作为学会指导单位，中国国家铁路集团有限公司将一如既往支持学会工作，积极为学会开展工作创造条件。

衷心祝愿中国土木工程学会启航新征程、奋进新时代、再创新辉煌！

中国国家铁路集团有限公司董事长、党组书记：

2022 年 2 月 15 日

中国国家铁路集团有限公司董事长、党组书记陆东福贺信

中 国 建 筑 集 团 有 限 公 司

贺 信

在中国土木工程学会成立 110 周年之际，我谨代表中国建筑集团有限公司向土木工程学会致以热烈的祝贺！对学会长期以来给予中建集团的关心和支持表示衷心的感谢！

1912 年，中国土木工程学会由詹天佑先生创建，是最早建立的工程学术团体之一。学会创建以来，始终坚守办会初衷，团结带领广大土木工程专家和科技工作者，围绕土木工程领域重点、难点问题，积极开展学术活动，为发展我国土木工程事业和提高土木工程领域科技水平做出了积极贡献。

一直以来，中建集团和学会始终保持密切联系与合作，2021 年，我们高质量承办了学术年会暨第十八届中国土木工程詹天佑奖颁奖大会，会议取得圆满成功。未来，中建集团将继续和学会一道，充分发挥中建集团品牌优势，共同推动绿色建造和智慧建造，实现土木工程建设行业高质量发展。

衷心祝愿中国土木工程学会发展越来越好，在新的历史时期勇担新使命，创造新辉煌！

中国建筑集团有限公司董事长、党组书记：郑学选

2022 年 2 月 18 日

中国建筑集团有限公司董事长、党组书记郑学选贺信

中国中铁股份有限公司

贺 信

中国土木工程学会：

值此贵会喜迎110周年华诞之际，我谨代表中国中铁并以个人名义向贵会致以热烈祝贺和美好祝愿！衷心感谢贵会对中国中铁的关心支持！

沧桑土木百十年，工程报国铸伟业。中国土木工程学会作为我国历史最悠久、影响力最大的工程学术团体，百十年来致力民族振兴，励志笃学、敢为人先，与党同心、爱国奉献，为我国土木工程业学术交流、国际合作和科技创新作出了历史性重要贡献。贵会百十年的光辉历史，就是中国土木工程人热爱祖国、建设祖国的自强爱国史和土木工程行业建设发展、技术进步的壮丽奋斗史！

回首忆峥嵘，今朝正风华。贵会新一届理事会未来蓝图绘就，华章可期！作为副理事长单位，中国中铁将与贵会毕力同心，在更广领域更深层次加强深化合作，携手推进新时代中国建造高质量发展！

祝贵会事业昌盛，再创辉煌！

中国中铁党委书记、董事长：

二〇二二年三月十一日

中国中铁股份有限公司党委书记、董事长陈云贺信

中国铁建股份有限公司

贺　信

中国土木工程学会:

在实现中华民族伟大复兴新征程中,贵会迎来 110 周年华诞,中国铁建谨向贵会和广大会员致以热烈的祝贺!

作为我国最早建立的工程学术团体之一,贵会始终坚持以"继承和弘扬詹天佑工匠精神,促进土木工程科技创新和人才成长"为宗旨,积极开展国内外学术交流和科技奖励活动,推动我国土木工程科技水平不断提升。110 年的沧桑历练,110 年的凝重沉淀,贵会始终与党和祖国的命运紧密相连,与党和祖国的发展同向同行。

贵会主持开展的中国土木工程詹天佑奖,是我国土木工程领域最具影响力的工程科技品牌大奖,中国铁建积极响应,136 项重大工程建设项目获此殊荣,有力促进了中国铁建的科技创新和人才成长。为提高土木工程领域科技水平,愿贵我双方进一步深化交流,强化合作,结出更多硕果。

祝愿贵会以习近平新时代中国特色社会主义思想为指导,把握新发展阶段,贯彻新发展理念,团结引领广大土木工程科技工作者,继往开来,砥砺奋进,为我国土木工程事业发展做出新贡献。

中国铁建股份有限公司

2022 年 3 月 9 日

中国铁建股份有限公司贺信

中国交通建设集团有限公司

贺　信

中国土木工程学会：

欣闻贵会即将迎来110周年华诞，谨向贵会致以热烈的祝贺和诚挚的问候！感谢贵会多年来对中交集团的支持与信任，希望我们进一步加强合作，支撑企业科技创新和行业高质量发展。

一百一十年华夏土木梦，学会砥砺行；一百一十年土木筑基石，英才兴中华。贵会始终秉承团结广大土木工程建设工作者的办会宗旨，坚持百花齐放、百家争鸣的方针，倡导严谨、求实的学风，积极团结凝聚广大土木工程的专家和科技工作者，围绕土木工程领域重点、难点问题，积极开展学术活动、献言献策，为我国土木工程建设发展和科技高水平自立自强作出了不可磨灭的贡献。

贵会在一百一十周年变迁中见证艰苦奋斗的辉煌历程，亦在重温历史中激发乘势而上的奋斗豪情。我们愿贵会旧岁已展千重锦，新年更进百尺杆，葳蕤蓬勃、赓续绵延，持续引领土木工程建设行业的高质量发展，为科技强国、交通强国建设作出新的更大贡献！

中交集团党委书记、董事长：

2022 年 3 月 9 日

中国交通建设集团有限公司党委书记、董事长王彤宙贺信

承百十载学术积淀 守土木人初心本色
——恭贺中国土木工程学会 110 周年华诞

欣闻中国土木工程学会即将迎来 110 周年华诞，我谨代表中国建筑科学研究院有限公司向土木工程学会以及致力于土木工程技术进步的专家学者们致以热烈的祝贺和诚挚的问候。

1912 年，中国土木工程学会成立，是我国最早建立的工程学术团体之一。星霜荏苒，居诸不息。历经百十载沿革，如今的土木工程学会，开拓进取、争创一流，已成为国家创新体系和科技强国建设的重要力量，为我国土木工程事业发展和土木工程领域科技创新作出了积极贡献。

百十载栉风沐雨，学会铭记创建初衷，孜孜以求传播学术成果，继承弘扬詹天佑精神；百十载步履铿锵，学会汇聚专家智慧，积极适应国家战略需要，推动行业转型升级，成绩瞩目，硕果累累，为行业学术进步和人才培养提供了宝贵的交流平台。

多年来，中国建研院与学会始终坚持扩大交流、深化合作，在学术建设、人才合作、科技研究、标准编制等方面取得了积极成效，为行业高质量发展注入了动力活力。今后，中国建研院将继续与学会一道，凝心聚力、携手并进，共同推动土木工程创新发展。

在此，预祝中国土木工程学会 110 周年活动圆满成功！衷心祝愿学会继往开来、砥砺奋进，不断团结引领广大土木工程科技工作者为建设科技强国、实现中华民族伟大复兴的中国梦作出新的更大贡献！

党委书记、董事长

中国建筑科学研究院有限公司

二〇二二年二月十四日

中国建筑科学研究院有限公司党委书记、董事长，学会第十届理事会副理事长王俊贺信

中国铁道科学研究院集团有限公司

致中国土木工程学会创建 110 周年的贺信

值此中国土木工程学会创建110周年之际，中国铁道科学研究院集团有限公司谨向贵会致以最热烈的祝贺！对贵会长期以来给予铁科院的关心、支持和帮助表示衷心的感谢！

中国土木工程学会作为我国最早建立的工程学术团体之一，自创建以来，团结带领广大土木工程专家学者，围绕土木工程领域重点、难点问题，广泛开展学术交流，深入开展咨询服务，持续加强人才培养，大力推动技术进步，为促进我国土木工程事业发展作出了突出贡献。

铁科院自1950年成立以来，始终与中国土木工程学会保持紧密联系，铁科院首任院长茅以升先生曾任中国土木工程学会理事长，多位知名专家曾在中国土木工程学会任职。在学会的支持帮助下，铁科院多年来持续围绕岩土工程、轨道结构及重大桥梁工程等关键领域开展技术攻关，取得丰硕成果，为铁路建设发展提供了强有力的科技支撑。

进入新时代，铁科院贯彻落实国铁集团党组决策部署，担当铁路战略科技力量的职责使命，发挥铁路科技创新领军、骨干、尖兵、平台作用，将充分依托学会的学术优势、资源优势和平台优势，大力加强土木工程技术创新，为推进铁路重大工程建设、服务铁路高质量发展作出更大贡献。铁科院将一如既往地支持中国土木工程学会工作，积极为学会发展提供服务支撑。

　　衷心祝愿中国土木工程学会在新征程上取得更大发展、创造更大辉煌！

中国铁道科学研究院集团有限公司

2022 年 3 月 18 日

中国铁道科学研究院集团有限公司贺信

清华大学

贺 信

中国土木工程学会：

  值此中国土木工程学会创立 110 周年之际，谨向中国土木工程学会以及学会的专家学者和全国土木工程科技工作者致以热烈的祝贺和诚挚的问候！

  中国土木工程学会是我国最早的工程学术团体之一，百余年来学会始终秉承爱国报国的创会初心，弘扬科学、引领学术，汇聚人才、服务行业，致力于我国土木工程的科技进步，为我国土木工程行业发展和科技创新做出了杰出贡献。

  清华大学与中国土木工程学会的联系源远流长。著名科学家、工程教育家、学会老一辈领导茅以升先生 1916 年参加清华留美官费研究生考试，以第一名的成绩被保送至美国康奈尔大学学习土木工程；百余年来，清华土木学科的广大师生积极参与学会的学术活动和组织工作，与学会共同发展、共同进步。学会下设的教育工作委员会由时任学会常务理事、清华大学教授陈肇元先生提议设立，挂靠在清华大学土木工程系。教育工作委员会组织的"全国土木工程系主任工作研讨会"累计召开了十四届，有力地推动了我国土木工程教育事业的高质量发展。

　　土木兴邦唯德厚，百年沧桑共济舟。希望中国土木工程学会发挥更大作用，团结广大土木工程科技工作者与时俱进、砥砺前行，为我国土木工程建设事业做出更大的贡献，为实现土木工程强国梦而奋斗。衷心祝愿中国土木工程学会 110 周年庆典活动取得圆满成功！

清华大学

2022 年 3 月 4 日

清华大学贺信

搭平台 聚英才 成就土木工程强国梦

——恭贺中国土木工程学会 110 周年华诞

110 年的沧桑历练，110 年的凝重沉淀，在中国土木工程学会即将迎来 110 周年华诞之际，我谨代表同济大学向中国土木工程学会以及为学会发展付出不懈努力的专家学者们致以热烈的祝贺和诚挚的问候，对学会长期以来给予同济大学以及同济大学土木工程学科的关心和支持表示衷心的感谢！

中国土木工程学会由詹天佑先生创建于 1912 年，在 110 年的发展历史中，中国土木工程学会历尽沧桑，唯初心不改，秉承筚路蓝缕、自强不息的执着精神，以励志笃学、兼容并蓄的博大胸怀，在土木工程科技发展的历史潮流中，敢为人先，不断发展。中国土木工程学会始终与党和祖国的命运紧密相连，与党和祖国的发展同向同行，搭建学术平台，汇聚土木工程科技英才，以突破土木工程领域重点、难点问题为己任，积极开拓创新，成绩斐然。中国土木工程学会是土木工程界的灯塔。中国土木工程詹天佑奖，已成为我国土木工程领域最具影响力的工程科技创新大奖；詹天佑土木工程高校优秀毕业生奖，在年轻学子的心中埋下一颗希望的种子；中国土木工程学会优秀论文奖，激发了科技人员创新热情与创新活力。

同济大学与中国土木工程学会在学术交流、人才培养、先进技术推进等多方面保持了长期密切的合作，目前学会两个分支机构挂靠同济大学。学会的关心和支持为同济大学土木工程学科的发展和人才培养注入了生机和活力。

在中国土木工程学会 110 周年华诞来临之际，衷心祝愿学会在继承中创新，在创新中发展，成就中国土木工程的强国梦。

同济大学副校长

二〇二二年二月十八日

同济大学副校长、学会第十届理事会副理事长顾祥林贺信

ASSOCIATION
INTERNATIONALE DES TUNNELS
ET DE L'ESPACE SOUTERRAIN

AITES

ITA

INTERNATIONAL TUNNELLING
AND UNDERGROUND SPACE
ASSOCIATION

Special Consultative Status with the United Nations Economic and Social Council since 1987

Congratulations Letter on the 110th Anniversary of CCES

June 20, 2022

Dear Mr. YI Jun, the President of CCES,

On behalf of ITA, I would like to extend our sincere and heartfelt congratulations to CCES on your 110th Anniversary.

Over the past 110 years, CCES has made great contributions to the rapid development of infrastructure and related technologies in China and proved to be China's leading organization for civil engineering.

In addition, as the Chinese Member Nation in ITA, CCES has maintained a close friendship with ITA and supported many important ITA events over a number of years to promote the better use of tunnelling and underground space worldwide. Recently, it is through the determined efforts and full support of CCES that China has been selected as the host of the ITA World Tunnel Congress 2024.

On this very special occasion, we would like to thank CCES for your long-standing friendship and successful cooperation and wish CCES continued success and prosperity in the years to come.

Yours sincerely

Jinxiu YAN

ITA President
2019-2022

ITA-AITES c/o MIE (Maison Internationale de l'Environnement)

Chemin de Balexert 9 - CH-1219 Châtelaine - Switzerland
Tel. : +41 22 547 74 41 - e-mail : secretariat@ita-aites.org - www.ita-aites.org

国际隧道与地下空间协会（ITA）贺信

中 国 建 筑 业 协 会

贺 信

中国土木工程学会：

　　值此贵会创立 110 周年之际，我会谨向贵会致以热烈的祝贺！向贵会全体会员和职工致以诚挚的问候！

　　贵会是我国土木工程行业成立最早、最具影响力的学术团体，是联系全国土木行业机构与专家的桥梁和纽带，是具有行业引领性质的专业学会。贵会自成立以来，始终紧密围绕土木工程科技创新和学术发展，在学术交流、重大问题咨询、科学知识普及、先进技术推广等方面，取得了有目共睹的傲人业绩。

　　衷心希望贵我两会今后进一步加强沟通合作，在新的形势下，围绕我国建筑业改革和发展的中心任务，为建筑业和经济社会实现科学发展、和谐发展、安全发展、绿色发展共同做出努力。

　　祝愿贵会在今后的工作中，以更加强劲的势头，锐意进取、奋勇开拓，继续紧密团结广大科技工作者，围绕国家重大需求和科学发展前沿，为我国的土木工程事业发展做出更大的贡献！

中国建筑业协会

2022 年 4 月 29 日

中国建筑业协会贺信

中 国 公 路 学 会

贺 信

中国土木工程学会：

　　值此贵会创立 110 周年之际，谨代表中国公路学会向贵会全体会员、专家学者表示热烈的祝贺和诚挚的问候！

　　中国土木工程学会是我国最早成立的工程学术团体之一，百余年来始终秉承创建者詹天佑先生"爱国敬业、奋斗创新"的初心，弘扬科学、引领学术，为中国土木工程领域的科技进步和人才培养做出了突出贡献。贵会于 1999 年创立的"中国土木工程詹天佑奖"，充分发挥了表彰先进、树立典型、带动引领行业科技创新的积极作用，成为我国土木工程领域最负盛名的奖项。

　　公路基础设施的加快发展和科技进步，离不开土木工程各领域的技术创新，也推动着土木工程技术的创新发展。多年来，中国公路学会与中国土木工程学会在保持学术交往的同时，不断深化交流合作。特别是 2015 年开始，受贵会委托，我会负责公路及场道、桥梁、隧道及地下、岩土工程等专业领域詹天佑奖参选工程的推荐，进一步密切了两会间的学术交流、工作切磋，为推动公路基础设施工程领域科技进步、自主创新、质量提升提供了更加广阔的舞台，打下了坚实基础。

百年奋斗，土木兴邦。希望中国土木工程学会继续发扬传统，与土木工程各专业领域的学术团体深化合作，团结广大土木工程科技工作者砥砺奋进，为我国土木工程科技创新、人才培养做出更大贡献，在建设社会主义现代化国家、实现中华民族伟大复兴的中国梦的新征程中勇担新使命、再创新辉煌！

　　衷心祝愿中国土木工程学会110周年庆典活动取得圆满成功！

中国公路学会党委书记、理事长：翁孟勇

2022 年 3 月 10 日

中国公路学会党委书记、理事长翁孟勇贺信

二、学会历届领导人

（一）中华工程师学会（1912~1924年）

詹天佑　中华工程师学会创始人，第一、二、三、五、六届（1913~1915年，1917~1918年）会长。中国首位杰出的爱国铁路工程师，负责修建了京张铁路（北京—张家口）等铁路工程，厘定了各种铁路工程标准，有"中国铁路之父""中国近代工程之父"之称。1912年成立"中华工程师学会"（中国土木工程学会前身），并被推举为首任会长。

沈　祺　中华工程师学会第四、七、八、九届（1916年，1919~1921年）会长。

颜德庆　中国铁路工程师，中华工程师学会第十、十一届（1922~1923年）会长。

祁孙谋　中华工程师学会第十二届（1924年）会长。

（二）中国工程学会（1918~1930年）

陈体诚　中国工程学会第一、二、三届（1918~1920年）会长。

徐佩璜　中国工程学会第七、八、十、十一届（1924~1925年，1927~1928年）会长。

吴承洛　中国工程学会第四、五届（1921~1922年）会长。

李垕身　民国时期知名的工程技术专家，中国工程学会第九届（1926年）会长。

周明衡　中国工程学会第六届（1923年）会长。

胡庶华　冶金专家，中国工程学会第十二、十三届（1929~1930年）会长。

（三）中国工程师学会（1931~1949年）

韦以黻　中国工程师学会第一届（1931年）会长。

陈立夫　中国工程师学会第八届（1939年）会长。

颜德庆　中国工程师学会第二、五届（1932年、1935年）会长。

凌鸿勋　中国土木工程专家、教育家，中国工程师学会第九届（1940年）会长。

萨福均　中国铁路工程专家，中国工程师学会第三届（1933年）会长。

翁文灏　中国工程师学会第十、十一届（1942~1943年）会长。

徐佩璜　中国工程师学会第四届（1934年）会长。

茅以升　中国工程师学会第十五届（1948年）会长。

曾养甫　中国工程师学会第六、七、十二、十三、十四届（1936~1937年，1943~1947年）会长。

沈　怡　中国工程师学会第十六届（1949年）会长。

（四）中国土木工程学会（1953~2022年）

茅以升

我国多学科卓越专家，我国现代桥梁工程先驱，中国现代桥梁工程学的重要奠基人，工程教育家，中国工程师学会第十五届（1948年）会长，中国土木工程学会第一、二、三届及三届临时常务理事会（1953~1983年）理事长。1911年考入唐山路矿学堂。1916年从唐山工业专门学校毕业后，被清华学堂官费保送赴美留学。1917年获美国康奈尔大学土木专业硕士学位。1921年获美国卡内基·梅隆大学工学院工学博士学位。其博士论文《桥梁桁架的次应力》的科学创见，被称为"茅氏定律"，并荣获康奈尔大学优秀研究生"斐蒂士"金质研究奖章。1982年当选为美国科学院院士。1921年，回国到母校任交通大学唐山学校教授、副主任兼总务主任。以后历任东南大学（演变为今天的南京大学、东南大学）工科主任、河海工科大学(今河海大学）校长、交通大学唐山大学校长、北洋工学院（今天津大学）院长、杭州钱塘江桥工程处处长、交通大学唐山工学院院长、国民党政府交通部桥梁设计工程处处长。1933年，领导设计、修建的杭州钱塘江大桥，是我国第一座由中国人自己设计建造的铁路公路两用桥。

中华人民共和国成立后，历任中国交通大学、北方交通大学校长，铁道科学研究院院长，中国科协第二届副主席、名誉主席，北京市科协主席，中国科学院技术科学部委员，九三学社第五至七届中国国际桥梁及结构工程协会高级会员，国际土力学及基础工程协会会员。自1954年起当选为一至五届全国政协委员、全国人大代表、人大常委会委员。1989年11月12日病逝。

李国豪

著名桥梁学家，中国土木工程学会第四、五届（1984~1992年）理事长。1913年生于广东梅州，1929年考入上海同济大学土木系，1936年留校担任钢结构课助教，1937年获德国洪堡基金会奖学金，因抗战爆发，延至1938年赴德国达姆施培特工业大学留学，1940年获得双博士学位。1946年6月回国后任工务局工程师，参与了上海都市计划的制定等工作。1947年兼上海康益工程公司工程师。1948年，任同济大学工学院院长。1949年参加中共地下党领导的大学教授联谊会。中华人民共和国成立后任同济大学副校长。1955年当选为中国科学院技术科学部学部委员（院士）。1957年后先后担任国家科委力学、建筑学科组组长，南京长江大桥技术顾问委员会主任，同济大学校长，上海市科协主席，同济大学名誉校长。1983年4月当选为上海市第六届政协主席。第三届、第五届全国人大代表。2005年在上海病逝。

许溶烈

地基基础和岩土力学专家，中国土木工程学会第六届（1993~1997年）理事长。1953年毕业于南京工学院土木系。1956~1958年初在苏联建筑科学研究院地基与地下构筑物科研所进修。回国后，先后从事科研工作、工地施工工作。1972年调任国家建工总局科技局副局长，1982年任建设部科技局局长兼中国建筑技术发展中心党委书记兼主任，1986年至1994年任建设部总工程师，1994年至1998年任建设部科技委员会副主任，1998年12月起任建设部科技委顾问。曾获1987年建设部科技进步一等奖，并获1988年国家科技进步突出贡献表彰。1986年当选为瑞典皇家工程科学院外籍院士，1990年被授予国家级有突出贡献专家称号，1995年获享受国务院特殊津贴专家待遇，英国资深特许建造师，英国土木工程师学会和香港工程师学会资深会员，1997年获美国普立顿大学荣誉理学博士学位。

侯捷

中国土木工程学会第七届（1998~2000年）理事长。1931年生。1946~1976年在黑龙江绥化地区工作，历任绥棱县人民政府财政科副科长，县财粮科科长，绥棱县副县长、县长，兼阁山水库工地副总指挥，松花江地区水利局副局长，绥化地区副专员，中共绥化地委副书记等职。1976年6月调任黑龙江省农业办公室副主任。1977年起，历任黑龙江省副省长，兼省计委主任、省委常委、省委副书记、省长等职。1988年12月，任水利部副部长、党组副书记。1991年3月~1998年3月，任建设部部长、党组书记。1996年联合国人居中心向侯捷同志颁发了"联合国人类居住特别荣誉奖"。1998年3月担任九届全国政协常委、人口资源环境委员会主任。中共第十二、十三、十四届中央委员，曾任国务院环境保护委员会副主任、国务院房改领导小组副组长、全国绿化委员会副主任、首都规划建设委员会副主任。2000年1月3日在北京逝世。

谭庆琏

中国土木工程学会第八届（2002~2012年）理事长。1938年3月生。1956年毕业于上海城市建设学院道桥专业。先后担任山东省建委城建局科长、综合计处长，山东省城乡建设委员会副主任、党组成员，山东济南市副市长、党组成员，山东省副省长、党组成员，建设部副部长、党组成员，第九、十届全国政协委员，全国政协人口资源环境委员会委员。

郭允冲

中国土木工程学会第九、十届（2012~2020年）理事会理事长，江苏启东人，1953年1月生。兰州铁道学院铁路运输专业毕业，工学学士学位。先后担任国务院办公厅秘书二局助理政务专员、国务院办公厅副局级秘书、国务院办公厅正局级秘书、沈阳市人民政府副市长、中央纪委驻信息产业部纪检组组长、部党组成员，中央纪委驻住房和城乡建设部纪检组组长、部党组成员，住房和城乡建设部副部长、部党组成员。2020年5月25日在北京逝世。

易军

中国土木工程学会第十届（2021年7月当选）理事会理事长。湖南沅陵人，1960年生。曾任中国建筑股份有限公司总裁，中国海外集团有限公司董事局主席，中国建筑股份有限公司董事长，中国建筑工程总公司党组书记、董事长，住房和城乡建设部党组成员、副部长。2012年11月当选为党的十八大代表，2017年6月当选为党的十九大代表。

三、学会重大庆典、纪念活动

中国土木工程学会创建90周年大会在北京召开。中央有关部委和中国科协领导汪光焘、谭庆琏、蔡庆华、李居昌、胡希捷、陆延昌、李国豪、许溶烈等同出席大会的来宾和来自全国土木工程界的代表合影（2002年11月）

学会参与主办纪念钱塘江大桥通车70周年活动（2007年9月）

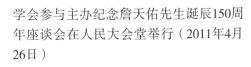

学会参与主办纪念詹天佑先生诞辰150周年座谈会在人民大会堂举行（2011年4月26日）

四、有关领导出席学会活动

时任学会名誉理事长茅以升在第四届理事会
扩大会议上讲话（1984年12月）

时任城乡建设环境保护部部长芮杏文（右三），副
部长肖桐（右二）、廉仲（右五）与出席学会第四
届理事扩大会议的部分专家会面（1984年12月）

时任中国科协主席周培源、城乡建设环境保护部副部长廉仲出席学会国际
学术会议并与李承刚秘书长交谈（1985年10月）

上海市原市长汪道涵出席学会第三届学术年会并致贺词，时任上海市市长江泽民出席招待会（1986年，上海）

时任中国科协主席钱学森与李国豪理事长在"从事土木工程工作50周年老专家"表彰大会上亲切交谈（1987年7月）

时任建设部部长林汉雄（右一）、副部长谭庆琏（左一）及学会副理事长许溶烈出席国际给水排水学术会议（1989年7月）

时任交通部副部长李居昌、铁道部副部长蔡庆华在出席学会第七次全国代表大会上交谈（1998年3月）

时任学会理事长侯捷、常务副理事长姚兵在七届一次常务理事会上（1998年3月）

时任建设部部长汪光焘、学会谭庆琏理事长出席中国土木工程学会成立90周年庆典（2002年11月）

中国科协党组书记、分管日常工作副主席、书记处第一书记张玉卓一行到中国土木工程学会调研（2021年12月22日）

时任住房和城乡建设部党组书记、部长王蒙徽会见了张玉卓书记调研组一行（2021年12月22日）（左起：易军理事长、王蒙徽部长、张玉卓书记）

五、全国会员代表大会和理事会议

1913年三会合并组建中华工程师会，詹天佑（中）与中华工程师会部分会员合影

1931年中华工程师学会与中国工程学会联合，成立中国工程师学会，代表大会部分代表合影（南京）

1953年9月24日重建中国土木工程学会，第一次全国会员代表大会在北京召开，茅以升理事长（左八）与全体代表合影

中国土木工程学会第三次全国会员代表大会全体代表合影（1962年，北京）

"文革"后学会恢复活动，中国土木工程学会第四届理事（扩大）会议（1984年12月，北京）

李国豪理事长在第四届理事（扩大）会议上向茅以升名誉理事长授予荣誉证书，表彰他为学会创建和发展作出的重大贡献（1984年12月）

中国土木工程学会第五届理事扩大会议（1988年11月）（左起：李承刚、肖桐、林汉雄、李国豪、高镇宁、子刚）

中国土木工程学会第七次全国会员代表大会（1998年3月）（左起：刘西拉、项海帆、许溶烈、侯捷、姚兵、程庆国、陈肇元、张朝贵）

中国土木工程学会八届九次常务理事扩大会议（2010年3月，北京）

中国土木工程学会第九次全国会员代表大会暨九届一次理事会（2012年6月，北京）

中国土木工程学会第十次全国会员代表大会（2018年6月2日，北京）

中国土木工程学会十届四次理事会（2021年7月，北京）

六、学术活动

中国土木工程学会第三届学术年会（1986年11月，上海）

中国土木工程学会第三届学术年会全体代表与中外来宾合影（1986年11月，上海）

中国土木工程学会第四届年会（1988年11月，北京）

中国土木工程学会第九届学术年会（2000年5月，杭州）

中国土木工程学会第十六届学术年会暨第二十一届全国桥梁学术会议（2014年5月,大连）

中国土木工程学会2016年学术年会（2016年9月，北京）

中国土木工程学会2017年学术年会（2017年10月，上海）

中国土木工程学会2018年学术年会（2018年9月，天津）

中国土木工程学会2019年学术年会（2019年9月，上海）

中国土木工程学会2020年学术年会（2020年9月，北京）

中国土木工程学会2021年学术年会（2021年9月，长沙）

土木工程院士、专家系列讲
座（2007年6月，北京）

第九届全国高校土木工程学
院（系）院长（主任）工作
研讨会（2008年11月，南京）

中国土木工程学会工程防火技术分会成立大会暨学术交流会（2012年，北京）

全国给水深度处理研讨会2013年年会（2013年，北京）

全国第一届超高层建筑消防学术会议（2014年，北京）

第四届全国土力学教学研讨会（2014年，武汉）

第十七届全国工程建设计算机应用大会（2014年，北京）

第七届全国特种混凝土技术学术交流会（2016年，南通）

新型建筑工业化创新技术交流会（2016年，北京）

第28届全国土工测试学术研讨会（2018年，郑州）

第二十届中国科协年会—特长隧道面临的技术挑战研讨会（2018年5月，杭州）

第十届全国防震减灾工程学术研讨会（2018年5月，成都）

第十届全国结构设计基础与可靠性学术会议（2018年11月，重庆）

第九届全国普通高等学校工程管理类专业院长、系主任会议（2018年12月，西安）

2018中国隧道与地下工程大会暨中国土木工程学会隧道及地下工程分会第二十届年会
（2018年，滁州）

第三届全国建设工程招标代理机构高层论坛（2019年8月，长春）

中日岩土工程材料与技术论坛暨第八届全国岩土工程青年学者论坛
2019年9月27日-30日　中国·宁波

第八届全国岩土工程青年学者论坛（2019年9月，宁波）

第六届全国土木工程安全
与防灾学术论坛（2019年
11月，南京）

第十届全国运营安全与节能环保的隧道及地下空间科技论坛（2019年，成都）

第二届软土工程前沿论坛（2019年，郑州）

第二十四届全国桥梁学术会议（2020年，济南）

第十八届空间结构学术会议（2020年，开封）

第11届全国工程排水与加固技术研讨会暨港口工程技术交流大会（2020年11月，南京）

岩土工程西湖论坛（2021年，杭州）

"5.20全国公交驾驶员关爱日"活动（2021年5月20日，镇江）

第四届全国青年工程风险分析和控制研讨会（2021年6月，武汉）

2021年全国工程质量学术沙龙（2021年10月，长沙）

第19届全国土木工程研究生学术论坛合影（2021年7月，沈阳）

七、国际及港澳台地区学术会议

国际隧道和地下工程学术讨论会
（1984年10月，北京）

第二届土木工程计算机应用国际会
议（1985年6月，杭州）

国际体育建筑空间结构学术讨论会
（1987年10月，北京）

国际区域性土工程问题学术讨论会（1988年8月，北京）

国际给水排水学术会议（1989年7月，北京）

第三届发展中国家混凝土国际学术会议（1990年5月，北京）

国际预应力混凝土现代应用学术讨论会
（1991年9月，北京）

第十届亚洲土力学及基础工程学术讨论会
（1995年8月，北京）

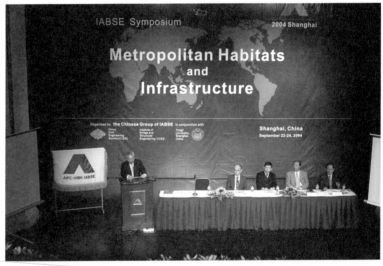

国际桥梁及结构工程协会学术大会（2004年9月，上海）

第四届中国国际隧道工程研讨会（2009年10月，上海）

第二届工程废弃物资源化与应用研究国际会议（ICWEM2010）（2010年10月，上海）

第十三届海峡两岸隧道与地下工程学术与技术研讨会（2014年，南宁）

"一带一路"土木工程国际论坛（2015年11月，北京）

第二届中美土木工程行业交流报告会（2015年，北京）

2015（第二届）城市防洪排涝国际论坛（2015年，广州）

中国城市基础设施建设与管理国际大会（2016年，上海）

第一届城市隧道可恢复性国际研讨会（2016年8月，美国华盛顿）

第八届日中隧道安全与风险研讨会（2017年，日本神户）

第8届国际环境土工大会（2018年，杭州）

第15届国际风工程会议（ICWE 15）（2019年9月，北京）

世界大跨度拱桥建设技术大会（2019年，南宁）

2019（第四届）城市防洪排涝国际论坛（2019年，广州）

八、国际及港澳台地区交流合作

茅以升会见来访的加拿大土木工程学会代表团，加拿大土木工程学会授予茅以升荣誉会员（1985年6月，北京）

美国土木工程师学会代表团来访，中美学会领导人签署合作协议（1986年5月24日）

时任交通部副部长、学会副理事长子刚与法国国立路桥高等学校负责人出席中法港口建设学术会议（1987年10月，北京）

日本日中经济协会（建设部会）高级代表团访华，学会领导人与代表团合影（1988年10月，北京）

许溶烈理事长率学会深基础工程代表团赴中国台湾地区进行技术交流（1993年）

首届香港青年北京土建科技冬令营开营式（1998年12月）

唐美树秘书长与香港学会负责人签署合作议定书（2000年5月）

学会代表团访日，与日本国际建设技术协会会长等合影（2002年1月）

参加世界工程师大会的有关国家和国际学术组织领导人与学会领导合影（2004年，上海）

学会城市公共交通分会考察团赴巴西考察城市综合交通系统
（2005年）

学会代表团赴美国、加拿大考察（2005年）

内地青年土木建筑科技夏令营（2005年）

学会土力学及岩土工程分会
与日本地盘工学会签署合作
协议（2006年）

中加土木工程学会合作25周
年纪念（2007年5月）

燃气分会副理事长李雅兰当
选国际燃气联盟（IGU）主席
（2017年10月）

桥梁及结构分会理事长葛耀君当选国际桥梁与结构工程协会（IABSE）主席（2018年11月）

内地与香港青年土木工程师交流营（2019年2月，香港）

第16届亚洲土力学及岩土工程学术会议（2019年，台北）

学会代表团赴意大利参加世界隧道大会，我会隧道及地下工程分会副理事长严金秀当选ITA主席（2019年5月）

九、学会组织建设及工作会议

学会定期召开地方学会工作会议，互通信息、交流经验

学会定期召开分支机构秘书长工作会议，研究部署学会工作

学会秘书处人员参加建设部直属机关庆祝香港回归文艺汇演（1997年7月）

学会2000年团体会员工作会议（2000年12月，广州） 　　学会召开地方学会工作会议（2007年）

学会召开分支机构工作会议（2009年）

学会召开地方学会工作会议（2010年）

学会召开地方学会工作会议
（2018年9月，上海）

学会召开分支机构2018年度工作
总结会议（2019年2月，北京）

学会以"线上+线下"方式召开
分支机构2019年度工作总结会议
（2020年8月，北京）

学会召开分支机构2020年度工作总结会议（2021年4月，北京）

学会召开2021年度地方学会工作会议（2021年9月，长沙）

学会党支部组织秘书处人员到阳早与寒春两位"白求恩"式国际共产主义战士的故居，开展"不忘初心、牢记使命"主题教育活动（2019年6月，北京）

学会党支部组织秘书处人员到青龙桥火车站、詹天佑纪念馆开展"百年学会喜迎建党百年"主题党日活动（2021年6月，北京）

住房和城乡建设部召开直属机关"两优一先"表彰大会，学会党支部获得"住房和城乡建设部直属机关先进基层党组织"和1名优秀党员表彰（2021年7月16日，北京）

基金管委会主席许溶烈率基金代表团访问香港，香港特别行政区工务局李承仕局长会见代表团并合影（1999年10月）

基金管委会定期组织召开管委会会议（2001年4月）

纪念詹天佑诞辰140周年，基金管委会成员及会员代表前往詹天佑纪念馆敬献花篮（2001年4月）

北京詹天佑土木工程科学技术发展基金会成立大会暨第一届第一次理事会议
（2007年1月）

北京詹天佑土木工程科学技术发展基金会第一届三次理事会议
（2009年1月）

北京詹天佑土木工程科学技术发展基金会第二届二次理事会议
（2012年1月）

北京詹天佑土木工程科学技术发展基金会第三届八次理事会议（2019年1月）

首届中国土木工程詹天佑奖颁奖大会，詹天佑奖获奖代表领奖（2000年5月，杭州）

第二届中国土木工程詹天佑奖颁奖大会（2002年11月，北京）

第四届中国土木工程詹天佑奖颁奖大会（2005年3月，北京）

第五届中国土木工程詹天佑奖颁奖大会（2006年1月，北京）

第六届中国土木工程詹天佑奖颁奖大会（2007年1月，北京）

第七届中国土木工程詹天佑奖颁奖大会（2008年3月，北京）

第八届中国土木工程詹天佑奖颁奖大会（2009年3月，北京）

第九届中国土木工程詹天佑奖颁奖大会（2010年3月，北京）

第十届中国土木工程詹天佑奖颁奖大会（2012年3月，北京）

第十一届中国土木工程詹天佑奖颁奖大会（2013年7月，北京）

第十二届中国土木工
程詹天佑奖颁奖大会
（2014年12月，北京）

第十三届中国土木工
程詹天佑奖颁奖大会
（2016年3月，北京）

第十四届中国土木工
程詹天佑奖颁奖大会
（2017年4月，北京）

第十五届中国土木工程詹天佑奖颁奖大会（2018年6月，北京）

第十六届中国土木工程詹天佑奖颁奖大会（2019年4月，北京）

第十七届中国土木工程詹天佑奖颁奖大会（2020年9月，北京）

第十八届中国土木
工程詹天佑奖颁奖
大会（2021年9月，
长沙）

第十八届中国土木
工程詹天佑奖颁奖
大会（2021年9月，
长沙）

第十八届中国土木
工程詹天佑奖颁
奖大会获奖代表
（2021年9月，长沙）

首届中国土木工程詹天佑奖颁奖会获奖代表合影（2000年5月，杭州）

第三届中国土木工程詹天佑奖颁奖大会（2003年12月，昆明）

第九届中国土木工程詹天佑奖颁奖大会获奖代表合影（2010年3月，北京）

第十届中国土木工程詹天佑奖颁奖大会获奖代表合影（2012年3月，北京）

第十一届中国土木工程詹天佑奖颁奖大会获奖代表合影（2013年7月，北京）

第十二届中国土木工程詹天佑奖颁奖大会获奖代表合影（2014年12月，北京）

第十三届中国土木工程詹天佑奖颁奖大会获奖代表合影（2016年3月，北京）

第十四届中国土木工程詹天佑奖颁奖大会获奖代表合影（2017年4月，北京）

第十五届中国土木工程詹天佑奖颁奖大会获奖代表合影（2018年6月，北京）

第十六届中国土木工程詹天佑奖颁奖大会获奖代表合影（2019年4月，北京）

十一、《土木工程学报》编委会等工作会议

《土木工程学报》创刊50周年纪念会暨七届二次编委会会议，黄卫副部长、谭庆琏理事长出席会议，并与参加会议的专家、编委合影（2003年12月）

《土木工程学报》七届三次编委会暨第一届理事会（2006年12月）

《土木工程学报》理事会
一届二次会议（2008年
11月）

《土木工程学报》八届三
次编委会会议（2019年
4月）

《土木工程学报》编委会
换届暨第九届编委会第
一次工作会议（2021年
6月）

《中国土木工程学会史 1912～2022》

编委会

主　　　任：易　军

副　主　任：戴东昌　王同军　张宗言　尚春明　马泽平　顾祥林

　　　　　　刘起涛　王　俊　李　宁　聂建国　徐　征　李明安

编写组（按姓氏笔画排序）：

　　　　　　包雪松　刘　渊　孙　斌（执笔）　李　丹　李　冰

　　　　　　吴　鸣　宋晓滨（执笔）　张　君　张　洁（执笔）

　　　　　　张　洁（女）　林沛元（执笔）　黄宏伟（执笔）

　　　　　　葛耀君（执笔）　戚　彬　章　爽　薛晶晶

前　言

　　1912年，詹天佑先生成立了"中华工程师会"，即中国土木工程学会的前身。学会成立之初的宗旨为"统一工程、营造规定、正则制度……发达工程事业，俾得利用厚生，增进社会幸福；日新工程学术，力求自辟新途，不至囿于成法"。希望学会会员"相维相系，亲如宾友，爱若弟昆，学识交流，感情日深，俾吾国工业一日千里，远毗欧美，雄长东方"。希望通过中华工程师学会来"发达工程事业，增进社会幸福，摆脱贫穷与落后"。

　　一百一十年来，中国土木工程学会引领一支优秀的土木工程科技大军支撑着国家的基本建设。他们之中有高风亮节、甘当人梯的老一辈科学家，有鞠躬尽瘁、勇于奉献的中青年骨干，有朝气蓬勃、奋发向上的青年学子，还有致力于报效祖国、海外归来的专家学者。新中国成立后，特别是改革开放以来，以茅以升、李国豪等为代表的我国土木工程科技工作者努力发扬爱国、创新、自力更生、艰苦奋斗的精神，积极探索、锐意创新，面向经济主战场、面向国家重大需求、面向世界科技前沿，潜心学术研究，勇攀科技高峰，创造了一个又一个科技奇迹，为中国制造、中国创造、中国建造协同发展绘制了宏伟的蓝图，为中国全面建成小康社会打下了雄厚的物质基础，为全球土木工程建设发展创新提供了中国方案。

　　回首学会百十年历史，有多少辉煌成就历历在目，有多少开风气之先的人与事激荡心怀。值此百十年庆典之际，中国土木工程学会再编《中国土木工程学会史1912～2022》。以1992年、2002年、2007年、2012年学会先后编印和出版的《中国土木工程学会八十周年纪念专集：1912—1992》《中国土木工程学会九十周年纪念专集：1992～2002》《中国土木工程学会史》（2008年版）和《中国土木工程学会史1912～2012》为基础，以史为线，以事说理，点面结合，图文并茂，真实展现一百一十年来学会走过的光辉足迹和伟大历程，为学会的百十华诞献上一份厚礼。希望本书能够帮助广大土木工程界的科技人员饮水思源、温故知新；激励我们在习近平新时代中国特色社会主义思想的指引下，以更强的使命感和紧迫感努力学习、尽心工作、不懈奋斗，为中华民族的伟大复兴作出应有的贡献。

本书由学会秘书处负责编写，各专业分会也为本书提供了一些材料。本书还参考和引用中国科协与一些全国性学会编印的史料，在此一并致谢！为尊重历史，对于选编的重要文献采取原文发表。鉴于历史原因，散失了不少珍贵的资料，遗漏和不确切之处亦在所难免，有待今后补正。

中国土木工程学会秘书处
2022年5月

目 录

第六章 科普工作及出版学术书刊

第七章 表彰及奖励活动

第一章

历史沿革

1912~2022

第一节　概论

土木工程始于人类新石器时代，以后随着人类的进步而发展。土木工程的范围十分广泛，几乎涉及人类生产、生活等活动的一切领域，在国民经济和社会发展中占有极其重要的地位。

"衣食住行"可谓人类生活的四大基本要素。土木工程则是与人类"住"与"行"息息相关的一项工程技术，包含着同"住"与"行"相关的房屋工程（如住宅、厂房、公共建筑等）和交通工程（如道路、桥梁、隧道、港口等）两大基本范畴。因而土木工程是人类从事生产与生活必不可少的基础设施。

土木工程是建造各类工程设施的科学技术的总称。它既指工程建设的对象，即建造在地上、地下、水中的各类工程设施，也指其应用的材料、设备和必须进行的包括勘察、设计、施工、管理、保养、维修等专业技术。

汉语"土木工程"一词出自我国古代。自从人类出现以后就有掘"土"为穴、构"木"为巢的原始活动，我国古人也通常把造房、修路、开渠、筑坝称为"大兴土木"，加之当时所用的工程材料主要也是"土"和"木"，故谓"土木工程"，并一直沿用此词，至今已经历2000多年。随着近代、现代各类工程材料的不断发展与进步，今天"土木工程"一词很难再从字面上体会到它的内容了。

同中国和日本等国的"土木工程"相对应，较多欧美国家使用"民用工程"一词，如英美等国使用"Civil Engineering"，俄罗斯使用"Гражданское строительство"。该词最初是相对于"军事工程"（Military Engineering）而产生的，是指除了服务于战争的工程设施以外的为了生产和生活所需要的民用工程设施的总称。后来这个界限就不那么明确了，军事工程也包含在土木工程的范畴之内。因此，土木工程是一门范围广泛、历史悠久的工程科学技术，并经过了漫长的发展历程。

一、专业领域

土木工程是人类历史上年代最久远的"科学技术"，无论在我国或其他国家，都是最早建立的工程技术之一，包括的专业十分广泛，一般是指修建房屋、公路、铁路、桥梁、隧道、港口、市政等工程设施的技术。但发展至今，其范围还在不断扩大，从宏观上讲，诸如环境工程、海洋工程、地震工程等均可列入土木工程范围。早期，甚至水利工程也属土木工程之列，俗称为"大土木"。

土木工程的内容和专业领域，按工程类型和功能效用划分，基本上可归纳为以下几大专业：

（1）房屋建筑工程，包括一切工业与民用建筑。

（2）桥梁工程，包括铁路、公路、城市桥梁。

（3）隧道与地下工程，包括交通隧道、地下建筑、城市地下空间利用、水工隧洞、市政隧道。

（4）岩土工程，包括地基与基础、工程勘察、环境岩土工程。

（5）道路工程，包括公路、城市道路、机场跑道工程。

（6）铁路工程，包括站场与线路。

（7）港口与海洋工程（或称近海工程）。

（8）市政工程，包括城市道路、城市燃气热力、城市给水排水、城市交通、城市防洪。

（9）环境工程，包括城市污水与废弃物处理。

（10）水利水电工程。

（11）特种工程，包括防护工程、核电工程、高耸塔桅工程、房屋附属构筑物、地震工程等。

二、学科内涵

土木工程成为有理论基础的独立学科始于17世纪中叶，伽利略开始对结构进行定量分析，被认为是土木工程进入近代的标志。它是一个比机械工程等传统学科诞生得更早的工程学科。土木工程的学科内涵比较丰富，主要包括理论、材料、设计、施工、管理几个方面。

（1）结构理论与基础学科，包括工程数学、工程力学、计算机应用等。

（2）工程测量学。

（3）工程材料学，包括金属、非金属、复合、特种材料。

（4）工程结构分析与设计，包括各种材料结构、各种结构体系的力学分析和构造设计方法。

（5）工程施工，包括基础与地下工程、地面工程、设备安装、防水、隔热保温与装饰工程等。

（6）工程机械与设备。

（7）工程经济与工程管理，包括工程施工招标与投标、概预算、施工组织设计、施工项目规划与控制等。

（8）信息技术，包括工程智能化、安全监测和寿命预测。

三、教育专业设置

从高等教育专业划分来看，我国高等学校土木工程专业始建于20世纪初叶，专业设置及内涵基本仿照欧美国家的体制，土木工程专业涵盖房屋建筑、道路桥梁、水工结构、市政工程等所谓大土木专业。到20世纪50年代，为适应计划经济体制下人才培养的需要，基本采用苏联的专业设置体系，土木工程细化为：工业与民用建筑专业（房屋建筑专业）、道路与桥梁专业（道路专业、桥梁专业）、隧道专业（地下建筑专业）、水工结构专业（港工专业）以及给水排水与采暖通风专业等，有些院校土木工程系的建制还被细化的专业所替代。到20世纪八九十年代，随着我国改革开放和社会主义市场经济体制的建立，在教育事业中相应的教育专业体系也发生了变化，提倡将专业面适当拓宽，由此大多数工科高等院校恢复了土木工程院系的设置。2020年国家教委颁布的高等院校专业目录中，土木工程专业涵盖了房屋建筑、地下建筑、道路、隧道、桥梁建筑、水电站、港口及近海结构与设施、给水排水、地基处理及智能建造等领域。

从以上专业领域、学科内涵、教育专业设置三个方面可以看出，土木工程不仅是一门古老的综合性的学科，同时也是与当代国民经济和社会发展紧密相连的重要专业。

第二节　土木工程历史沿革

土木工程虽然是一个古老的学科，但在漫长历史的发展和演变中不断注入了新的内涵，其中材料的变革和力学理论的发展起着最重要的推动作用。土木工程既是随着人类的出现而诞生，又是随着社会的进步而发展，至今已演变成为一个大型综合性的学科。土木工程的发展历程可分为三个时期，即古代土木工程时期、近代土木工程时期和现代土木工程时期。

一、古代土木工程时期

古代土木工程时期，指自公元前5000年新石器时代出现原始的土木工程活动开始，至16世纪末土木工程走上迅速发展道路为止。

早在远古时代，由于居住和交往的需要，人类开始了掘土为穴、架木为桥的原始土木工程活动。我国黄河流域的仰韶文化遗址和西安的半坡村遗址均发现，约公元前5000年至公元前3000年就有供居住用的浅穴和用土骨泥墙构成的圆形房屋，出现了屋盖和基础工程的萌芽。在浙江余姚河姆渡新石器时代遗址中，还出现了榫卯结构，为以木结构为主流的中国古建筑开创了先河。

古代的土木工程最初完全采用天然材料，以后才出现了人工烧制的砖和瓦，这是土木工程发展史上的一件大事。如考古发现在我国西周时代出现了屋面板瓦与筒瓦，在战国（公元前475～公元前221年）墓葬中发现有烧制的砖等。约自公元1世纪东汉时期起，砖石结构更有所发展。所谓"秦砖汉瓦"代表着中国建筑的主要传统材料，它们与木材结合使用，形成了独特的中国木结构体系。以后经过长期实践经验的积累，逐步形成了许多可以指导工程设计、施工的法规，并编写出了一些优秀的著作。如北宋时期，喻皓著的《木经》（我国第一部木结构建造手册）、李诫编纂的《营造法式》（1103年颁行，是我国第一部建筑标准法规，土建科技百科全书）等。

这一时期，中国的土木工程取得了辉煌成就，建造了许多举世瞩目的重大工程，如长城（秦始皇于公元前214年基本建成）、都江堰（四川灌县，公元前256～公元前251年李冰父子主持建成）、赵州安济桥（河北赵县，595～605年隋代李春建造）、佛光寺大殿（山西五台县，建于857年唐宣宗时代）、佛宫寺木塔（山西应县，建于1055年）以及京杭大运河、北京故宫等，都是我国现存的具有代表性的著名土木工程建筑。

二、近代土木工程时期

从17世纪中叶开始至20世纪40年代爆发第二次世界大战为止，是近代土木工程时期。在这一时期，土木工程作为一门技术科学进入了定量分析阶段，成为有理论基础的独立学科。

这个时期土木工程的主要特征是：在材料方面，已由木材、石料、砖瓦、石灰为主发展到开始使用铸铁、钢材、水泥、混凝土、钢筋混凝土；在应用理论方面，材料力学、理论力学、结构力学、土力学、结构设计理论等学科逐步形成，使保证工程结构的安全与经济已成为可能；在施工技术方面，由于不断出现新的机械和新的工艺，带来了施工技术进步、建设规模扩大、建造速度加快的效果，从而使土木工程发展到包括房屋、道路、桥梁、铁路、隧道、港口、市政等各类工程设施领域。

15世纪以后，近代自然科学的诞生和发展，奠定了土木工程的理论基础。1638年伽利略首次用公式表达了梁的设计理论，成为材料力学的开端。1687年牛顿总结的力学运动三大定律，至今仍是土木工程设计理论的基础。从此土木工程设计进入了定量分析的新阶段。

18世纪下半叶，蒸汽机的使用推动了产业革命。规模宏大的产业革命为土木工程建设提供了多种性能优良的建筑材料和施工机具，从而使土木工程以空前的速度向前迈进。

1850年波特兰水泥开始生产；1856年发明了转炉炼钢法，钢材越来越多地被应用于土木工程；1875年法国建成了第一座长16米的钢筋混凝土桥。在这个时期，土木工程施工方法也开始了机械化和电气化的进程，钻探、挖掘、起重等现场施工的专用机械相继出现。

产业革命还从交通方面推动了土木工程的发展。1825年建成了世界上第一条铁路；现代桥梁的三种基本形式：梁式桥、拱桥、悬索桥也在这个时期相继出现了。20世纪初飞机的诞生，使机场工程迅速发展起来。1937年美国旧金山建成的金门大桥（主跨1280米）是公路桥的代表性工程。

工业的发达和城市人口的集中，使工业厂房向大跨度发展，民用建筑向高层发展。1931年美国纽约帝国大厦落成（102层，高378米），它保持世界房屋建筑最高纪录达40年之久。1906年和1923年美国旧金山和日本关东地区先后发生强烈地震，这些自然灾害推动了结构动力学和工程抗震技术的发展。

近代土木工程发展的另一个重要标志是预应力混凝土的研究与应用。1886年美国首次应用预应力混凝土制作建筑构件。自20世纪30年代开始，预应力混凝土便广泛地进入工程领域。这一新技术的诞生把钢筋混凝土结构的应用推向了新阶段。

在这一时期，由于中国清朝政府实行闭关锁国政策，致使我国近代土木工程发展缓慢，直到清末才引进一些西方技术。20世纪早期，中国工程师自己修建了一批大型土木工程，其中具有代表性的工程有：1909年杰出工程师詹天佑主持修建的京张铁路，1937年著名桥梁专家茅以升主持建成的钱塘江大桥，都达到了当时土木工程技术的世界先进水平。

随着土木工程学科的建立，近代土木工程教育也开始创立。1747年法国创立了巴黎路桥学校，培养道路桥梁和河渠方面的专业人才。中国土木工程教育事业始于1895年创办的天津北洋西学学堂（后称北洋大学，今天津大学）和1896年创办的北洋铁路官学堂（后称唐山交通大学、唐山铁道学院，今西南交通大学）。1912年中国第一个工程学术团体"中华工程师学会"成立，詹天佑为首任会长。

三、现代土木工程时期

1945年第二次世界大战结束后，社会生产力出现了新的飞跃，现代科学技术突飞猛进，土木工程进入了一个新时代。

现代土木工程以现代社会生产力发展为动力，以现代科学技术为背景，以现代工程材料为基础，以现代施工工艺与机具为手段，高速向前发展。工程功能化、城市立体化、交通高速化已成为现代土木工程的主要特征。

现代土木工程的功能化问题日益突出，工程设施要求与其使用功能或生产工艺更紧密结合。以住宅建筑和公共建筑为例，它已不再仅仅是徒具四壁的房屋了，而且要求具有采暖通风、给水排水、供电燃气、防水防火、装修装饰等多种功能，乃至使用通信、计算机网络和智能化成套技术。截至2020年，我国城市建设用地面积已超5.8万平方公里，年平均建设面积增加0.2万平方公里。随着我国现代化建设的发展，高层建筑成为现代化城市的象征，截至2021年底我国拥有150米以上的高层建筑2581座，其中200米以上的有861座，300米以上的超高层建筑99座，三项指标均位于世界第一。与此同时，由于设计理论的进步，材料与施工技术的改进，高层建筑出现了许多新的结构体系，如框架—剪力墙、筒中筒结构等。

为了满足现代世界人、物和信息的交流，要求交通高速化。高速公路虽于1934年就在德国出现，但在世界范围大规模修建还是第二次世界大战后的事。至1983年，全世界已建成高速公路达11万公里。我国的高速公路建设起步较晚，近年来发展迅速，截至2020年底全国公路运营总里程超519.8万公里，已建成高速公路运营里程超16.10万公里，居世界第一。全国铁路路网基本形成，全国铁路营业里程超14.6万公里，高铁运营总里程达到3.8万多公里。桥梁与隧道建设得到高速发展，其中投入运营的桥梁超91.2万条，隧道已超2.1万条。与此同时，铁路也实现了电气化和高速化，由我国自主研发的时速600公里高速磁悬浮样车成功试跑，高速列车已处于国际领先地位。交通的高速化直接促进了长大桥梁与隧道技术的发展，大跨度的悬索桥、斜拉桥大量兴建。

现代航空与航海事业得到飞速发展。截至2020年，我国已有241个民用机场投入运营，年吞吐量达到千万人次以上的特大机场已达27个。全球国际贸易港口超过2000个，其中我国港口万吨级及以上泊位超2500个。中国的上海、塘沽、广州、北仑、大连、青岛等港口也逐步实现了现代化。

在这一时期，对土木工程有特殊功能要求的各类特种工程也发展起来，如核电站、海上固定式钻井平台、电视塔工程等。这些特种工程所处环境险恶、荷载复杂、施工困难，要求土木工程必须运用现代科学技术进行武装，才能实现建造目标。

纵观现代土木工程的发展，在工程材料、施工技术、智能建造、理论分析等方面不断出现新的进步。

工程材料方面，针对超高性能混凝土（UHPC）的材料、结构性能、既有结构加固及新结构等方面已开展了大量研究，形成了相应的技术标准，并逐步应用于工程实践。自密实混凝土、钢纤维混凝土等新型混凝土材料在工程中的应用也逐渐得到推广。高性能钢材的研发和应用持续推进，Q690级别高性能钢材及强度2000兆帕的高强钢丝已得到成功应用。复合材料在土木工程领域的应用得到了高速发展，纤维增强复合材料（FPR）已逐步应用于工程结构加固补强、FPR筋索和预应力FRP筋混凝土结构及新型组合结构中，建立了较为完整的技术规范体系。此外，铝合金、石膏板、建筑塑料、玻璃幕墙等一系列新的工程材料也在土木工程中得到了广泛应用。

施工技术方面，第二次世界大战以后，战后恢复的大规模现代化建设促进了建筑标准化和施工过程的工业化。人们力求在工厂中成批生产各种房屋和桥梁的构配件，然后运到现场装配。在20世纪50年代后期，这种预制装配化生产的潮流几乎席卷了以建筑工程为代表的许多土木工程领域。自1970年以来，工地开始使用大吨位塔式吊车，显著地提高了现场装配化水平，集中搅拌生产商品混凝土和混凝土运输车已相当普遍。当前，我国现代化施工技术已处于世界先进水平。我国自主研发了以钢—混凝土组合结构、大跨空间结构、预应力结构等为代表的系列结构新技术，在大型复杂结构、超高层建筑结构、大跨度桥梁、大型基础等施工关键技术方面取得了一系列具有自主知识产权、国际先进的核心技术成果。实现了技术极限与传统认知的不断突破，有力地保障了中国重大标志性工程的建设水平。

随着计算机科学的发展，围绕国家战略需求及土木工程行业转型升级，智能建造技术通过利用"智能化"和"信息化"系统技术提高建造过程的智能化水平。利用建筑信息模型（BIM）技术、物联网技术、3D打印技术、人工智能技术、云计算技术和大数据技术搭建了整体的智能建造技术体系，使得智能建造技术在建筑结构全寿命周期实现智能规划与设计、智能装备与施工、智能防灾减灾和智能养护与运维等，推动了智能土木工程学科的发展，进一步建立了较为完善的土木工程人工智能理论体系。

理论上的成熟和进步是现代土木工程的一大特征。一些新的理论和分析方法，如计算力学、结构动力学、实验力学、随机过程理论、波动理论等已深入到土木工程的各个领域。特别是随着计算机的问世和普及，许多过去不能分析也难以模拟的工程问题逐步得到了解决；又如计算机辅助设计、辅助制图、现场管理、网络分析、结构优化以及人工智能、专家系统等都已渗透到土木工程的各个方面。土木工程结构的可靠度理论和方法取得了重要进展，发展形成了适用于土木工程结构的可靠度设计理论体系。我国的一些工程结构设计标准，已将基于概率分析的可靠性理论应用于工程设计。考虑结构安全与耐久性的设计思想发展为全寿命周期设计理论，成为国内外学者普遍关注的焦点之一。

总之，人类进入20世纪以后，随着科学技术的突飞猛进，土木工程技术得到了蓬勃发展。特别是钢材及混凝土在土木工程中的应用，以及20世纪20年代后期实现的两个飞跃：高强度钢材和预应力混凝土的研制成功，使建造摩天大楼和跨海大桥成为可能；计算机的开发应用使土木工程的计算分析、设计、施工、管理展现了一幅全新的面貌。

四、向土木工程强国迈进

我国现代土木工程建设的发展，主要是在1949年中华人民共和国成立后起步的。

20世纪50年代，中华人民共和国成立初期，我国经济建设迅速恢复和发展，土木工程建设十分兴旺，兴建了大量世人瞩目的重大土木工程项目。例如，工业与民用建筑方面：鞍钢大型轧钢厂、无缝钢管厂和长春第一汽车厂，以及北京人民大会堂等北京十大建筑；铁路方面：武汉、南京长江大桥，成昆铁路；水利方面：荆江分洪，三门峡、葛洲坝、滦河引水入津工程；公路方面：青藏公路等。这些伟大的工程成就为土木工程创造了飞速发展的环境和条件。特别是1978年改革开放以来，国家对基础设施建设的大量投入，极大地促进了土木工程事业的发展，建成了一大批具有国际先进水平的重大工程项目，综合反映了我国土木工程科学技术与学术水平和在许多学科与专业领域所取得的成就。

21世纪是一个催人奋进的时代，中国处处大桥飞架、高楼林立、道路纵横，伴随着中国城镇化的加速发展，中国的土木工程无论在建设规模还是发展速度上都令世界惊叹，更令国外同行羡慕：截至2020年，综合交通网络总里程突破600万公里，"十纵十横"综合运输大通道基本贯通，超大特大城市轨道交通加快成网，全国铁路路网密度已达152.3公里/万平方公里，高速铁路对百万人口以上城市覆盖率超过95%，高速公路对20万人口以上的城市高速公路的覆盖率超过98%，民用运输机场覆盖92%左右的地级市。举世瞩目的三峡工程、南水北调、西气东输工程顺利推进；世界海拔最高的青藏铁路已经通车，高速列车处于国际领先地位，时速600公里高速磁悬浮样车成功试跑；港珠澳大桥、北京大兴国际机场、上海洋山港自动化码头、京张高速铁路等一系列国家重点超大型工程正式建成投运。

2021年我国踏上了"十四五"规划新征程，我国建筑工业化、数字化、智能化水平大幅提升，传统基础设施建设与"新基建"融合创新发展取得新突破，建造方式绿色转型成效显著，完善的智能建造与新型建筑工业化标准体系得以构建。我国还将进一步完善不同建筑类型装配式混凝土建筑的结构体系，加强高性能混凝土、高强钢筋和消能减震、预应力技术的集成应用，强化打造韧性城市及交通系统。公路交通建设数字化、智能化及绿色化也将取得实质性突破，基本贯通"八纵八横"高速铁路，建设现代化高质量综合立体交通网络，构建互联互通、面向全球的交通网络。

从现在到2035年，我国土木结构工程领域研究将处于关键转型期和重要机遇期。中央城镇化工作会议将新型城镇化建设作为中国未来发展的重要战略，城镇与基础设施建设已成为中国未来经济社会发展的重要引擎。中国城镇化亟须从"高速推进"转向"品质提升"的新阶段，土木工程作为城镇化的重要载体和标志，创造人居环境，必将成为中国城镇化品质提升的核心突破口之一。多学科交叉融合将成为未来土木工程科技发展的突出特征。现代自动化技术、信息技术、机械技术、控制技术、电子技术、网络技术、软件技术、计算技术等将为传统土木结构工程科技发展带来全新的活力。土木工程先进技术也将向更广阔的领域拓展，在清洁能源、海洋工程、军事防护、战略仓储等领域发挥重要的支撑作用。预计到2035年，土木工程领域将全面实现绿色低碳可持续、现代化与智能化、产业结构转型升级、民生保障质量提升的发展愿景。

第三节 中国土木工程学会历史沿革

我国古代的科学技术在世界科学技术史上占有特殊的地位，某些科技领域很早就有高度的发展。勤劳智慧的中华民族曾经创造过辉煌灿烂的古代文明，幅员辽阔的中华大地曾经建造了像长城、大运河、都江堰、赵州桥等伟大的土木工程。但由于帝国主义的侵略和清朝政府的腐败，中国曾沦为半封建、半殖民地国家，科学技术一度停滞不前，工程建设一蹶不振。

我国自清末同治、光绪年间，设立制造局、船政局及纺织、造纸等工厂，并开发煤矿，建造铁路，始有近代工业之雏形。随之也成就了一批科技和工程建设人才。他们渴望同行之间切磋，借以互相启迪共同提高。于是，我国以学术交流为主旨的社会学术团体——学会，便随之产生了。如1907年创立的"中华药学会"，1909年成立的"地理学会"，1912年诞生的"中华工程师会"，1917年组建的"中华农学会"等。

其中，中华工程师学会（后合并改称中国工程师学会）是以土木工程师为主体，联合机械、电机、化工、矿冶专业技术人员共同发起，最早建立的工科学术团体之一。中国土木工程学会就是在它包含的专业学组和专门委员会基础上繁衍成立的一个专门学会。因此，记述中国土木工程学会的历史就要追溯到1912年创建的中华工程师会。1936年5月23日，"中国土木工程师学会"作为中国工程师学会的分科学会和团体会员在杭州成立。中华人民共和国成立后，在全国自然科学专门学会联合会（1958年与全国科普协会合并改称中国科协）的统一筹组下，"中国土木工程学会"于1953年9月20日在北京重建并恢复活动。

中国土木工程学会的历史沿革如下：

（1）1912年，辛亥革命成功后，时值主办粤汉铁路工程的詹天佑先生，在广州约集土木等工程界人士，创立广东中华工程师会，该会是我国第一个工程师社团组织。同年，颜德庆先生在上海创立中华工学会，徐文炯先生在上海组建铁路路工同人共济会。三会名称虽异，而宗旨相仿，且皆推詹天佑先生为会长或名誉会长。

1913年三会合并，定名为"中华工程师会"（为强调该组织的学术性质，1915年更名为"中华工程师学会"），推举詹天佑先生任合并后的首届会长，会员148人。此后，会员逐年有所增加，会员构成以土木专业人员为主体，如1924年会员统计数为487人，其中土建专业会员387人，约占会员总数的80%。可谓有了萌芽时期土木工程学术组织的雏形。

（2）1918年，由留美工程师及留学生在美国发起组织了"中国工程学会"，发起会员（84人）仍以土木工程师为主（32人）。1923年总部移至国内。

（3）中华工程师学会和中国工程学会成立虽有先后，但宗旨与任务基本相同，遂于1931年8月在南京举行两会联合年会，通过合并方案，定名为"中国工程师学会"。学会下设土木、机械、电机、矿冶、化工五个专门委员会。至此诞生了作为中国工程师学会下属的二级专业部门土木工程学术组织，为土木工程学会的建立奠定了基础。

（4）随着工业发展、专业不断扩充、工程师逐渐增多，相继成立了一些专门工程（师）学会作为中国工程师学会的分科学会和团体会员。其中，中国土木工程师学会于1936年在杭州成立（由于当时土木工程交流一直是中国工程师学会的主要活动内容，因此较晚才分立），与中国工程师学会组成联合执行部，每年共同举办学术年会，于是产生了我国第一个土木工程师的学术团体。

（5）1949年新中国成立后，我国的经济建设迅速得到恢复与发展，土木工程全面兴建。为了团结广大土木工程科技工作者为建设事业和学科发展服务，在中华全国自然科学专门学会联合会的统一筹划与领导下，中国土木工程学会于1953年9月20日在北京宣布重建，学会从此走上了新的发展壮大之路。

（6）1958年学会实行"挂靠制"，挂靠建筑工程部（简称建工部）。1966年至1976年"文革"期间，学会工作曾一度停顿，并于1973年转挂靠到铁道部。直到1978年，随着科技事业春天的到来，学会工作也走向复苏，并在改革开放方针的指引下，更加发展壮大。1984年学会恢复挂靠城乡建设环境保护部。

（7）1988年学会统一实行了分科学会建制。至1992年学会已拥有11个分科学会和近50个（专业）委员会。随着改革开放政策的实施，学会也通过加强国际及港澳台地区交流合作提高了国际影响力。

（8）20世纪末，学会以提高"三力"（凝聚力、影响力、经济实力）为各项工作出发点，以学术交流、国际民间交往和科普普及工作为根本任务和方向，初步形成了完整的会员体系，逐步建立了配套的管理制度，不断深化国际与港澳台地区学术交流合作，完善了学会奖励制度体系。

（9）21世纪初，以新时期改革开放为中心，为密切结合国家和行业发展战略需要，学会先后增设多项分支机构促进学会专项工作的开展，强化国家规划重大课题研究，2009年学会获批开始进行遴选推荐国家科学技术奖的工作。

（10）近年来，学会继续加强国际合作。2015年，我会在"一带一路"土木工程国际论坛上，发起并与11个国家的学术组织联合签署了《国际土木工程科技发展与合作倡议书》。

（11）2022年是学会成立110周年，学会目前下设21个分支机构，拥有单位会员2000多家，个人会员近5万人，始终围绕国家重点发展战略及土木工程热点问题展开学术交流等活动。学会国际影响力也不断增大，加入了7个国际学术组织，与十多个国际学术团体签订了双边合作协议。

学会发展的历史沿革如图1.1所示。

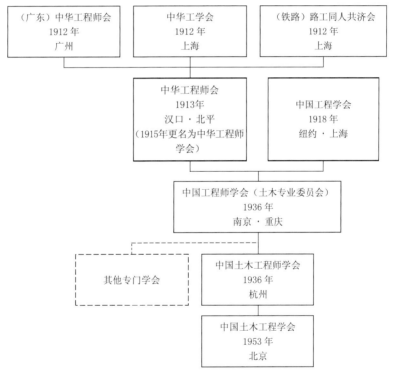

图1.1　学会发展历史沿革图

第二章

发展历程

1912 ~ 2022

第一节　应运而生，艰苦创业（创立时期）

1992年3月19日，中国土木工程学会五届七次常务理事会议通过决议：为保持和体现土木工程学术组织历史的继承性和延续性，确认以我国最早创建的，由土木工程师为主体（约占总会员的40%~80%）建立的中国工程师学会创始年1912年为中国土木工程学会的创建年。

一、中华工程师学会的成立

我国清代末年间开始出现近代工程事业。我国著名土木工程师詹天佑领导修筑京绥铁路，置办粤汉铁路。当时国内有北洋路矿学堂、高等实业学堂、兵工学堂等工程技术学堂，留学工程人员回国者亦渐增加。国内工程事业与建设日渐发展，工程学术团体应运而生。

1912年1月，詹天佑先生在广州约集同行，创立"中华工程师会"，詹天佑任会长，这是中国第一个工程学术团体，同年，颜德庆、吴健在上海创立"中华工学会"，分别任正副会长。此时铁路工程技术人员较多集于上海，于是徐文炯等发起组织"路工同人共济会"，广蓄兼收铁路同人，后两个团体均推詹天佑为名誉会长，三会会员人数约略相等，各为数十人。

这三个团体因有共同的宗旨，遂共同倡议合并组建新会，定名为"中华工程师会"。1913年2月1日，三会领导在汉口开会做出合并的决议，且暂以汉口为总会会址。1913年8月，三会会员在汉口召开成立大会，公举詹天佑为会长，颜德庆、徐文炯为副会长，周良钦等20人为理事，计有会员148人。拟定会章30条，规定宗旨为三大纲：一为制定营造制度；二为发展工程事业；三为力阐工程技术，并规定工作办法五则：一为出版以输学术；二为集会以通情意；三为试验以资实际；四为调查以广见闻；五为藏书以备参考。

1914年11月举行第二届年会，会员已有249人。1915年2月成立北平分会。1915年7月，鉴于"中华工程师会"名称太泛，为突出其学术组织的特性，乃更名为"中华工程师学会"，章程略有修改，为加强会务工作，实行总干事制度。1916年7月，总会事务所迁移北平石达子庙。1918年7月迁入西单报子胡同76号新建会所，设立编辑、调查、交际、演讲四科。1914年1月创办中华工程师会会报，到1930年共出版10卷。

1915年更名为中华工程师学会后，会员逐年有所增加。会员的构成仍以土木建筑专业人员为主体，如1924年的会员统计数为487人，其中土建专业会员387人，约占会员总数的80%，其余专业会员依次为机械41人、电机26人、矿冶18人、化工6人、造船5人、兵工3人、航空1人。

中华工程师学会成立伊始，就以组织广大会员开展学术活动为己任。截至1923年先后共举办11届学术年会，每次围绕一个主题进行报告和演讲、切磋技术、交流经验。由于当时交通不便，到会人数不多，会上仅限于专家做学术演讲。

詹天佑先生全力投入学会的创建并连续三届当选为会长，为学会的初创与发展作出了重大的贡献。为提高学术活动的质量，他曾捐助经费设奖征文和组织编辑出版《华英工学字汇》赠送给会员。1919年4月24日詹天佑会长病故。

1922年4月24日举行学会成立10周年大会，并为纪念学会创始人，在北平青龙桥举行詹会长铜像揭幕典礼。

二、中国工程学会的诞生

1918年中国工程学会在美国成立，1923年移归国内。学会以联络各项工程人才，提倡中国工程事业，研究工程学之应用为其宗旨。

民国以后，赴欧美留学的中国工程技术人员日益增多，国外学子尤感于加强联络之必要。1917年20余名在美国纽约的中国科技人员联合发起建立中国工程学会。至1918年3月，学会共有会员84人，其中近半数为土木工程师（共32人），其余为化学工程师（12人）、电机工程师（12人）、机械工程师（11人）、矿冶工程师（17人），选举陈体诚为第一任会长，张贻志为副会长，李铿等6人为董事。1918年5月召开第一次董事会议并开展会务活动，同年8月在纽约康奈尔大学与中国科学社联合举行第一届年会。之后在美国各地相继召开了五届年会。到1923年，第六届年会开始在中国国内举行。

学会的办事机构为执行部，吴承洛任第一届执行部书记，茅以升曾任股长，侯德榜曾担任年会的组织工作。1921年正式成立美洲分会。于是总会在美国的活动即变为分会之活动。此外，尚有英国分会。

由于会员回国渐多，中国工程学会的活动也逐渐转回国内。总会移至国内后，在上海、北平、天津等十几个城市成立支会，并于1923年7月在上海举行国内第一次年会，奠定了学会在国内发展之基础。自此以后年会年盛一年。至1930年，先后在杭州、北平、南京、青岛、沈阳等地召开了八届年会。同时出版有《中国工程学会会报》（1919年11月创刊）、《中国工程学会会刊》（1924年1月创刊）、《工程杂志》（1925年3月创刊）及会员录等多种刊物。

中国工程学会的活动范围比较广泛。除举办年会和出版刊物外，尚有工程名词委员会，编撰土木、机械等九种英汉名词对照；材料试验委员会、建筑条例委员会促进规程之制定；工程教育委员会、职业介绍委员会等，还附设有工程材料试验所和技术咨询处。为加强研究工作，于1928年成立工程研究部，设立土木、机械、电机、化工、矿冶五科。至1930年，会员已由1922年的250人增加到1730人，成为国内一支与中华工程师学会齐名的重要工程学术团体。

由于学会主要成员多系国外留学的工程技术人员，因此国际交流活动较易开展，遇有国际学术会议均组织会员参加。学会还加入了世界动力协会，并多次派代表出席世界动力会议、世界大坝会议和万国工程会议等国际学术活动，为增进与国外工程界之联络引进国外先进科学技术作出了重要贡献。

三、两会合并组建"中国工程师学会"

1931年3月，中华工程师学会推举韦以黻、夏光宇为代表，中国工程学会推举恽震、徐恩曾为代表，共同讨论并提出合并方案及新章程草案。8月27日，在南京举行的两会联合年会上正式通过合并方案，同时作出决议：以我国最早创建工程师团体的1912年，为统一后的中国工程师学会的创始年。在联合年会上，由中国工程学会会长胡庶华和中华工程师学会代会长颜德庆先后报告两会会史，选举韦以黻为会长、胡庶华为副会长；学会设董事会及执行部；总会定在南京。此时，前中华工程师学会有会员499人；前中国工程学会有会员2265人，删去双重会籍者，合并后的中国工程师学会实有会员2169人。在地方设分会的有上海、南京、济南、唐山、青岛、天津、杭州、武汉、太原、广州、苏州、梧州、南宁、长沙、南昌、大冶、重庆、西安；在国外设有美洲和欧洲分会。至1948年，个人会员发展到15028人，团体会员129个。

为了开辟学会活动场所，1935年10月，中国工程师学会联合土木、建筑、水利、矿冶、机械等18个学术团体，在南京中山路筹建全国学术团体活动大厦，并于1937年5月开工，后因抗战爆发，总会会址于1939年迁至重庆。

在中国工程师学会的组织建设与发展过程中，又先后建立了若干专门工程（师）

学会，如中国矿冶工程学会、中国化学工程学会、中国土木工程师学会等。中国工程师学会设立土木、机械、电机、矿冶、化工五个专门委员会，加强对各专门工程学会的组织领导，事实上承担着工程学会联合会的职能（类似于现在的中国科协），并采取了以下的组织与活动方式：

（1）已经成立的各专门工程学会，一律加入中国工程师学会，作为团体会员。

（2）各专门工程学会会员，凡符合中国工程师学会会员条件者，均吸收为中国工程师学会之会员。

（3）中国工程师学会的董事，每年改选5人，由土木、机械、电机、矿冶、化工五个专门委员会选1人充任。

（4）中国工程师学会与各专门工程学会约定每年在同一地点、同一时间举行联合年会。开闭幕式集中进行，学术讨论会由中国工程师学会各专门委员会与各专门工程学会联合举行，工作会议由各专门工程学会单独举行。

（5）由中国工程师学会联合各专门工程学会，于每年年初出版一次总会刊。

（6）中国工程师学会与各专门工程学会，合资筹建南京总会会所，作为联合办事处。中国工程师学会与各专门工程学会组成联合执行部，并制定11条联络办法。1936年在杭州举行联合年会的七个工程学术团体，于5月23日召开联合执行部会议，解决七个学术团体的联络问题，并规定每年年会期间召开一次联合执行部会议，还规定中国工程师学会会员可免费加入专门工程学会。

中国工程师学会成立后，为推动各项活动的发展，还设立了若干工作委员会，包括：总理实业计划实施研究，编辑及审核工程名词，编订建筑条例，编纂工程规范，编辑全国建设报告书、工程教科书，起草大学工科课程标准、工程师信守规条，建立建筑工程材料试验所，建设总会会所等委员会，同时发动广大会员开展各种活动。工程材料试验所是学会开办的科研服务实体，设在上海。

第二节　重新建立，开拓进取（重建与开拓时期）

中国工程师学会和中国土木工程（师）学会于1949年停止活动。中国土木工程学会于1953年恢复重建。

新中国的成立为科学技术团体的活动开辟了更为广阔的天地，科学技术社团的社会地位空前提高。1950 年8月17日至24日，在北京召开中华全国自然科学工作者代表会议，会上成立了两个全国性组织：中华全国自然科学专门学会联合会和中华全国科学普及协会，以推动我国科学技术的提高与普及。新中国成立前的学术团体的活动即告结束。中华全国自然科学专门学会联合会的宗旨是：联合全国自然科学专门学会，推动学术研究，以促进经济建设、文化建设和国防建设。其任务为：促进各专门学会的建立与学会之间的联系，从事学会与政府有关业务部门之联系，促进国际学术交流。随之在全国科联的统一领导下，一些全国性自然科学专门学会相继筹备与成立。在工程界方面，由于原系综合性的中国工程师学会和一些专门工程学会（含中国土木工程师学会）新中国成立后已经结束了活动，因而各个专门工程学会都相继新建或重建。

中华人民共和国成立初期，原中国土木工程（师）学会的一些地方土木工程分会组织相继恢复了活动。到1951年5月，已建有21个地方分会（当时不是一个省成立一个分会，大部分以市成立）。北京地区分会的茅以升、金涛等50位知名人士联合地方分会的156名积极分子作为发起人，申请筹组中国土木工程学会（总会），经中华全国自然科学专门学会联合会同意并报请中央人民政府内务部。1951年6月，内务部以内社字第149号函批示："中国土木工程学会筹委会申请筹备登记事准予备案"。筹委会在统一的组织下，积极联络各地同仁，经过两年多的筹备，在北京、天津、武汉、旅大（大连）、昆明、贵阳、济南、南京、福州、太原、长春、唐山、开封、广州、桂林、重庆、兰州、长沙、沈阳、南宁、西安等大中城市先后建立了地方分会，会员近5000人。1953年3月，茅以升、金涛、陶葆楷、吴柳生、王元康、唐振绪、王明之、曹言行、马奔、蔡方荫、嵇铨、龚一波12人组成中国土木工程学会第一次全国代表大会筹备委员会。

经过积极筹备，于1953年9月20日在北京召开第一次全国会员代表大会。来自各地区分会的33名代表（代表全国4778名会员）出席了大会，一致选举茅以升为理事长，王明之、曹言行为副理事长。并正式宣告中国土木工程学会恢复重建。1953年10月1日，内务部谢觉哉部长签发了全国性学会社团登记证书，明确学会组建的目的和宗旨是："为团结全国土木工程工作者，在技术与政治相结合的基础上，配合国家需要开展各种有关土木工程的学术研究并总结和交流工作经验，以提高科学技术水平，为完成国家文化经济建设而服务。"从此学会走上了新的发展之路。此时正值我国由经济恢复转入经济建设的第一个五年计划开始之年，学会的建立为促进社会主义建设发挥了积极的作用，开创了新中国土木工程学术团体活动的新纪元。

随着国家经济建设的恢复与发展，土木建筑工程全面兴建，广大土木工程科学技术工作者期望组织起来，交流经验，普及与提高土木工程技术水平，为社会主义建设事业服务。随着中国土木工程学会于1953年的恢复重建，学会的历史掀开了新的一页。从此，组织建设稳步发展，学术活动逐步展开，国际交流开端良好，党和政府加强了对科技社团的领导与支持，学会工作出现了积极向上的新局面。直至1966年"文化大革命"开始，学会工作暂时停止。

第三节 砥砺前行，自强不息（停顿到恢复时期）

一、恢复组织机构

1976年"文革"结束，我国建设事业重新走上了正常发展的轨道，学会工作获得了新生。1978年3月18日，党中央召开全国科学大会，会议推动了全国科技工作的蓬勃发展，也促进了学会活动的恢复。1978年4月中国科协组织正式恢复；在中国科协的统一部署下，全国性学会先后得以恢复。

1978年8月1日，中国土木工程学会正式恢复活动，秘书处设在铁道部内（与新成立的中国铁道学会合署办公）。为了加强对学会恢复工作的领导，同年12月成立了由刘建章、彭敏、郭建组成的学会临时党组和以茅以升为理事长的临时常务理事会。在临时常务理事会的领导下，专业委员会和地方学会组织迅速恢复起来并积极开展工作，广大会员和土木工程科技工作者都以满腔热情投身于各项活动。

学会的二级学术组织是学会活动的基础。因此，根据新形势的需要，学会对其组织规模和名称作些调整：设置"分科学会"，且名称尽可能与相应的国际学术组织的名称相对应，如桥梁及结构工程学会（挂靠同济大学）等。分科学会和专业委员会的成员分布在城乡建设、铁道、交通、水电、建材、冶金、煤炭、高等院校、中国科学院以及解放军的有关兵种等系统和部门，同全国土木工程界的广大科技人员有着广泛的联系。

在临时常务理事会的正确领导与推动下，组织建设进展十分迅速。在不到一年的时间内恢复和组建了五个分科学会，为学会活动的开拓创造了条件。与此同时，全国各省、自治区、直辖市也相继恢复和成立了学会组织。上海、天津等地成立了

"土木工程学会"，还有一些省的土木学会和建筑学会合并成立了"土木建筑学会"。

为了加强国际联络和恢复学报的出版，临时常务理事会下建立了《土木工程学报》编辑和对外联络工作委员会，有力地推动了这两项工作的开展。学会还拟定了《中国土木工程学会章程（草案）》，制定了《土木工程学报编辑工作委员会暂行简则》和《对外联络工作委员会工作办法（试行）》。

二、开辟国际交流渠道

中国土木工程学会在"文革"前就是国际土力学及岩土工程学会（ISSMGE）、国际桥梁与结构工程协会（IABSE，简称国际桥协）的成员组织，由于受"文革"影响，学会与这些国际学术组织的交往也受极大影响。恢复活动后，学会积极加强与这些国际组织的联系，广泛参加这些国际组织的学术活动。另外，通过国外学者、外籍华人较长时间的工作，1979年和1980年，学会又加入了国际隧道与地下空间协会（ITA，简称国际隧协）和国际结构混凝土协会（FIB），进一步扩大了同国际学术组织的交往。同时，学会还和美国、加拿大、日本、法国等国家相关的学术组织建立了双边的学术交流和合作关系。

三、积极开展学术活动

土木工程在我国有着悠久的历史、丰富的经验和较高的科技水平，学科范围广泛，涉及部门多。在国家开展大规模现代化建设的形势下，学会组织全国土木工程界的专家学者，开展学术交流，探讨科技动态和共同关心的重大课题，起到行政部门难以起到的作用，受到广大科技人员的支持和欢迎。

学会通过召开分科学会大会或年会、举办专题学术会议、组织专业学习班以及在我国举办国际学术会议等形式进行学术交流活动。恢复活动后的6年间，共召开了58次全国性的学术会议，参加人数4713人，交流学术论文3949篇；举办了15次专业学习班，参加人数1891人。

四、恢复学报出版

学术出版物是扩大传播学术交流成果的重要手段。《土木工程学报》是全国唯一的土木工程综合性学术刊物，于1980年5月复刊，按季出版，截至1984年12月共出版18期，订数已达12200多份。刊登了论文、工程报道及技术讨论文稿共178篇。学报以反映我国土木工程的学术水平、着重实用、为四化建设服务为原则，内容包括土力学及地基基础、桥梁及结构工程、隧道及地下工程、混凝土及预应力混凝土等专业。

通过1978~1984年这6年的实践，中国土木工程学会所做的工作对推动本学科的发展起了一定作用，受到了国内外学者的欢迎，有一定的声誉，归纳起来有以下几点原因：

第一，我国有悠久的土木工程建设的历史，有丰富的理论知识和实践经验，有一批数量可观的高水平的土木工程科学技术人员和一些在国内外享有声誉的专家学者，这就使学会工作有广泛的群众基础。

第二，中国土木工程学会是个跨部门的群众性学术团体，它的成员来自全国各部门，可以说汇集了全国土木工程界的人才。它所组织的活动，充分发挥了跨部门、跨行业、横向联系与交流的特点。这种作用是任何行政部门取代不了的。

第三，学会的多数分科学会都分别参加了相应的国际组织。为迎接国际大会的召开都分别安排相应的国内学术活动计划，并把国内活动作为参加国际活动的准备，使国内活动与国际活动有机地结合起来，激发了大家参加国内活动的积极性。

第四，学会活动方式多样化。有的是对各部门共同关心的或正在分别探讨的专业学科或专题进行交流讨论；有的是对某些有普遍意义的规程、规范，经过广泛探讨提出修改草案或建议书；有的是开办新兴学科或专题的短期学习班，普及或更新知识等，活动形式多种多样，有一定吸引力。

五、转移挂靠，筹备新一届理事会议

学会恢复活动6年来，在中国科协的统一部署和挂靠部门的支持下，在临时常务理事会的领导下，学会在组织建设及国内外学术活动等方面都有新的进展，取得了较大的成绩。但由于种种原因，学会新一届领导机构尚未建立；在恢复活动时就着手考虑的挂靠问题还未解决；学会办事机构合署办公不够健全等，制约学会工作的拓展。因此，恢复挂靠体制、健全办事机构、筹备召开新一届代表大会和理事会议，推进学会工作更上一层楼，提到了1984年的日程。

早在1977年学会恢复活动之初就考虑到恢复挂靠国家基本建设委员会（原建工部）问题，但当时百废待兴，经商定仍暂挂靠在铁道部。1980年中国科协"二大"期间，茅以升理事长又召集有关人士商讨此事。为有利于工作开展，1981年5月铁道部给中国科协提出恢复挂靠国家基本建设委员会（原建工部）的书面意见，科协表示同意积极推进工作。中国科协经与中国土木工程学会及有关方面协商，于1984年1月25日发文，同意中国土木工程学会挂靠城乡建设环境保护部（1982年，原建工部更名为此，简称城建部）。为做好挂靠接收工作，城建部于2月16日正式成立了由肖桐、戴念慈副部长领导的接收筹备工作领导小组。

中国科协于2月22日召开了由铁道部、城建部领导同志参加的碰头会，会议由中国科协书记处书记田夫主持。茅以升出席了会议，并代表土木工程界向铁道部和学会秘书处多年来积极为学会做了大量工作所取得的成绩以及中国科协各部门为学会开展各项学术活动所给予的支持表示感谢。

5月28日举行了由铁道部、城建部领导出席的学会秘书处交接签字仪式。新秘书处自6月1日起在中国建筑科学研究院内正式办公。同年10月迁至城建部北附楼（见附录四）。

1984年5月，新秘书处在北京召开了由各分科学会理事长和秘书长参加的学会工作会议。会议提出了学会挂靠城建部后的工作部署；研究了第四届理事会的产生办法和筹备召开第四届理事（扩大）会议的有关事宜；讨论了1984年国内外学术活动的安排等问题。总体来说，会议决定：认真完成国内学术活动计划；办好学报与刊授大学；持续国际科技合作与交流活动。

中国土木工程学会第三届理事会于1962年选举产生，共有理事96名。在"文革"期间，我国的政治生活和经济生活都发生了巨大的变化，土木工程界各系统的机构与人员也有了许多变动。根据形势的发展和学会的实际情况，为进一步推动学会工作的开展，根据国内一些学会组织建设的经验，学会秘书处请示茅以升理事长、临时常务理事机构成员和有关方面负责人同意，决定召开第四届理事扩大会议，采取酝酿推荐、民主推选（包括函选）的办法产生新一届理事。

理事候选人由各分科学会、地方学会、有关部门和有关科研及院校单位推荐。在酝酿推荐理事候选人的工作中，注意学会的跨行业、跨部门性质和保持中青年技术骨干有一定的比例，以及依靠专家、坚持民主推选的原则。在各方面酝酿推荐出理事候选人的基础上，分别召开了城建部挂靠接收筹备工作领导小组会议和临时常务理事会在京理事会议，将综合归纳各方面报来的理事候选人名单，通过民主讨论，推选出了第四届理事103名。对有些知名专家或多年从事学会工作并做出成绩的领导同志，由于年事已高或因健康方面的原因不能再承担实际工作的，聘请他们担任荣誉职务。

通过近半年的时间，筹备工作基本就绪，决定于1984年12月在北京召开中国土木工程学会第四届理事（扩大）会议。从此学会工作进入了一个改革与发展的新时期。

能在短短一年时间就顺利完成了学会挂靠转移、秘书处交接和新一届理事会的筹备工作，同时初步创造了开展国内及国际活动的新局面，主要是得到各级领导的大力支持与各方密切的协作。一是得到德高望重的茅以升理事长的亲切关心与指导。茅老当年已近90高龄，时时关心学会工作的进展，听取汇报并亲临学会的重要会议，给予指导。他虽眼力、听力不太好，但都在秘书的协助下，细心听取我们恢复筹建工作的汇报。作为土木学会的创建人，茅老一直对学会的建设与发展怀有深厚的感情，寄予深切的期望。他也众望所归地被一致推举为新一届理事会名誉理事长。二是得到两个挂靠部门的大力支持，使挂靠转移工作得以顺利进行。城建部各部门积极支持学会新秘书处的筹组，及时调配了必要的专职干部，并在新建的大楼为秘书处提供办公条件；肖桐副部长还亲自嘱托各有关部门为学会回归创造条件，给学会干部与机关同志一样待遇。三是新老秘书处同志的密切协作，使交接工作快速圆满完成，保证了学会活动的延续。总之，通过这一段历程，使大家体会到：学会的每一步建设与发展，都离不开党的领导，各部门的支持与协作以及广大科技专家的关心与帮助。

第四节　深化改革，蓬勃发展（改革与发展时期）

1978年，我国进入了改革开放的历史新时期，中国的面貌发生了历史性的变化。从此，中国土木工程学会的发展也进入一个新的时期。

1984~2012年的历史进程大致可以划分为三个阶段：开拓前进阶段，1984年（第四届理事会建立）至1992年（建会80周年）；巩固提高阶段，1993年（第六届理事会建立）至2002年（建会90周年）；改革发展阶段，2003年（第八届理事会建立）至2012年（建会100年）。

一、开拓前进阶段（1984~1992年）

1. 组织建设稳步发展

受"文化大革命"等各种原因影响，学会第四次全国会员代表大会推迟召开，在相隔18年之后，于1984年12月重新召开，代表我国土木工程界各个领域的105名理事欢聚一堂，一致推举茅以升为名誉理事长，李国豪当选为理事长，通过了新的章程。1988年11月按期召开了第五届理事（扩大）会议，提出了在深化改革的形势下学会工作的方向与任务。

1978年，在"文化大革命"前8个专业委员会的基础上，首先恢复建立了桥梁及结构、隧道、土力学及基础、混凝土及预应力混凝土4个分科学会。不久，港口工程、市政工程、城市公共交通、城市煤气、给水排水等5个专业委员会也相继恢复或成立。1988年统一实行了分科学会建制。至1992年学会已拥有11个分科学会和近50个（专业）委员会。

1984年只有15个省、自治区、直辖市恢复了地方学会。根据1984年12月四届一次常务理事会议的决议，经过多方工作，截至1987年，各省、自治区、直辖市（除西藏外）都建立了土木建筑或土木工程学会组织。土建会员已由"文化大革命"前的近3万人发展到约9万人，增长了2倍。此外，1986~1992年，先后接纳91个团体会员，授予40位专家学者荣誉会员称号，为650位从事土木工程工作50年的老专家颁发了表彰证书，学会的凝聚力得到进一步的加强。

学会秘书处由恢复初期的与中国铁道学会合署办公，到1984年5月恢复挂靠至城建部后，组织机构逐渐完善，当时有15名专职干部，包括秘书长办公室、学术工作部、国际联络部、学报编辑部和技术咨询中心5个部门。学会制定的各项制度、条例已逐步健全。

2. 学术活动系列化制度化

1984年学会转移挂靠后，经过调整充实建立的11个分科学会，均把开展学术交流、办好学术会议、为经济建设服务作为首要任务。除专题讨论外，已有20个专业的学术会议形成定期逐届召开的系列形式，深受全国本专业同行的支持与欢迎。为了推动全国土木工程界开展大型综合学术交流活动，学会第四届理事会决议，自1985年起恢复中国土木工程学会学术年会制度，确定每两年举办一届，1986年、1988年、1990年先后在上海、北京、天津召开了第三、四、五届年会。

学术期刊出版是学术交流的重要阵地，《土木工程学报》1980年5月复刊，内容和质量不断充实与提高，并于1992年开始出版双月刊。一些分科学会也根据各自条件主办了专业期刊，活跃交流园地。

3. 国际和港澳台地区交流与合作不断扩大

随着我国改革开放政策的实施，学会还以积极的态度不断扩大国际和港澳台地区合作。通过坚持不懈的努力，先后加入了5个国际学术组织，成为国际桥梁与结构工程协会（1956年）、国际土力学及岩土工程学会（1957年）、国际隧道与地下空间协会（1979年）、国际结构混凝土协会（1980年）及国际燃气联盟（1986年）的成员，并与日本、加拿大、美国、法国、英国、巴基斯坦等6个国家和我国香港地区的8个学术团体建立了合作关系或学术交流关系，通过互派学者访问、考察、出席会议、讲学和工作进修等方式增进学术交流与友谊。除尽量创造条件组织科技人员出席国际会议外，自1982年以来还在国内主办了中美桥梁与结构国际会议（1992年北京）、隧道与地下工程国际会议（1984年北京）、第二届计算机在土木工程中应用国际会议（1985年杭州）、中法预应力混凝土学术讨论会（1985年北京）等15个国际学术会议和双边学术讨论会。

十多年来学会在第四、第五届理事会领导下，各项工作取得了很大的进步，学会活动已从恢复巩固进入了提高发展的阶段，学会正以它独具的特点积极为社会主义建设服务，并认真总结学会工作的经验，为逐步探索和开创具有中国特色的学会工作新局面而努力奋斗。

1992年学会迎来了建会80周年。中国土木工程学会成立80周年庆贺大会于1993年5月在北京盛大举行。时任中共中央政治局候补委员、书记处书记温家宝到会祝贺并致辞，全国人大、中国科协严济慈、朱光亚等领导参加了会议，总结经验、展望未来。从此学会进入了一个巩固提高的新阶段。

二、巩固提高阶段（1993~2002年）

随着我国改革开放的深化，学会工作的改革也逐步加强，努力克服计划经济时期的等、靠问题。转变观念，树立新思想，探索建立适应社会主义市场经济条件下的办会机制，观念上有所转变，也体现在各项活动中。提高"三力"（凝聚力、影响力、经济实力）是这一时期学会各项工作的出发点；始终把"三主一家"：学术交流的主战场、国际民间交往的主渠道、科学普及的主力军，真正成为科技工作者之家，作为根本任务和方向。

（1）在组织建设方面。首先，会员管理得到很大加强，实行个人会员重新登记换证和缴纳会费制度，并开发了一套先进的会员管理软件，使会员管理日趋规范化、信息化；团体会员和海外会员有所发展，学生会员和高级会员开始试点和起步，初步形成了完整的会员系列。其次，坚持依靠专业分会、地方学会和团体会员三支主要力量（三大支柱）以及三个建设主管部门（建设部、铁道部、交通部），发挥学会传统的跨部门联合的群体优势，大力协同做好学会各项工作。十年来每年召开一次地方学会工作会议，两年召开一次团体会员工作会议。此外，还在铁道部、交通部和大学聘任兼职副秘书长，以加强协调日常工作。第三，逐步建立各项配套的管理制度，包括：分会组织管理条例、学术会议组织条例、外事管理条例、基金管理条例、奖励管理条例、各种会员管理条例等。第四，按照国家《社会团体登记管理条例》要求，完成向民政部申报重新登记工作，取得"社团法人"证书。

（2）在学术活动方面。这十年来，学会始终以学术活动为中心，开展多样化的学术交流、研讨和培训活动。学会每两年举行一次的大型学术年会分别在北京（1993年）、上海（1995年）、北京（1998年）、杭州（2000年）共召开四届；学会各分会举行的年会在各专业领域里也有较大的吸引力和影响力，为年会提供的论文和编印论文集的质量有较大提高。此外，这一时期学会组织的软课题研究项目："提高工程质量的政策与措施""土木工程可持续发展研究（中加合作）""建筑物的耐久性、使用年限与安全评估""'十五'计划期间土木工程的科技发展"等研究成果及发表得到了科技部、建设部的赞赏，在全国土建工程领域反映良好。

（3）在国际与港澳台地区交往方面。学会除与加入的五个国际学术组织保持经常往来与合作外，又获准加入了国际公共交通联合会；同时与日、加、美、英、韩等国的土木工程团体建立了双边合作关系。特别在香港回归后，学会与香港工程师学会等科技、教育及工程界的交流与合作，得到很大发展，考察互访项目增多、联合举办青年夏（冬）令营（1999年以后每年一次），共同组织召开国际会议，如2002年在北京召开"21世纪土木工程可持续发展学术讨论会"等。同时，学会与我国澳门和台湾地区的同仁也保持着友好的往来与交流。

（4）在基金奖励方面。这一期间，在学会领导重视和积极推动下，在海内外土木工程界的大力支持下，于1993年建立了"詹天佑土木工程科技发展专项基金"，为持久资助学会的学术和奖励活动奠定了一定的经济基础。同时，学会先后设立了高校优秀毕业生奖（1989年）、优秀论文奖（1991年）和"中国土木工程詹天佑奖"（1999年）。学会的奖励制度体系逐步健全。

十年来，学会在第六、七届理事会领导下，各项工作取得了更大的进步，并迎来了建会九十周年。2002年11月，中国土木工程学会建会九十周年庆典暨第八届代表大会在北京隆重举行。建设部汪光焘部长[①]及铁道部、交通部、水利部、中国科协等部门的领导以及李国豪名誉理事长、谭庆琏理事长等出席大会。从此学会进入了进一步改革发展的新阶段。

三、改革发展阶段（2003~2012年）

2002年年底，选举产生了学会第八届理事会。学会在总结和吸收以往工作经验的基础上，更加密切结合国家建设发展的需要，以新时期改革开放为中心，引领学会在更高的起点上发挥更大的桥梁和纽带作用。

（1）在组织建设方面。首先，坚持发挥跨部门、跨行业的传统优势，由建设、铁道、交通部门的领导与知名学者组成的学会领导班子更加密切协作，共商办会大计。其次，根据新时期的特点，在理事会组成中加大了建设企业单位的比例，密切了学术与生产的交流与结合。第三，根据学会发展需求，进一步增设了分支机构，继教育工作委员会之后又增设了"住宅工程指导工作委员会""工程质量分会""防震减灾工程技术推广委员会""城市轨道交通技术工作委员会""工程风险与保险研究分会""工程防火技术分会"等分支机构，促进了学会专业领域工作的开展。第四，会员管理得到进一步加强，实行了新的会员登记制度，会员数量明显增加，尤其是单位会员由几十个增加到近700个。

（2）在学会活动方面。加大了与政府结合力度，提高了学术引领意识。鉴于我国大城市公共交通发展的滞后，学会早在2002年起就连续举办"城市公共交通论坛""发展快速公交"等系列技术交流会，明确提出公交优先的战略思想，近年已被北京、济南、杭州等大中城市广泛推广采用，效果显著。学会还加强了课题研究的力度，承担了"十一五"和"十二五"国家科技支撑计划课题，以及住房和城乡建设部、中国科协等部委委托的课题研究，编写了国家或行业工程技术标准规范、学会技术标准、技术指南等。学会还开展了工程保险的研究。实践表明，学会结合建

---

① 编者注：书中出现的职务均为时任职务。

设工作中的难点、热点问题开展了大量活动，做出了卓有成效的成果。

（3）按照提高学会"三力"（凝聚力、影响力、经济实力）的方针，2006年，学会在詹天佑专项基金的基础上，登记成立了具有独立法人资格的"北京詹天佑土木工程科学技术发展基金会"。健全了办事机构组织，有力地支持了学会开展活动的经济力量。特别是中国土木工程詹天佑奖的评选连续进行了十届，推动了工程领域技术创新的步伐，扩大了学会在工程界和社会的影响力。在组织开展中国土木工程詹天佑奖评选表彰活动的基础上，学会于2008年向科技部提出申请直接推荐国家科学技术奖，经审核于2009年获得批准并开始进行遴选推荐国家科学技术奖的工作。学会还继续开展高校优秀毕业生奖、优秀论文奖的评选等表彰活动。学会向有关部门推荐院士、全国优秀科技工作者、中国青年科技奖、光华工程科技奖、创新研究群体等候选人，向有关国际学术组织推荐各类人才等活动，积极发现举荐和培养优秀人才，极大地提高了学会的凝聚力和影响力。

2012年是学会成立一百周年，党的十八大胜利召开，学会工作在党的十八大精神的指引下，不断前进。

第五节　顺应时代，再创辉煌（2012年至今）

自2012年来，学会在党的坚强领导和住房和城乡建设部、中国科协、交通运输部、中国国家铁路集团有限公司等部门的关心指导下，深入学习贯彻党的十八大、十九大以来历次全会，习近平总书记系列重要讲话及中央"科技三会"精神，全面落实党中央、国务院关于群团改革工作要求，围绕中心，服务大局，集聚科技智力，团结带领广大土木工程科技工作者，服务创新发展、创新驱动发展，服务国家决策，着力推进全民科学素质提升，积极开展学术交流、表彰奖励、科学普及、人才举荐、期刊出版、国际交流等工作，为"再造新优势、再创新辉煌"努力奋斗，为发展我国土木工程事业作出了重要贡献。

一、强化组织建设

近年来，学会始终坚持以会员服务为基础，以规范管理分支机构为重点，以提升服务能力为宗旨，进一步强化组织建设，推进学会事业稳步发展。

1. 坚持民主办会，充分发挥理事会和常务理事会的领导核心作用

九届理事会以来，学会以现场会议、通讯会议等方式共召开了16次常务理事及理事工作会议，根据新形势、新要求，分析、研判学会发展面临的新问题，进一步研究学会的发展思路，在全面系统总结上年度学会工作的基础上科学安排部署下年度工作。同时，学会还定期召开分支机构工作会议，及时掌握分支机构工作动态，解决工作中存在的问题和难题，统筹推进学会系统发展。

2. 加强对分支机构的管理，促进分支机构健康发展

为进一步加强我会对分支机构的管理、服务和指导，提升服务创新、服务社会和政府、服务科技工作者以及自我发展等方面的能力，我会定期对分支机构进行调研，主要包括组织建设、学术交流、课题研究、期刊建设、人才推举、表彰奖励及财务管理等方面的情况。在调研过程中，对分支机构在履行职责、义务和未来发展方向、财务管理等方面存在的问题，进行系统分析，并制定相应解决方案，进一步促进分支机构更加规范、科学、合理地开展各项工作。

3. 密切与地方学会的联系，充分发挥地方学会开展学术活动的作用

近年来，学会组织召开了多次地方学会工作会议，对加强中国土木工程学会与地方学会间的交流、提升学会的影响力和凝聚力、实现全国学会的共同发展和进步起到积极作用。

4. 加强会员发展与服务，巩固学会发展基础

会员是学会开展工作的基础，也是衡量学会影响力的重要标志。为会员服务是学会的根本宗旨，也是发展和巩固会员的重要措施。九届理事会以来，在各位理事和全体会员的共同努力下，在各有关方面的大力支持下，会员服务得到进一步加强，会员总数增加较快，会费收缴率保持较高水平，学会的凝聚力、吸引力和影响力明显扩大。

我会通过网站、邮件、微信公众号等渠道，更好地为会员及土木工程领域技术人员提供服务。同时，各分支机构也加强了对会员的服务工作，通过加强网站建设、软件开发、加大网站信息量等途径，服务于会员。

5. 切实做好学会党建工作，增强政治意识与责任感

为贯彻落实中央关于社会组织党建工作的决策部署，按照《中国科协关于加强科技社团党建工作的若干意见》和中国科协学会党建工作会议的具体要求，经中国科协科技社团党委批准，我会于2017年在学会理事会层面成立学会功能性党组织"中国土木工程学会临时党委"，临时党委设委员13名；学会换届后，2019年又重新组建了学会理事会层面功能性党组织"中国土木工程学会党委"，党委设委员13名，并于2020年制定了党委工作制度。中国土木工程学会党委在学会建设中发挥政治核心、思想引领和组织保障作用。

6. 加强学会制度建设，提升学会工作规范化和标准化水平

为进一步加强学会组织建设和制度建设，学会于2018年制订了《中国土木工程学会分支机构管理办法》《中国土木工程学会学术会议管理办法》等11项规章制度，制定了《中国土木工程学会标准管理办法》《中国土木工程学会科技成果鉴定管理办法（试行）》等，使各项规定更加科学合理、要求更加明确、操作更加切实可行，逐步把学会工作的开展纳入制度化、规范化、标准化管理的轨道。

二、积极开展学术活动

学会围绕土木工程领域重点问题，积极开展学术活动，促进土木工程科技知识的传播、普及、提高和创新，使我国土木工程技术与管理水平得到整体提升。

（1）重点结合国家和行业发展战略需要，开展学术研讨，促进国家与战略层面科技学术的进步与发展。为深入贯彻落实中央城镇化工作会议和中央城市工作会议、实践党中央和国务院关于新型城镇化建设、加强城市规划建设管理的重点工作部署，学会成功举办了以"全面提升城市功能""'一带一路'建设与土木工程的发展机遇""智能土木""智慧城市与土木工程""中国土木工程与可持续发展""新基建与土木工程科学发展""城市更新与土木工程高质量发展"等为主题的学术年会，均取得了良好的社会效果。

（2）围绕土木工程领域重点问题的技术进步，比如桥梁与隧道工程技术、城市公共交通技术、工程安全与防灾减灾技术、地下工程技术以及水资源、城市防洪等

问题，开展了多层次学术交流。

桥梁与隧道工程是基础设施建设中的重要方面。学会通过举办会议和学术交流活动，例如2014、2016、2018、2020中国隧道与地下工程大会，第十二届、第十五届、第十八届海峡两岸隧道与地下工程学术及技术研讨会，第二十届、二十一届、二十二届、二十三届、二十四届全国桥梁学术会议等学术活动等，推进桥梁与隧道工程的技术交流，并邀请该领域相关的院士和知名学者作报告，交流最新研究成果和经验。

为促进城市轨道交通在内的城市公共交通建设技术的交流和推广，学会围绕城市公共交通开展了一系列的学术活动和课题研究：中国城市轨道交通关键技术论坛（每年一届）、城市建设与交通工程专题研讨会、城市公共交通论坛（每年一届）、综合交通枢纽规划设计及城市快速路设计关键技术讲座等学术活动，为交流城市公交建设和运营管理提供了经验。

为了交流防震减灾工程领域的最新研究成果和经验，促进防震减灾理论研究和工程技术的进步，学会召开了多次防灾减灾的学术交流会议，如：第六届、第七届、第八届、第九届、第十届、第十一届全国防震减灾工程学术研讨会，第二届、第三届、第四届、第五届、第六届全国工程风险与保险研究学术研讨会等学术会议。

近年来，水污染严重、水资源效率低下、水环境质量低劣、城市内涝、饮用水安全等问题已成为制约经济发展的突出问题，引起社会瞩目。为此，学会主办或联合举办了多次相关学术会议。例如，以"水质安全控制"为主题的饮用水安全控制技术会议、市政给水系统紫外线消毒工程与设计研讨会、2013工业用水与废水处理技术及工程应用交流会、中国土木工程学会水工业分会水系统智能化技术研讨会（每年一届）、中国土木工程学会水工业分会给水深度处理研讨会（每年一届）等系列会议。

基于地下空间建设规模大、发展速度快的情况，学会以科学发展观为指导，倡导建设节能环保型地下工程，以"地下工程健康、有序发展"为主题，组织开展了一系列学术交流与研讨活动。例如城市地下交通空间技术研讨会，第三届、第四届岩土本构关系高层论坛，第十二届、第十三届全国土力学及岩土工程学术大会主题报告与论坛，城市地下空间开发利用前沿论坛，地下空间开发利用与城市可持续发展高层学术论坛等学术会议，这些学术研讨和课题研究，为推动我国地下空间合理开发利用、促进地下空间开发健康有序发展，提供了政策建议与技术支持。

（3）坚持办好"土木工程院士、专家系列讲座"公益性学术活动。我会与中国工程院土木、水利与建筑工程学部联合创办的公益性学术活动，至今已经举办了45期。2012年至今，举办了15期讲座，邀请了院士、专家335人次开展知识讲座，以报告的形式就土木工程领域热点、难点问题阐述自己的学术观点和学术成果。学会各分支机构与总会的活动紧密结合，也开展了相关的公益讲座活动。

三、规范学会奖励工作

1. 认真开展"中国土木工程詹天佑奖"评选表彰活动

2013~2021年，在科技部、住房和城乡建设部、交通运输部、水利部、中国国家铁路集团有限公司（原铁道部）等部门的指导下，在学会各分支机构、各地方土木工程（土木建筑）学会以及学会会员单位的共同支持和积极参与下，学会严格按照《中国土木工程詹天佑奖评选办法》有关规定，以及"数量少、质量高、程序规范"和"公平、公正、公开"的评选原则，认真组织完成了第十一届至第十九届中国土木工程詹天佑奖的评选表彰工作，分别有32项、28项、38项、29项、30项、30项、31项、30项、42项工程获奖。中国土木工程詹天佑奖评选表彰工作是在中国土木工程詹天佑奖指导委员会和评选委员会的领导下组织开展的，学会始终坚持高标准、严要求，严控授奖数量，获奖工程都是质量过硬并在科技创新方面取得重大成果的项目，为推动行业创新发展作出了突出贡献。

2. 组织开展国家科学技术奖遴选推荐工作

国家科学技术奖是授予在当代科学技术前沿取得重大突破或者在科学技术发展中有卓越建树，在科学技术创新、科学技术成果转化和高新技术产业化中创造巨大经济效益或者社会效益的科学技术工作者的奖项。2008年经科技部批准，我会获得了国家科学技术奖的推荐资格，成为全国首批获此资格的学会。学会组织开展了2013~2019年度国家科技奖励的遴选推荐工作，经我会推荐已经有多项成果获得表彰：2013年度技术发明一等奖1项、科技进步二等奖1项，2014年度技术发明二等奖1项，2015年度科技进步二等奖1项，2017年度国家技术发明二等奖1项，2018年度科技进步二等奖1项，2019年度自然科学二等奖1项。

3. 组织开展优秀论文奖与高校优秀毕业生奖的评选工作

为了鼓励中国土木工程学会会员及广大科技工作者在推动科学技术进步中的积极性和创造性，我会设立了"中国土木工程学会优秀论文奖"。本奖项是我会学术论文的最高荣誉奖，每两年评选一次。2013~2020年，我会组织开展了第十一届、第十二届、第十三届、第十四届优秀论文奖的评选工作，经我会各分支机构、地方学会、团体会员单位及我会期刊的编委会推荐，由我会学术工作委员会组织专家评选，共有百余篇论文获得奖励。

中国土木工程学会高校优秀毕业生奖设立于1989年，旨在表彰主修土木工程专业（包括工程管理专业）品学兼优的高校优秀毕业生，与"中国土木工程詹天佑奖""中国土木工程学会优秀论文奖"并列，是土木工程专业三大全国性奖项之一，也是土木工程专业和工程管理专业高校毕业生的国内最高荣誉。该奖项自设立以来，每年评选一次，从全国四百多所土木建筑工程类专业高校应届毕业生中推选，目前，已有813名学生获得表彰。

四、加强国际与港澳台地区交流

随着全球化的进一步进行、"一带一路"等工作的开展，为促进学术交流，学会继续加强国际与港澳台地区交流与合作，以提高我国土木工程科技发展水平和专家国际知名度，提升我国土木工程国际影响力和国际地位。

1. 召开国际及双边学术交流会议，扩大中国土木工程国际影响力

近十年来，学会先后主办了国际隧道与桥梁技术大会、国际轨道交通论坛、中国国际隧道与地下工程技术展览会暨研讨会、城市防洪国际论坛、国际燃气联盟理事会会议、重大基础设施可持续发展国际会议、中美土木工程行业交流报告会、"一带一路"土木工程国际论坛、国际桥梁与结构工程协会广州会议、防洪排涝会等会议。这些会议对宣传我国工程建设成就、学习国外先进经验发挥了积极的作用。

2. 学习考察国外土木工程新技术，接待国外团组来访

随着国际交往逐渐增多，学会参加了世界隧道大会、世界燃气大会等多个国际

会议；访问了加拿大、挪威等国家，考察学习国外先进技术；接待了来自韩国等国家的学者；宣传和交流我国工程建设方面的关键技术和培训讲座的频次越来越多。这一进步证明了我国土木工程技术的成果逐步获得国际认可，我国工程建设领域的国际影响力不断扩大。

3. 加强与港澳台地区土木工程师的交流，促进彼此工程师的相互沟通

我会与香港工程师学会联合组织开展了多次"内地—香港青年土建科技交流营活动"，依旧坚持每年在内地和香港轮流由两会联合举办"青年土木工程冬（夏）令营"。2018年，我会协办了"内地与香港建筑论坛"，这成为内地与香港建筑行业共谋合作、共促发展的重要桥梁和纽带。香港与内地青年工程师的交流，有力推动了两地青年工程师的交流与沟通，激发了香港青年土木工程师的爱国热情。

4. 签署国际或双边合作协议，促进国际交流与合作健康发展

在2015年的"一带一路"土木工程国际论坛上，我会发起并与11个国家的学术组织联合签署了《加强国际土木合作与交流的倡议书》。2017年，学会出访加拿大并签署协议；2021年，我会与英国土木工程师学会（ICE）签署了合作协议。除此之外，学会还和许多其他机构达成了合作协议，这些合作协议对促进我国与有关国家的双边交流与合作发挥了重要作用。

5. 推荐专家竞选国际学术组织领导职务，提高我国专家的国际影响力

近十年来，我会有十余位专家成功竞选或连任了国际学术组织执委、副主席等领导职务，其中燃气分会副理事长李雅兰当选国际燃气联盟的主席，桥梁及结构分会理事长葛耀君当选国际桥梁与结构学会主席，隧道分会副理事长严金秀当选国际隧道与地下空间协会主席。我会专家竞选国际学术组织的领导职务，极大地提高了我国专家的国际影响力以及土木工程技术人员的国际地位。

6. 推荐优秀工程项目和技术人员参加国际和国家奖项的评选

我会有多个工程项目和技术专家获得国际奖项。其中，项海帆院士（同济大学教授）获得国际桥协的国际结构工程终身成就奖；"高效快速检测隧道衬砌结构状态车载探地雷达新技术"项目是国际隧协首个年度技术创新奖的唯一获奖项目。这些奖项的获得，证明了我国工程建设领域的国际影响力在快速提高，我国工程建设技

术水平逐步获得国际认可。

　　2022年正值学会成立110周年，也是实现党的第二个百年奋斗目标的开启元年。学会将以习近平新时代中国特色社会主义思想为指导，深入贯彻落实党中央、国务院关于群团工作的重要部署和要求，团结和带领广大土木工程科技工作者，坚定不移地推动我国土木工程科技创新事业的高质量发展。

第三章

组织建设

1912 ~ 2022

第一节 理事会

中华人民共和国成立初期，经过两年多的筹备，中国土木工程学会于1953年9月在北京召开了第一次全国会员代表大会，即学会成立大会，并选举产生了以茅以升为理事长的中华人民共和国成立后的第一届理事会。

1956年11月在武汉召开的第二次全国会员代表大会及1962年8月在北京召开的第三次全国会员代表大会分别选举产生了第二届和第三届理事会，学会以建工、铁道、交通系统为主体，联合水利、冶金、机械等部门的土木工程科技工作者，通过学术交流活动，齐心协力为国家工业化发展献计献策，充分体现了学会跨部门、综合性学术团体的特点。

著名桥梁及土力学与岩土工程学家茅以升同志连续三届当选学会的理事长，他全身心地投入学会的领导工作，为中国土木工程学会的历史传承、恢复重建和巩固发展作出了历史性的杰出贡献。

中国土木工程学会第一届至第三届理事会领导机构和常务理事成员如下：

第一届理事会（1953年9月）

理事长	茅以升					
副理事长	王明之	曹言行				
秘书长	马 奔					
常务理事	茅以升	王明之	曹言行	金 涛	马 奔	嵇 铨
	蔡方荫	李肇祥	高 原	过祖源	刘荩祺	

理事35名（略）

第二届理事会（1956年11月）

理事长	茅以升					
副理事长	王明之	曹言行	蔡方荫	张 维	陶述曾	赵祖康
秘书长	马 奔					
常务理事	茅以升	王明之	曹言行	张 维	蔡方荫	陶述曾
	赵祖康	马 奔	李肇祥	高 原	过祖源	钟 森
	刘良湛	吴中伟	陈志坚	吴世鹤	杨天祥	罗 河
	汪胡桢					

理事51名（略）

第三届理事会（1962年9月）

理事长	茅以升					
副理事长	汪菊潜	谭 真	赵祖康	陶述曾	王明之	
	刘云鹤（1965年8月由张哲民接任）					
秘书长	刘云鹤（1965年8月由张哲民接任）					
常务理事	茅以升	汪菊潜	谭 真	赵祖康	陶述曾	王明之
	刘云鹤	花怡庚	布 克	石 衡	陈志坚	蔡方荫
	吴世鹤	过祖源	施嘉干	黄 强	马 奔	汪胡桢
	邓恩诚	张有龄	叶德灿	杨天祥	汪 璧	李国豪
	罗 河	刘良湛	陈鸿楷	陈 琯	杨宽麟	吴中伟

理事96名（略）

原定于1966年9月召开的中国土木工程学会第四次全国会员代表大会受"文革"影响推迟召开，学会活动被迫中断。

1978年8月，中国土木工程学会正式恢复活动后，于当年12月成立了由刘建章、彭敏、郭建组成的学会临时党组和以茅以升为理事长的临时常务理事会。在临时常务理事会领导下，专业委员会和地方学会迅速恢复并积极开展相关工作，广大会员和土木工程科技工作者都以满腔热情投身于各项活动。特别是党的十一届三中全会以后，贯彻执行以经济建设为中心、坚持两个基本点的基本路线，加快了建设的步伐，也为学会工作指明了前进方向，带来了发展活力，开创了工作新局面。

1984年12月，中国土木工程学会第四届理事（扩大）会议在北京隆重召开。这是1976年"文革"结束且学会恢复活动之后召开的第一次理事（扩大）会议。相隔18年后，新老理事重聚一堂，共商学会发展大计，喜迎科学春天的到来。国务委员方毅亲切接见了以茅以升、李国豪为代表的新的学会领导集体，并对中国土木工程学会的工作寄予厚望。至此，1978年建立的第三届临时常务理事会圆满完成了恢复阶段的历史任务。这次理事（扩大）会议一致推选德高望重的茅以升为名誉理事长，选举著名土木工程学家李国豪为理事长。之后的历届理事会基本上延续了这一跨部门的学会领导体制，成为中国土木工程学会的一个传统和特色。至今学会领导仍由三个部门的领导和专家组成。

第四届至第九届理事会每届任期四年。2018年6月2日，学会召开第十次全国会员代表大会，选举产生了第十届理事会及领导机构。同时，选举产生了以袁驷为监事长，以郭陕云等2人为监事的第一届监事会。自此，学会理事会任期改为五年，监事会任期与理事会同步。加强理事会、常务理事会的集体领导，切实保障决策的科学性，实行民主办会，防止行政化倾向，一直是我会组织建设的指导思想。学会定期召开常务理事及理事工作会议，根据新形势、新要求，分析、研判学会发展面临的新问题，进一步研究学会的发展思路，在总结前期工作的基础上安排部署后续工作。同时，还定期召开分支机构工作会议，及时掌握分支机构工作动态，解决工作中存在的问题和难题，统筹推进学会系统发展。

中国土木工程学会第四届至第十届理事会领导机构和常务理事成员如下：

第四届理事会（1984年12月）

名誉理事长	茅以升					
理事长	李国豪					
副理事长	肖 桐	子 刚				
秘书长	李承刚					
常务理事	子 刚	石 衡	刘云鹤	刘鹤年	孙更生	许溶烈
	何广乾	吴中伟	张纪衡	张哲民	陈守容	陈宗基
	陈肇元	李 实	李承刚	李国豪	杜拱辰	肖 桐
	周 镜	赵佩钰	高榘清	程庆国	蓝 天	蔡维之

理事105名（略）

第五届理事会（1988年11月）

名誉理事长	茅以升					
顾问	林汉雄					
理事长	李国豪					
常务副理事长	许溶烈					
副理事长	子 刚	程庆国				
秘书长	李承刚	张朝贵（1991年7月接任）				
常务理事	于 麟	子 刚	孙更生	许溶烈	刘正发	刘济舟
	刘鹤年	陈 震	陈肇元	何广乾	杜廷瑞	李承刚
	李国豪	张 琳	周 镜	周培根	周朝伦	庞俊达
	项海帆	胡晓槐	徐培福	高榘清	程庆国	傅泽南
	蓝 天					
名誉理事	刘恢先	汪胡桢	吴世鹤	张 维	赵祖康	徐以枋
	顾康乐	黄文熙	陶述曾	陶葆楷		

理事133名（略）

第六届理事会（1993年5月）

名誉理事长	李国豪					
顾问	侯 捷					
理事长	许溶烈					
副理事长	李居昌	孙 钧	程庆国			
秘书长	张朝贵					
常务理事	王 成	孔繁瑞	许溶烈	许保玖	孙更生	孙 钧
	刘济舟	刘鹤年	何广乾	李际中	李居昌	李承刚
	陈 震	陈肇元	张三戒	张叔辉	张朝贵	张 琳
	张耀宗	林家宁	庞俊达	孟晓苏	周振远	周培根
	周 镜	姚 兵	项海帆	胡晓槐	高榘清	袁檀林
	曹右安	黄家权	程庆国	谢守模	蓝 天	蔡君时

理事144名（略）

第七届理事会（1998年3月）

名誉理事长	李国豪					
理事长	侯 捷		谭庆琏（2001年11月接任）			
副理事长	李居昌	蔡庆华	程庆国	姚 兵（常务）		陈肇元
	项海帆					
秘书长	唐美树					
常务理事	侯 捷	李居昌	蔡庆华	程庆国	姚 兵	陈肇元
	项海帆	张朝贵	聂梅生（女）		凤懋润	王麟书
	刘松深	解世富	范立础	轩辕啸雯	杨灿文	李绍业
	朱伯芳	杨警声	白崇智	陈妙法	郑民纲	钱七虎
	夏士义	黄兴安	孙连溪	张三戒	梁建智	徐 朋
	孟晓苏	宋抗常	李积平	王 荣	李承刚	张 琳
	蓝 天	江见鲸	庞俊达	陈 震	刘西拉	罗祥麟
	唐美树	叶跃先	年福礼	张玉信		

理事147名（略）

第八届理事会（2002年11月）

名誉理事长	李国豪					
理事长	谭庆琏					
副理事长	蔡庆华	胡希捷	徐培福	范立础	袁 驷	
秘书长	张 雁					
常务理事	谭庆琏	蔡庆华	胡希捷	徐培福	范立础	袁 驷
	张 雁	金德钧	凤懋润	王麟书	刘永富	王周喜
	黄健之	邓泽洪	徐铁南	陈继松	匡彦博	郭成奎
	甫拉堤·乌马尔		郑应炯	袁振隆	王铁宏	张文成
	叶阳升	庞俊达	解世富	曲际水	詹纯新	江见鲸
	陈以一	董石麟	刘西拉	郭爱华	孟晓苏	秦家铭
	夏国斌	张余庆	王武勤	周孟波	郭陕云	田 威
	徐贱云	白 云	蒋志权	郑宏舫	李纯刚	关宇生
	刘正光	钱七虎	张在明	王 俊	项海帆	年福礼
	何星华	牛恩宗	曹开朗	白崇智	鲁君驷	

理事154名（略）

第九届理事会（2012年6月）

名誉理事长	谭庆琏					
理事长	郭允冲					
副理事长	卢春房	冯正霖	杨忠诚	刘士杰	袁驷	李永盛
	易军	李长进	孟凤朝	刘起涛	王俊	
秘书长	张雁（任期2012~2013年）			杨忠诚（任期2013~2014年）		
	张玉平（任期2015~2016年）			刘士杰（任期2016~2018年）		
常务理事	郭允冲	卢春房	冯正霖	杨忠诚	袁驷	李永盛
	易军	李长进	孟凤朝	刘起涛	王俊	张雁
	安国栋	周海涛	钱七虎	王梦恕	杨秀敏	吕志涛
	董石麟	周福霖	欧进萍	梁文灏	陈祖煜	秦顺全
	任南琪	周旭红	龚晓南	缪昌文	刘加平	孙建平
	吕西林	吴澎	黄强	刘哲	葛耀君	徐强
	王志强	白云	陈吉宁	郭陕云	张建民	张军
	孙振声	魏宏云	张四平	屠锦敏	劳应勋	刘洪涛
	徐武建	万利国	赵建宏	薛永武	李纯刚	徐彬
	张晋勋	冯跃	刘桂生	孙庆平	徐建	毛志兵
	袁振隆	叶阳升	张喜刚	刘毅	聂建国	丁洁民
	陈宜明	陈重	赖明	刘贺明	尚春明	田国民
	吴慧娟	苏全利	王麟书	吴克俭	张梅	朱望瑜
	凤懋润	解曼莹	李华	李彦武	徐光	赵冲久
	孙继昌	刘正光				

理事259名（略）

第十届理事会（2018年6月）

理事长	郭允冲（任期2018~2020年5月）		易军（2021年7月接任）			
副理事长	戴东昌	王同军	张宗言	尚春明（任期2021年至今）		
	王祥明（任期2018~2021年）			马泽平（任期2021年至今）		
	顾祥林	刘起涛	王俊	李宁	聂建国	徐征
秘书长	李明安					
常务理事	于兴义	于春孝	马泽平	王俊	王汉军	王同军
	王复明	王清勤	毛志兵	张宗言	冯大斌	任辉启
	刘小虎	刘汉龙	刘起涛	米隆	杜彦良	李宁
	李纯	李明安	杨晓东	吴明友	张军	张悦
	张韵	张毅	张鑫	张建民	张建勋	张显来
	张晋勋	张喜刚	陈政清	陈祖新	陈湘生	尚春明
	易军	岳清瑞	金新阳	周文波	周炳高	周绪红
	周福霖	赵锂	聂建国	郭允冲	顾伟华	顾祥林
	徐征	徐建	唐忠	黄宏伟	龚剑	龚晓南
	梁文灏	梁伟雄	葛耀君	董石麟	温彦锋	赖远明
	缪昌文	潘树杰	戴东昌			

理事163名（略）

第二节　詹天佑基金会

设立科学技术发展基金，提高学会活动能力，是国内外学术团体的有效工作途径。1993年由学会发起，在中国建筑工程总公司、中国房地产开发集团公司、中国铁路工程总公司、中国铁道建筑总公司、中国港湾建设总公司、中国路桥建设总公司、建设部城建研究院、北京市市政工程设计研究总院等单位的大力支持下，正式成立了隶属于中国科学技术发展基金会的"詹天佑奖土木工程科技发展专项基金"。基金设立后，得到了全国建设、铁道、交通、水利系统企事业单位、学会理事单位以及中国香港地区等各界人士和有关单位的热情支持与捐助。多年来，募集资金从开始的几十万元增加到上千万元。

基金的建立有力支持与促进了学会活动的开展。1999年设立了中国土木工程詹天佑奖，至今已完成十九届评选，为弘扬科技创新精神、激发科技人员创新热情与创新活力、促进我国土木工程科学技术繁荣发展发挥了积极作用。同时，基金全力资助学会的其他重要活动，如优秀论文奖、高校优秀毕业生奖、香港青年土建冬令营活动、土木工程院士专家系列讲座以及重大学术年会和书刊出版等。为了加强基金管理，2003年进一步健全了基金办公室和资金管理制度。

基金会第一届至第三届管委会领导人组成如下：

第一届管委会（1993年）

名誉主席	李国豪		顾问	侯　捷		
主席	许溶烈					
副主席	王　成	孔繁瑞	李际中	林晋光	孟晓苏	胡应湘
	张耀宗	谢文盛	黄家权			
秘书长	张朝贵		副秘书长	徐　渭		

第二届管委会（2000年）

名誉主席	李国豪		顾问	李承仕（香港）		
主席	许溶烈					
副主席	徐　朋	孟晓苏	李积平	孔繁瑞	宋抗常	孙德永
	胡应湘（香港）		谢礼良（香港）		谢文盛（香港）	
秘书长	唐美树		副秘书长	徐　渭		

第三届管委会（2003年）

主席	谭庆琏			顾问	许溶烈	刘正光（香港）	
副主席	郭爱华	孟晓苏	张余庆	夏国斌	刘 辉	王武勤	
	秦 晗	胡应湘	黄永灏				
秘书长	唐美树		副秘书长	徐 渭			

2006年由学会申请，经北京市民政局核准，正式成立了具有独立法人资格的"北京詹天佑土木工程科学技术发展基金会"，从而使基金工作迈入更加健全发展的阶段。基金会第一届至第四届理事会领导人组成如下：

第一届理事会（2007年）

名誉理事长	谭庆琏			
理事长	张 雁			
副理事长	王麟书	凤懋润	奚瑞林（任期2007~2008）	
秘书长	唐美树		副秘书长	徐 渭

第二届理事会（2011年）

名誉理事长	谭庆琏		
理事长	张 雁（兼秘书长）		
副理事长	蔡庆华	王麟书	凤懋润
副秘书长	程 莹		

第三届理事会（2015年）

名誉理事长	郭允冲			
理事长	刘士杰（任期2015~2018）		李明安（任期2018~2022）	
副理事长	毛志兵	张喜刚	张 雁	吴 强
秘书长	王 薇（任期2015~2018）		程 莹（任期2018~2022）	

第四届理事会（2022年）

名誉理事长	易 军				
理事长	李明安				
副理事长	张喜刚	毛志兵	李 宁	王 峰	张 雁
秘书长	程 莹				

第三节　分支机构和地方学会

一、分支机构

分支机构作为学会的重要组成部分，其发展现状直接影响科技群团作用和学会功能的发挥。学会分支机构（1998年以前称分科学会）是中国土木工程学会直接领导与管理的二级学术组织，有明确的支撑单位、一定数量的专兼职领导、工作人员和经选举产生的理事会。

学会建立初期，总会主要是组织与推动各地分支机构开展学术活动。随着会员的增多及学会活动日趋专业化，学会按学科或专业设立学术组织，建立学术委员会或专业委员会，即总会直属的二级学术组织。设立的原则充分体现出中国土木工程学会跨部门、多学科的综合性特点和历史传统。

1956年，为进一步加强专业学术活动的开展，总会决定组建8个专业委员会，即结构、公路及城市道路、工程材料、铁道、港工、施工、土工、市政、专业委员会。1959年以后又增加了桥梁工程等专业，进而调整为：土力学及基础工程、建筑材料、施工、城乡规划、市政工程、建筑创作、结构、建筑设备、建筑物理、港务工程、公路工程、铁道工程、桥梁等13个专业委员会。

1984年学会恢复活动后第一批建立了6个分科学会，分别为土力学及基础工程、桥梁及结构工程、隧道工程、混凝土及预应力混凝土、计算机应用和港务工程；1985年，市政工程、城市公共交通、城市煤气3个分会由中国建筑学会划归中国土木工程学会并新设给水排水专业委员会；后来根据需要又先后成立了防护工程和建筑市场与招标投标两个分会。第八届理事会期间，增设了工程质量分会、防震减灾工程技术推广委员会、城市轨道交通技术工作委员会、工程风险与保险研究分会、工程防火技术分会。第九届理事会期间，学科分会设置与第八届理事会保持一致。第十届理事会期间，组织工作委员会、科普工作委员会和外事工作委员会予以撤销，城市轨道交通技术工作委员会更名为轨道交通分会，防震减灾工程技术推广委员会更名为防震减灾工程分会，计算机应用分会更名为工程数字化分会，学术工作委员会、标准与出版工作委员会合并为学术与标准工作委员会。截至2022年，中国土木工程学会共设有21个分支机构，这些分支机构是中国土木工程学会开展各项活动的基础、依靠力量和"支柱"（表3.1）。

中国土木工程学会第二届至第十届理事会期间分支机构一览表　　表3.1

届 别 (成立时间)	分支机构名称	个数
第二届 （1956年12月）	学术委员会：结构工程、公路及城市道路、工程材料、铁路工程、港口工程、施工技术、土工工程、市政工程	8
第二届 （1959年5月）	学术委员会：土力学及基础工程、建筑材料、施工、城乡规划、市政工程、建筑创作、结构、建筑设备、建筑物理、港务工程、公路工程、铁道工程、桥梁	13
第三届 （1962年9月）	专业委员会：铁道工程、道路工程、桥梁工程、港务工程、市政工程、土力学及基础工程、工程结构、工程材料	8
第三届 临时常务理事会 （1978年12月）	恢复设立4个分科学会：土力学及基础工程学会（1979年12月）、桥梁及结构工程学会（1979年7月）、隧道工程学会（1979年2月）、混凝土及预应力混凝土学会（1979年6月），其中隧道工程学会于1984年5月更名为隧道及地下工程学会。新设一个分科学会：计算机应用学会（1981年11月）。恢复一个专业委员会：港务工程（1983年5月），1984年2月更名为港口工程专业委员会	6
第四届 （1984年12月）	第三届的5个分科学会和1个专业委员会不变。1985年8月从中国建筑学会调整到学会3个专业委员会：市政工程（1957年）、城市公共交通（1979年）、城市煤气（1979年），新设一个专业委员会：给水排水专业委员会（1985年11月）。以上5个专业委员会自1987年7月起全部改称分科学会，新设一个防护工程学会（1988年11月）	11
第五届 （1988年11月）	土力学及基础工程分会、桥梁及结构工程分会、隧道及地下工程分会、混凝土及预应力混凝土分会、计算机应用分会、港口工程分会、市政工程分会、城市公共交通分会、城市煤气分会、给水排水分会、防护工程分会	11
第六届（1993年） 第七届（1998年）	土力学及基础工程（1995年改为土力学及岩土工程）分会、桥梁及结构工程分会、隧道及地下工程分会、混凝土及预应力混凝土分会、计算机应用分会、港口工程分会、市政工程分会、城市公共交通分会、城市煤气分会、给水排水分会、防护工程分会、建筑市场与招标投标分会	12
第八届 （2002年）	土力学及岩土工程分会、桥梁及结构工程分会、隧道及地下工程分会、混凝土及预应力混凝土分会、计算机应用分会、港口工程分会、市政工程分会、城市公共交通分会、燃气分会、水工业分会、防护工程分会、建筑市场与招标投标研究分会、工程质量分会、防震减灾工程技术推广委员会分会、城市轨道交通技术工作委员会分会、工程风险与保险研究分会、工程防火技术分会	17
第九届 （2012年）	土力学及岩土工程分会、桥梁及结构工程分会、隧道及地下工程分会、混凝土及预应力混凝土分会、计算机应用分会、港口工程分会、市政工程分会、城市公共交通分会、燃气分会、水工业分会、防护工程分会、建筑市场与招标投标研究分会、工程质量分会、防震减灾工程技术推广委员会分会、城市轨道交通技术工作委员会分会、工程风险与保险研究分会、工程防火技术分会、学术工作委员会、标准与出版工作委员会、教育工作委员会、住宅工程指导工作委员会、总工程师工作委员会	22
第十届 （2018年）	土力学及岩土工程分会、桥梁及结构工程分会、隧道及地下工程分会、混凝土及预应力混凝土分会、工程数字化分会、港口工程分会、市政工程分会、城市公共交通分会、燃气分会、水工业分会、防护工程分会、建筑市场与招标投标研究分会、工程质量分会、防震减灾工程分会、轨道交通分会、工程风险与保险研究分会、工程防火技术分会、学术与标准工作委员会、教育工作委员会、住宅工程指导工作委员会、总工程师工作委员会	21

学会各分支机构简介如下：

1. 桥梁及结构工程分会

桥梁及结构工程分会前身是1956年成立的结构专业委员会和桥梁专业委员会。1979年恢复活动时，由李国豪、王序森、戴竞、林祥威、程庆国、黄湘柱等9人发起成立桥梁及结构工程分会。至今已产生了10届理事会，李国豪、范立础、项海帆、葛耀君先后担任理事长。

六十多年来，分会共定期举办了24届全国性桥梁工程学术大会，成为这一领域极具影响的学术活动。此外，分会已经成功举办了19届全国结构风工程学术会议、18届空间结构学术会议、6届"土木工程结构试验与检测技术暨结构实验教学"研讨会、24届高耸结构新技术交流会和11届全国结构设计基础与可靠性学术会议。

已加入的国际组织：国际桥梁与结构工程协会。分会理事长葛耀君2019年起任该协会主席，常务理事孙利民任副主席。2004年和2016年承办了国际桥协在中国召开的国际桥梁与结构工程协会学术大会。此外还组织召开过亚太地区结构工程会议、中美桥梁及结构学术讨论会、国际空间结构学术会议等。

支撑单位：同济大学。

2. 隧道及地下工程分会

隧道学会于1979年2月27日由铁路系统隧道界为主体发起成立，并广泛吸收公路、水电、地铁、市政、矿山、能源、国防等专业人员参加，并于1982年更名为隧道及地下工程分会。下设隧道施工、隧道掘进机、防水排水、地下铁道、地下空间、节能环保与运营安全、风险、设计与教育、新设备新材料应用、隧道全生命周期与防灾、隧道管理与青年工作等11个科技论坛。其宗旨是鼓励地下空间的利用和开发，促进隧道工程设计、施工、管理和维修技术的发展。其主要任务是开展国内外学术交流、编辑出版科技书刊、对国家科技政策和经济建设中的重大问题发挥专业咨询作用、接受委托、开展技术服务、开展对会员的继续教育、普及科学技术知识、传播先进技术；反映会员的意见和要求，举办为会员服务的事业和活动。至今已产生10届理事会，刘圣化、高渠清、轩辕啸雯、郭陕云、唐忠先后担任理事长。

四十多年来，隧道及地下工程分会定期举办全国性隧道与地下工程学术年会21次，以及防水排水等系列专业学术讨论会。

已加入的国际组织：国际隧道与地下空间协会。2008年，同济大学白云教授当选国际隧道与地下空间协会副主席；2019年，中国中铁科学研究院研究员严金秀当选国际隧道与地下空间协会主席。先后举办的国际会议有1981年中法隧道与地下工程会议、1984年国际隧道与地下工程学术会议（北京）、1990年国际隧协第16届年会（成都）、2007年世界隧道峰会、2018中马隧道大会，以及连续召开19届海峡两岸系列隧道会议。

出版刊物：1964创刊的《隧道译丛》《世界隧道》和1980年创刊的《隧道及地下工程》集合发展成《现代隧道技术》（双月刊）。

支撑单位：西南交通大学（1978~1994年）、中国铁路工程总公司（1994~2002年）、中铁隧道局集团有限公司（2002年至今）。

3. 土力学及岩土工程分会

1953年成立了分会前身——中国土木工程学会北京分会土工组，1957年成立了中国土力学及基础工程学会学术委员会，1978年更名为中国土木工程学会土力学及基础工程学会，1998年更名为中国土木工程学会土力学及岩土工程分会。茅以升、黄文熙、卢肇钧、周镜、杨灿文、张在明、陈祖煜、张建民历任分会理事长。

六十多年以来，分会举办了13届4年一次的全国性学术大会，第13届大会注册代表2573人。在地基处理、土工测试、桩基础、土力学教学、岩土本构、环境土工、交通岩土、岩土工程施工技术与装备、软土工程、非饱和土、岛礁岩土等方向举办系列会议。已举办16届全国地基处理学术研讨会、29届全国土工测试学术研讨会、14届桩基工程学术会议、6届全国土力学教学会议等。

已加入的国际组织：国际土力学及岩土工程学会。举办了区域性土的工程问题国际学术讨论会（北京1988）、第十届亚洲土力学及基础工程大会（北京1995）、第二届国际非饱和土会议（北京1998）、第十一届滑坡与工程边坡国际研讨会（西安2008）、第八届国际环境土工大会（杭州2018）等。与日本地盘工学会共同主办8届中日岩土工程研讨会。

出版刊物：《岩土工程学报》《地震工程学报》。

支撑单位：铁道科学研究院（1979~1999年）、清华大学（1999年至今）。

4. 混凝土及预应力混凝土分会

混凝土及预应力混凝土分会成立于1979年6月28日。分会至今已产生8届理事会，何广乾、徐正忠、夏靖华、李绍业、王俊、冯大斌先后担任分会理事长。

四十多年来，分会共定期举办了20届全国混凝土及预应力混凝土学术交流大会，成为这一领域极具影响的学术活动。此外，分会还成功举办了18届全国纤维混凝土学术会议、16届预应力混凝土学术交流会、13届全国建设工程无损检测技术学术交流会、12届全国高强与高性能混凝土学术交流会、11届全国特种混凝土技术学术交流会、10届全国混凝土耐久性学术交流会、9届全国再生混凝土学术交流会等百余次技术交流会。

已加入的国际组织：1980年9月，分会以总会名称加入国际预应力协会（FIP，简称国际预协），1998年更名为国际结构混凝土协会（FIB）。何广乾教授曾任该协会副主席。冯大斌理事长现任国际结构混凝土协会国家代表。2020年，分会与同济大学共同主办了国际结构混凝土协会2020年大会。会议主题为"现代混凝土结构引领韧性城乡建设"。

支撑单位：中国建筑科学研究院有限公司。

5. 工程数字化分会

工程数字化分会前身为计算机应用分会，成立于1981年11月26日，由陈明绍、郭金钟、朱明声、罗道坦、赵超燮、王建瑶、孙焕纯、陶振宗、缪兆杰、陈际明、周之德等发起；其成员主要为从事工程建设计算机应用研究、开发与实践的勘察设计与施工企业、大专院校及科研院所的研究人员和工程技术人员。陈明绍、朱伯芳、何星华、陈岱林、李云贵、金新阳、马恩成历任本会各届理事长。

分会成立以来先后召开了18届年会。主办了5届工程建设计算机应用创新论坛，以及形式与规模各具特色的围绕工程设计CAD、智能技术开发应用、交通土建工程计算机应用的研讨会和行业计算机应用工作会议等。此外，还与加拿大和美国土木工程学会共同举办7次土木工程计算机应用国际会议，该项国际会议1985年由分会在杭州承办。

为响应国家加快数字化发展战略，以数字化转型驱动工程建设行业的发展，计算机应用分会特此申请更名为工程数字化分会，并于2021年7月28日中国土木工程学会十届四次理事会议审议通过了《关于中国土木工程学会计算机应用分会名称变更的报告》。

支撑单位：北京工业大学（1989年）、冶金部建筑研究总院（1991年）、中国建筑科学研究院（1995年至今）。

6. 防护工程分会

防护工程分会于1988年11月由李国豪、张维、郑哲敏、周培根、钱七虎等发起成立。其前身是1965年在国家科委和国防科委领导下建立的国家防护工程专业组；1979年经国家科委批准，恢复了"文革"期间中断的国家科委防护工程专业组；1983年在国防科工委的倡导下，成立了国防科工委国防设施安全防护专业组；经中国土木工程学会批复，1988年11月4日中国土木工程学会防护工程学会成立并召开了学会第一次学术年会。2002年12月，更名为防护工程分会。分会历经7届理事会。理事长先后为周培根、钱七虎和任辉启。防护工程分会每两年举办一次学术年会，迄今已成功召开了15次，编印了15套论文集。

出版刊物：《防护工程》（双月刊）。

支撑单位：总参军训部（办公室设在总参工程兵科研三所）、军事科学院国防工程研究院（2017年至今）。

7. 港口工程分会

港口工程分会成立于1956年，初始称为中国土木工程学会港口工程学术委员会，由高原、张九成发起建立。1959年改称港务工程委员会，1984年改称港口工程专业委员会，1987年定名为港口工程分会。分会的理事单位包含了国内从事港口工程领域的科研院所、高等学校、设计与施工单位、港口管理和运营生产企业，共计80余家。分会历任理事长分别是高原、谭真、石衡、刘济舟、杨警声、吴澎，现任第九届理事会理事长为邢佩旭。

分会早期曾6次联合召开全国海岸工程学术讨论会，1988年在北京举办中法港口建设学术交流会，并数次组织赴美国、日本考察。分会近十年来基本每两年召开一次大型的技术交流大会，中间择机召开小规模的技术研讨会。2003年在大连召开分会第五届理事换届及以"深水港建设技术"为主题的技术交流大会，2005年在上海召开以"中国港口工程建设新进展"为主题的学术交流大会，2009年在北京召开第六届换届及以"中国港口工程发展"为主题的学术交流会，2011年在广州召开以"中国港口工程创新技术"为主题的学术交流大会。每次会议均出版技术交流文集或技术交流论文专辑。期间小型的技术研讨会分别有首届全国钢板桩工程应用技术研讨会、国际港口岸电应用技术交流会、长江口航道治理工程创新技术交流会、软基处理及岩土加固技术研讨会等。

2014年，港口工程分会第八届理事会成立以来，结合行业技术发展趋势，先后连续举办了自动化集装箱码头应用技术交流会、智能港航和BIM技术应用、水运工程转型升级中创新技术交流会等大型技术交流会，同时打造了港口工程技术交流大会暨工程排水与加固技术研讨会的行业品牌，已连续成功举办11届。

支撑单位：中交水运规划设计院有限公司。

8. 市政工程分会

市政工程分会前身是1956年成立的中国土木工程学会市政工程学术委员会。1978年恢复活动时隶属于中国建筑学会，1985年转入中国土木工程学会市政工程专业委员会，1988年更名为市政工程分科学会，由顾康乐、佟泽林、林家宁、朱人畏、王志强、张焰、周文波先后担任理事长。

六十多年来，分会定期举办各类国际及国内重点学术活动，打造"中国城市基础设施建设与管理国际大会""城市防洪排涝国际论坛""中国国际隧道工程研讨会"学术品牌三项。

已加入的国际组织：英国皇家特许建造学会（CIOB）、国际压入桩协会（IPA）。2017年承办"2017（第三届）城市防洪排涝国际论坛暨中英城市洪涝防治技术国际论坛"。此外还组织过中日土工程地下空间开发与利用技术交流会、中日地下空间开发利用研讨会等。

支撑单位：北京市市政工程总公司（1984~2003年）、上海城建（集团）公司（2003~2015年）、上海隧道工程股份有限公司（2015年至今）。

9. 水工业分会

水工业分会起源于1956年中国土木工程学会市政工程专业委员会，1978年12月随着中国建筑学会市政工程学术委员会恢复成立，给水排水学科调入到该学术委员会内，顾康乐任主任委员。20世纪80年代初，给水排水学科随市政工程学术委员会由中国建筑学会调整至中国土木工程学会。1984年12月全国城建系统给水排水勘察设计30周年学术交流会全体代表发起并联名提出成立中国给水排水学会的申请。1985年11月成立中国土木工程学会给水排水专业委员会，1987年改称中国土木工程学会给水排水学会，1999年更名为中国土木工程学会水工业分会。王业俊、许保玖、聂梅生、陈吉宁、张悦先后担任分会理事长。

分会每1~2年举办一次学术交流会，并在1989~2001年期间共举办19次水行业的设备展示会。还于1989年、1994年、1999年在北京、香港举办三次国际学术会议。2003年后，水工业分会由于与中国城镇供水排水学会合并，相关学术活动受到一定影响。2009年8月7日水工业分会正式恢复学术交流活动，并于2012年在北京举办学术会议。已成功举办5届中国土木工程学会水工业分会水系统智能化技术研讨会、5届水业大讲堂、4届城镇污水再生利用技术与装备研讨会、26届中国土木工程学会水工业分会给水深度处理研讨会、5届全国水处理与循环利用学术会议、30届全国城镇排水技术研讨会、16届城镇给水技术交流会、16届建筑给水排水技术交流会、17届中国水工业工程结构专业学术交流会。

支撑单位：住房和城乡建设部城建司、北京市市政工程设计研究总院有限公司（1991~2010年）、清华大学和北京市市政工程设计研究总院有限公司（2010年至今）。

10. 城市公共交通分会

城市公共交通分会创建于1979年，由从事城市公共交通行业的科学技术工作者发起成立，至今已产生11届理事会，李伯海、蔡君时、金鑫、陈妙法、卞百平、李文辉、孙建平、张必伟先后担任理事长。

四十多年来，分会先后举办过16届中国轨道交通发展高峰论坛（每年1届）、42届中国城市公共交通学术年会（每年1届）、10届中国绿色公交发展高峰论坛（每年1届）、6届全国公交驾驶员节能技术大赛（两年1届）、4届5.20全国公交驾驶员关爱日活动（每年1届）。连续举办全国性"公交大讲堂"系列科普活动（每年4次）。

分会拥有公开发行的会刊《城市公共交通》杂志（月刊），1989年创刊，以发表城市公共交通行业学术论文为主，截至2021年底，共发行282期。出版了8册《中国巴士与客车》年鉴系列图书、10多本城市公共交通科技类专著。

另有"公共交通资讯"微信公众号、"城市公共交通网"等新媒体。公众号拥有粉丝数6.7万多人。

已加入的国际组织：国际公共交通联会（UITP）。公交分会理事长卞百平，常务副理事长王秀宝，曾先后担任过UITP亚太地区副主席。组织召开过中欧城市公共交通论坛、中日大城市圈交通高层论坛等国际学术会议。

支撑单位：住房和城乡建设部城建司，上海交通投资（集团）有限公司（1991~2018年）、上海久事公共交通集团有限公司（2018年至今）。

11. 燃气分会

燃气分会于1979年4月成立。秘书处设于挂靠单位中国市政工程华北设计研究总院有限公司。分会的主要工作是团结行业科技人员开展燃气行业领域内的各项学术活动；承担中国土木工程学会部署的工作；代表中国参加国际燃气联盟（IGU）并出席其组织的活动；编辑行业学术刊物和书籍；为政府主管部门提出行业发展建议、举荐科技人才、反映行业科技人员意见和要求；接受政府部门和单位委托，开展相关技术咨询、课题研究、标准编制等工作。

分会每年举办包括年会"中国燃气运营与安全研讨会"在内的众多学术论坛、学术研讨等活动，在行业内有很强的影响力。会刊《煤气与热力》是中国燃气行业的专业学术刊物。分会定期编写学科发展报告，反映学科发展建设情况。

1986年，分会代表中华人民共和国成为国际燃气联盟注册理事，并积极履行成员义务和责任，致力于开展中国与全球燃气行业间的沟通、交流与合作，三次在国内承办国际燃气联盟理事会议，2019年分会参与承办的第19届世界液化天然气大会（LNG2019）在上海成功举办，获得参会代表的一致好评。

出版刊物：《煤气与热力》（月刊）。

支撑单位：中国市政工程华北设计研究总院。

12. 建筑市场与招标投标研究分会

该分会成立于1993年3月4日。姚兵、年福礼、刘哲、孙晓光、安连发先后担任理事长，王秉桐、徐崇禄、孙贵祥、安连发、张思业先后担任秘书长并主持工作；是由全国从事建筑市场与招标、投标的行业监管部门和有关企事业单位（代理机构、交易中心）等自愿参加组成，进行政策法规宣传、信息、经验及学术研究交流的行业自律性组织；业务上受住房和城乡建设部建筑市场监管司指导，接受其委托的各项工作。

分会在总会、住房和城乡建设部有关部门，以及全国各理事单位的指导、支持、帮助下，编写各类示范文本、指导性文件、参考资料、专业指导教材，以及政策法规和反腐倡廉等丛书数十部；同时还多次征集、评审、出版发行论文集，涉及行业研究、经验做法、信息化、信用体系建设、全过程工程咨询、工程总承包招标探讨与研究及大数据应用等。1996年以来，分会先后与20多个国家开展了国际交流与研讨并编印了汇编。

自1994年1月始，分会编辑出版会刊《建筑市场与招标投标》（内部资料双月刊），截至2022年6月已出刊171期；此外，还按季编印《动态与参考》，定期以电子版方式发布。并于2020年指导建设了"建筑云在线"网站，在线举办"规范市场行为促进行业发展"——聚焦建设工程招标投标领域系列公益直播活动42期，深入贯彻分会为政府与企业沟通的桥梁、纽带这一重要宗旨。

13. 工程质量分会

为把建设工程质量纳入专业学科进行系统的学术研究，2006年8月，中国土木工程学会推荐由中国建筑科学研究院负责中国土木工程学会工程质量分会的前期筹备工作，并成立了筹备组。2007年9月，成立了工程质量分会第一届理事会，2012年9月，换届成立第二届理事会，黄强研究员任第一、二届分会理事长。2018年9月，换届成立第三届理事会，王霓研究员任第三届分会理事长。

分会成立以来每两年定期组织全国工程质量学术交流会，已主办了8届工程质量学术交流会，学术交流会期间也组织学术沙龙，2018年开始与《建筑科学》合作出版期刊增刊。分会通过学术交流活动大力营造"百年大计、质量第一"的社会氛围，引领广大工程技术人员和项目管理者牢固树立全新的土木工程质量安全观念和全寿命周期理念，确保我国土木工程坚固、耐久、安全。

支撑单位：中国建筑科学研究院检测中心有限公司（国家建筑工程质量检验检测中心）。

14. 防震减灾工程分会

2004年12月18日至20日，中国土木工程学会、广州市建设委员会和广州大学联合主办的首届全国防震减灾工程学术研讨会在广州成功召开。会议期间中国工程院周福霖院士、广州大学周云教授倡议在中国土木工程学会成立防震减灾工程技术委员会，以促进我国防灾减灾事业科学、规范和有序发展，这一倡议得到与会代表的积极响应。2005年，学会成立了防震减灾工程技术推广委员会筹委会。2009年，防震减灾工程技术推广委员会正式获得中国科协和民政部的批准，周福霖任首届委员会主任。2020年，正式将中国土木工程学会防震减灾工程技术推广委员会更名为中国土木工程学会防震减灾工程分会。

2005年以来，分会每1~2年举办一次全国防震减灾工程技术学术研讨会，会议已经成为具有一定规模和影响力的系列学术活动。此外，分会每两年举办一次消能减震技术专题研讨会。

支撑单位：广州大学。

15. 轨道交通分会

轨道交通分会前身为中国土木工程学会隧道及地下工程分会地下铁道专业委员会，成立于1979年。2010年5月21日经民政部审查批准，在地铁专业委员会基础上，成立城市轨道交通技术工作委员会，为正式社会团体分支机构，2017年2月1日，更名为轨道交通分会。至今已产生了8届理事会，宋敏华、王汉军先后担任理事长。

四十多年来，分会共组织大型行业学术交流会30届，召开了14届中国城市轨道交通关键技术论坛。其中，2011年的第五届论坛被中国工程院列入工程科技论坛专场会议之一，得到中国工程院的大力支持。同时，分会还积极组织承担国家科技支撑计划项目"新型城市轨道交通技术"，对我国城市轨道交通建设和管理技术进行系统研究，形成了城市轨道交通发展的政策建议、系列标准规范和"新型城市轨道交通技术丛书"等研究成果，对我国轨道交通发展具有积极的指导意义。

支撑单位：北京城建设计发展集团股份有限公司。

16. 工程风险与保险研究分会

工程风险与保险研究分会成立于2009年，广泛吸收大型建筑、桥梁、道路、隧道、港口及水利、边坡工程、地下空间开发等专业领域相关的企业，以及从事科研、管理、金融、保险的机构与高校等参加，至今已产生了3届理事会，黄宏伟担任理事长。

分会成立以来，共定期举办了6届全国工程风险与保险学术讨论，成为工程风险与保险研究领域极具影响的学术活动，实现了工程风险与保险研究的交叉、合作和交流，并和国际土力学学会TC304（ISSMGE TC304）联合举办学生竞赛活动。此外，分会已经成功举办了4届全国青年工程风险分析和控制研讨会、3届隧道及地下工程检测与监测国际研讨会、3届城市隧道可恢复性国际研讨会。

2019年6月29日，分会举办首届"城市灾害与风险管理"科普活动，通过专家讲堂、科学游戏、创意比赛和实验室参观等形式，寓教于乐，让中、小学生们在活动中获得更多的城市安全科学知识和风险管理意识，培养了中、小学生们对科学技术的热爱。

支撑单位：同济大学。

17. 工程防火技术分会

为了推动我国工程防火技术进步与发展，持续提高建设工程防火技术水平，减少火灾损失，学会成立了工程防火技术分会，并于2011年12月正式获中国科协、民政部批准。

2012年11月28日至29日，分会在北京召开第一届理事会成立大会暨学术交流会，来自我国的石化、电力、钢铁、铁路、化工、机械、民用建筑、市政等设计和科研单位的科技及管理人员230多人参会，会议出版论文集，共收录89篇论文。会议通过11个主题报告和8篇交流论文全面回顾了我国消防形势、规范与技术发展、火灾与保险等。会议还介绍窗玻璃喷头、消防用阀门、煤化工一体化消防、消防给水管道、消防泵控制柜等新产品和技术。会议主题报告总结和回顾了我国消防技术的发展历程，指明发展方向。论文交流介绍了当前我国工程防火技术的应用情况，这都将进一步引导和推动我国消防技术的发展。分会每年举办一次学术年会，迄今为止已成功举办10届。

支撑单位：中国中元国际工程公司。

18. 教育工作委员会

教育工作委员会是早在1984年为发挥学会跨部门综合优势、推动土木工程教育改革与发展而设立的工作委员会，由陈肇元担任第一届主任委员。1998年至今，由江见鲸、袁驷先后担任主任委员，陈以一和朱宏亮担任副主任委员，石永久担任秘书长；委员会尚有委员10人，均来自全国各高校及设计、施工单位。

分会多年来积极组织全国土建类高等学校开展教学改革和教学方法的研讨活动，至今共定期举办了14届全国土木工程类专业院长（系主任）工作会议、9届全国工程管理类专业院长（系主任）工作会议、19届全国高校土木工程研究生论坛、4届全国大学生结构设计信息技术大赛、16届全国混凝土结构教学研讨会暨6届全国青年教师混凝土结构教学比赛。此外，还开展了33次中国土木工程学会高校优秀毕业生评选，为我国土木工程教育事业的发展作出了巨大贡献。

支撑单位：清华大学。

19. 住宅工程指导工作委员会

住宅工程指导工作委员会是2003年经中国土木工程学会常务理事会研究同意批准设立的，是由我国一批资深住宅工程专家、教授和经验丰富的管理专家组成的分支机构，时任学会第八届理事会理事长的谭庆琏先生任住宅分会第一届委员会主任委员，至今已选举产生了4届委员会和谭庆琏主任委员、奚瑞林常务副主任委员、高拯常务副主任委员及张军主任委员等历任主要领导职务。

十九年来，住宅分会共举办了18届中国土木工程詹天佑奖优秀住宅小区金奖技术交流会，成功将其打造成全国性住宅建设领域极具影响力的先进经验交流平台。此外，住宅分会成功举办8届全国新型建筑工业化创新技术交流会、3届全国性优秀项目观摩与交流活动、3届双节双优住宅设计竞赛活动。在广东、湖北、安徽、辽宁等地举办的住宅科技创新与发展巡展活动深受各地建设部门和房地产研发单位的认可。2006年，住宅分会荣获原建设部"十五"全国建筑节能先进集体称号。

20. 总工程师工作委员会

总工程师工作委员会成立于1995年6月，前身为全国施工企业总工程师研究会，隶属于原建设部科学技术委员会，2007年转入中国土木工程学会，曾用名为中国土木工程学会咨询工作委员会，2015年更名为中国土木工程学会总工程师工作委员会。

总工委是跨部门、跨地区、跨行业、跨学科从事土木工程建设研究的公益性学术组织。现有委员单位五百余家，涉及政、产、学、研等各个方面，涵盖建筑、铁道、交通、水利、电力、冶金、电子、建材、装饰等行业领域专家学者，遍布中国内地、港、澳等三十多个省、自治区、直辖市和地区。

近三十年来，总工委在住房和城乡建设部、中国土木工程学会的指导下，充分发挥了"支撑、服务、引领"作用，组织了三十多场次全国性的学术研讨交流活动，主持了数百项住房和城乡建设部科技计划项目验收工作，组织千余人次专家对项目进行咨询指导，编辑出版了十余部行业发展研究报告和专著，为制定行业政策法规、促进行业发展建言献策；组织开展了4届全国优秀总工程师奖的评选活动，举荐了多批行业优秀人才参加国家科技部、中国科协等主管单位的奖项评选并获荣誉奖励。总工委如今已经发展成为我国工程建设行业的"总工之家，行业智库"。

21. 学术与标准工作委员会

学术与标准工作委员会于2020年9月召开成立大会。该委员会由原标准与出版工作委员会和学术工作委员会合并而成，肖从真担任第一届委员会主任委员，65名委员由学会各专业分会的负责人、行业知名专家和学者组成，包含院士8名、全国工程勘察设计大师4名。

学术与标准工作委员会作为学会开展学术与标准工作的智囊团，围绕土木工程行业发展有关需求，在学会领导下开展工作：严把学会标准编制质量；开展标准项目管理，编制学会标准体系；承担优秀论文评选、课题成果评价工作，提升学会品牌；参与课题研究，加强专业实力储备；加强沟通交流，建立标准合作关系；推进宣传推广，加强标准信息化建设；协助学会举办中国土木工程学会每年学术年会等各项工作。

支撑单位：中国建筑科学研究院有限公司。

二、地方学会

地方学会是指各省市建立的土木工程（土木建筑）学术组织。它们团结和组织本地区会员和广大科技工作者开展土木工程技术交流活动。

截至2022年，全国共有29个省级学会，其中天津、上海两个直辖市为土木工程学会；其余为土木建筑学会、土木建筑工程学会、土建学会、建筑业协会（表3.2）。各地方学会在当地科协和建设主管部门的领导下开展了大量工作，为推动地方工程建设与经济发展作出了应有的贡献。

一直以来，中国土木工程学会非常重视地方学会，始终保持着密切的联系与协同工作。自1986年始，学会定期组织召开地方学会工作会议，交流经验、沟通信息、协同发展。

全国省级地方学会组织概况一览表　　　　　表3.2

学会名称	成立时间
山西省土木建筑学会	1953年
安徽省土木建筑学会	1953年
北京土木建筑学会	1959年
广东省土木建筑学会	1953年

学会名称	成立时间
江西省土木建筑学会	1953年
四川省土木建筑学会	1960年
甘肃省土木建筑学会	1952年
河南省土木建筑学会	1953年
江苏省土木建筑学会	1953年
重庆市土木建筑学会	1962年
贵州省土木建筑工程学会	1954年
山东土木建筑学会	1953年
湖北省土木建筑学会	1952年
福建省土木建筑学会	1962年
天津市土木工程学会	1949年
陕西省土木建筑学会	1942年
辽宁省土木建筑学会	1959年
河北省土木建筑学会	1956年
黑龙江省土建学会	1962年
上海市土木工程学会	1953年
内蒙古自治区建筑业协会	1987年
云南省土木建筑学会	1987年
吉林省土木建筑学会	1953年
宁夏回族自治区土木建筑学会	1972年
湖南省土木建筑学会	1952年
新疆维吾尔自治区土木建筑学会	1963年
海南省土木建筑学会	1992年
青海省土木建筑学会	1959年
浙江省土木建筑学会	1957年

第四节　会员发展

会员是学会的根基，坚持以会员为本、突出会员在学会中的主体地位、为会员服务是学会的基本职责，要在组织设置、工作部署、资源配置、活动开展等方面给予充分体现。

学会的会员分为个人会员和单位会员。个人会员分为普通会员、学生会员。

一、个人会员

1955~1958年学会成立初期，会员入会是个人或单位向直属的地方分会申请，由总会审批。1958年中国科协成立后，总会发展会员即委托地方科协所属土木建筑学会进行。由于学科交叉和历史原因，中国土木工程学会和中国建筑学会在发展会员和一些活动方面，相当大一部分很难分开和分清。因此，地方土建学会多次进行的会员登记中，许多会员兼有土木和建筑两个学会的会员身份。据1991年底统计，25个省级学会报来的会员数为86690人。其中明确为土木工程学会会员（山东、天津、上海、河南4个土木学会和北京、辽宁、江苏、新疆4个土建学会登记）18809人；具有土木和建筑学会双重身份的会员（其余17个省土建学会登记）67881人。

按中国科协部署，自2000年开始学会进行了会员管理工作改革。主要进行两方面工作：

（1）对学会会员进行重新登记和颁发新会员证，由总会统一管理；实行会员按章程交纳会费制度；会员由地方学会、专业分会及团体会员单位（单位会员）协助发展，报总会统一登记发证。基本改变了过去会员身份不明确或双重身份、不交会费、会员与非会员权利义务无大区别等不正常现象。经过几年的工作，对省级地方学会和专业分会进行了会员重新登记，实现了会员管理信息化。截至2022年9月，中国土木工程学会个人会员近十万人。

（2）研制开发会员管理软件，建立健全会员管理信息库。按照中国科协"全面建设科技工作者之家"的要求，学会秘书处把健全组织机构、加强会员管理作为一项重要工作来抓，研制开发了会员管理软件，并进行了大规模的会员普查及重新登记工作。通过登记，提出了严格管理、缴纳会费的要求，并重新制作会员证。

二、团体会员（单位会员）

团体会员，即以单位加入的会员。1985年学会开始发展团体会员。起初多为科教事业单位参加；近年工程企业界入会积极性提高。学会在开展团体会员工作中，主要是发挥团体会员单位的骨干作用，进一步促进学会建设，加强土木工程界各单位之间的广泛联系与合作，积极组织团体会员单位参加学会主办的学术年会和国际学术会议等。为做好团体会员方面的工作、加强学会与团体会员的沟通与联系，从1987年开始每两年召开一次团体会员工作会议。

开始阶段，团体会员主要在理事单位中发展。近年来，为了使学会工作更好地联系生产实践，更注意从土建系统的设计、施工企业单位发展；特别是设立詹天佑奖以后，参评和获奖单位大量被接纳为团体会员。截至2022年9月，中国土木工程学会团体会员2000多家。

为了加强学会的组织建设与管理，按照学会章程制定了《中国土木工程学会会员与会费管理办法》。照章办事，依法管理，提高了组织工作的水平。

学会坚持密切联系会员单位，主动了解会员情况，及时处理会员单位提出的建议和需求，扎扎实实为会员做好各项服务。一是通过网站、邮件等渠道，更好地为土木工程行业的单位和技术人员提供入会服务。二是每年向会员单位赠阅全年12期《土木工程学报》。三是及时给会员单位、理事提供学术活动信息。四是针对学会理事、会员以及学生参加学会及各分支机构组织的各类学术活动给予优惠政策。五是学会组织开展的各类奖项评审、人才举荐、国家奖推荐、标准编制、科技成果鉴定等工作都坚持不收取任何费用。此外，会员还享有参与学会主办的中国土木工程詹天佑奖、中国土木工程学会优秀论文奖、中国土木工程学会高校优秀毕业生奖等评选活动的资格。

第五节　秘书处

1952年筹备成立中国土木工程学会之时，学会的日常工作由北京分会兼办。1953年2月决定成立总会秘书处。1953年9月，学会第一届理事会产生后，设立秘书处作为学会日常办事机构，秘书长负责主持学会日常工作。1953年至2002年期间，历经挂靠部门变化，会址及秘书处也有变迁。1983年6月，经劳动人事部批准，学会办事机构定员编制为14人。1984年6月挂靠建设部后，学会秘书处的自身建设得以逐步健全。

1988年学会第五届理事会修订通过的《中国土木工程学会章程》规定，学会的办事机构（秘书处）属于事业性机构，行政上受建设部领导和管理，并在常务理事会领导下，由秘书长主持日常工作。

1990年10月，学会制订了秘书处机构、职能和人员编制方案，明确秘书处的主要任务包括：贯彻执行学会理事会和常务理事会的决议，组织国内外学术交流，办好《土木工程学报》，普及土木工程科学技术知识，管理分支机构，做好发展和服务会员、协调地方学会的工作等。秘书处下设学术工作部、国际联络部、学报编辑部、办公室（综合部）和技术咨询中心。1993年设立"詹天佑土木工程科技发展专项基金"，基金管委会办公室设在学会秘书处。

2003年第八届理事会进一步加强了秘书处的组织建设，扩大了办公场所，改善了办公条件；充实了办事人员，提高了会员服务意识；建立了会员管理信息库，实现了信息化管理；建立了学会网站，充实了宣传内容。

目前，学会秘书处设有综合部、学术部、标准与科普部、财务部、基金奖励办公室、编辑部6个部门。一直以来，秘书处严格按照国家法律法规和民政部、中国科协等部门与住房和城乡建设部的规章以及学会章程开展业务活动，在通过学术交流、人才培养、科技奖励、政府购买公共服务、国际交流、编辑出版、组织建设等方面，取得了令人瞩目的成绩，充分发挥学会职能，对促进土木工程科技进步具有明显推动作用。

加强对分支机构的建设、服务与管理，始终是学会秘书处的重要职责。为规范分支机构的工作，提升分支机构的学术影响力，表彰激励优秀分支机构，根据《中国土木工程学会分支机构管理办法》《中国土木工程学会分支机构考评办法》等相关规定，从2018年起，学会每年组织召开分支机构工作总结会，对分支机构工作开展情况进行考核，并根据考核结果采取相应奖惩措施，建立了"有进有出、优胜劣汰"的动态调整机制，对促进分支机构健康发展起到了积极作用。

第四章

学术活动

1912 ~ 2022

第一节 学术会议

促进科学技术的繁荣和发展，推动学术水平的进步和提高，是学术团体的根本宗旨。因此，学会自创建以来的各个历史时期中，都把开展学术活动作为自己的中心任务。特别是学会举办的一些综合性、系列性学术年会，对广大科技工作者具有很强烈的吸引力和凝聚力。实践表明，学会在繁荣学术思想、推动科技进步方面发挥了不可替代的作用，学会开展的学术活动已成为全国学术交流的主战场。

一、中国土木工程学会年会

学会自1912年中华工程师学会成立伊始，就以组织广大会员开展学术活动为己任。1931年中华工程师学会与中国工程学会联合成立中国工程师学会。中国工程师学会成立后至1948年先后举行了15届年会。每次围绕一个主题进行报告和演讲，切磋技术、交流经验。1935年与中国科学社、中国动物学会及中国地理学会在南宁联合召开年会，开创了全国学术团体联合活动之先声。1936年5月与中国电机工程师学会、中华化学工业会、中国化学工程学会、中国自动机工程学会在杭州举行了国内空前盛大的工程学术团体联合年会。会议期间，中国土木工程师学会于1936年5月23日宣告成立。虽然土木工程界建立了专门工程学会，但多数活动仍然是同中国工程师学会联合进行的。抗战期间，学会继续在后方工业交通重镇昆明、成都、贵阳、兰州、桂林等地召开年会。抗战胜利后，中国工程师学会即在南京恢复活动。1949年，中国工程师学会和中国土木工程（师）学会停止学术活动。

1953年中国土木工程学会恢复重建。1956年7月30日，经一届二十九次常务理事会议讨论决定，于11月召开的第二次全国会员代表大会期间同时举行1956年学术年会，这也是学会成立后的第一届年会，主题是结合苏联援建的156项重大工程项目和武汉长江大桥建设开展学术讨论。组成了由蔡方荫、陈明绍、刘良湛为正副主任的年会论文委员会，负责论文的准备工作。1956年11月26日至12月1日，中国土木工程学会第二次全国会员代表大会暨学术年会在武汉市召开，到会代表70人，收到来自15个地方分会的118篇论文，会上宣读23篇。会上还邀请苏联专家什拉姆夫作学术报告，汪菊潜总工程师作关于长江大桥基础施工新方法的报告，张维教授作关于出席国际桥梁与结构工程协会第五届大会情况的报告。国家建设委员会负责同志也到会讲话。此外，大会还传达了12年科学发展规划的制订情况。这次年会既有理论方面和试验方面的成果，也有相当数量实际工程的技术总结报告，为进一步提高我国土木工程的学术水平打下了良好基础。

1962年8月30日~9月7日，学会在北京召开了第三次全国会员代表大会暨1962年年会，也是学会举办的第二届年会。到会代表106人，论文200篇。年会以"工程结构安全度"为主题，安排一天半的大会报告和综合发言，宣读论文28篇，并按专业分组进行了三天半的交流活动，同时举办了土木工程图片展。会议邀请中国科学院和建工部、铁道部、交通部的专家参加，就结构安全度、建筑结构、56m跨系杆拱、装配式混凝土桥、石拱桥设计作综合报告；同时就设备动力基础、地基基础、工业厂房屋盖、民用房屋墙板、新结构与新技术、弹塑性理论分析、耐酸结构、工程事故等方面的问题进行了专题交流。会后出版了五种论文选集：《工程结构安全度》《市政工程》《建筑结构》《铁道和桥梁工程》《交通工程》。本届年会在学术交流的深度和广度方面都较1956年年会有了进一步提高，是土木工程界产生较大影响的一次学术盛会。

原定于1966年9月召开中国土木工程学会"四大"及1966年第三届年会，会议的组织及学术准备工作已经基本就绪，但因"文化大革命"开始而停办。一直到19年后，1985年8月5日，学会四届二次常务理事会议讨论决定恢复年会活动，并且作为一项制度今后每两年举办一次，并决定于1986年在上海举行第三届年会。

1986年11月12~16日，中国土木工程学会第三届年会在上海召开。本届年会以"大城市交通工程建设"为主题，围绕城市道路交通、城市桥梁和地下隧道等三个方面的工程建设和研究成果进行交流。来自全国116个单位的220名代表出席会议，会议还邀请了加拿大、日本、英国、法国、巴基斯坦、美国、荷兰等国家，以及中国香港地区的土木工程学会的22位领导人和专家到会。建设部、铁道部和学会领导人以及时任上海市市长江泽民等会见了与会代表。会议共收到论文124篇，出版了年会论文集、英文提要集和外国专家论文集三种。建设部和上海市的代表分别以我国城市交通发展问题、上海市的交通建设状况与问题为题作了综合发言，用三天时间进行了大会和分组交流。中外专家共聚一堂，切磋技术，增进友谊，为发展我国城市交通工程建设展开积极的讨论与探索，总结了我国近年来发展城市道路、立交桥和地下隧道与铁道的经验。

中国土木工程学会学术年会是学会的一项重要学术活动，从1956年到2021年，学会已举办了23届学术年会，其中自1986年到2014年基本维持在两年一届，2015年起更变为每年召开一次学术年会。学术年会是学会的一项重要学术活动，紧密围绕国家和行业发展战略，认真履行学会作为政府和社会、企业之间的纽带职能，充分发挥学会联系土木工程科技工作者的桥梁作用，积极开展交流研讨活动，促进行业技术进步与发展，取得了良好的社会效果。近年来，中国土木工程学会学术年会的规模和影响力都在不断扩大。

定期举办学术年会有诸多优点：一是可以选择结合国家建设和学科发展的难点、热点和前沿课题，集中开展讨论，达成共识；二是可以发挥学会优势，集中跨部门、多学科的专家互通信息，百家争鸣，集思广益；三是可以向政府主管部门提出决策咨询建议。中国土木工程学会历届学术年会如表4.1所示。

中国土木工程学会历届学术年会一览表　　　　　　表4.1

年会届次	日期	地点	主办承办单位	主要内容
1956年会（第一届）	1956年11月26日~12月1日	武汉	总会	主题是武汉长江大桥建设工程，收到论文118篇，大会报告23篇，到会代表70人
1962年会（第二届）	1962年8月30日~9月6日	北京	总会	以结构安全度为主题，大会和分组报告共5天。出版论文选集论文190篇，到会代表106人
第三届年会	1986年11月12~16日	上海	上海桥梁及结构分科学会、上海市土木学会	主题是大城市交通工程建设，包括道路、桥梁和隧道。代表220人，外国专家22人，交流论文124篇，出版年会论文集
第四届年会	1988年11月22~24日	北京	总会	以土木工程建设与科学技术的成就与展望为主题，总结近年来土木工程领域的重大成就与研究成果。交流论文71篇，与会代表200人，出版年会论文集
第五届年会	1990年5月4~6日	天津	市政工程分科学会、天津市土木学会	总结交流以大城市道路与桥梁为中心的交通工程建设，代表225人，交流论文80篇，出版年会论文集
第六届年会	1993年5月25~27日	北京	总会	主题是提高工程质量的政策与措施，出版年会论文集
第七届年会	1995年11月7~10日	上海	同济大学、上海市土木学会	主题是我国城市交通工程建设的发展与瞻望，论文74篇，出版论文集
第八届年会	1998年3月31日~4月3日	北京	总会、清华大学	主题是21世纪的土木工程，论文集82篇，出版论文集
第九届年会	2000年5月29日~6月1日	杭州	浙江大学、浙江省土建学会	主题是工程安全与耐久性，交流论文88篇，出版论文集

年会届次	日期	地点	主办承办单位	主要内容
第十届年会	2002年11月28~29日	北京	总会	主题是土木工程与高新技术，论文集95篇，出版论文集
第十一届年会	2004年11月27~29日	北京	总会、隧道分会	主题是隧道与地下工程新进展，与会代表400人，出版论文集
第十二届年会	2006年11月8~10日	上海	总会、隧道分会	主题是21世纪初的隧道及地下工程理论与实践新进展，与会中外专家350人，出版论文集
第十三届年会	2008年11月20~21日	广州	总会、隧道分会	主题是我国和国际水下隧道建设工程技术的发展，中外专家350人，出版论文集
第十四届年会	2010年11月5~6日	长沙	总会、隧道分会	主题是我国隧道及地下工程的新理念与新技术，与会代表420人，出版论文集
第十五届年会	2012年10月9~12日	昆明	总会、隧道分会	主题是可持续发展的隧道及地下空间利用，与会中外专家420人，论文集114篇，出版论文集
第十六届年会	2014年5月27~29日	大连	中国工程院土木、水利与建筑工程学部，总会，桥梁及结构工程分会	主题是桥梁建设的"经济、耐久、创新"，与会中外专家500人，论文集175篇，出版论文集
2015年学术年会	2015年11月19~20日	北京	总会、中国国学研究与交流中心	主题是"一带一路"建设与土木工程的发展机遇，大会报告13个，400人参会
2016年学术年会	2016年9月27日	北京	总会	主题是全面提升城市功能，大会报告15个，300人参会，出版论文集，收录论文38篇
2017年学术年会	2017年10月26~27日	上海	总会、同济大学	主题是智能土木，大会报告24个，500人参会，出版论文集，收录论文62篇
2018年学术年会	2018年9月27~28日	天津	总会、中国建筑集团有限公司	主题是智慧城市与土木工程，大会+2个分会场，会议报告22个，500人参会，出版论文集，收录论文50篇
2019年学术年会	2019年9月21~22日	上海	总会、上海建工集团股份有限公司	主题是中国土木工程与可持续发展，大会报告16个，700人参会，出版论文集，收录论文90篇
2020年学术年会	2020年9月22日	北京	总会主办，中国建筑科学研究院有限公司等承办	主题是新基建与土木工程科学发展，会议现场参会人数限定为300余人，在线观看浏览量为517.48万。大会报告9个，出版论文集，收录论文64篇
2021年学术年会	2021年9月27~29日	长沙	总会和长沙市人民政府主办，中国建筑集团有限公司等承办	主题是城市更新与土木工程高质量发展，大会报告9个，会议现场参会1200余人，收录论文185篇，出版论文集，《土木工程学报》（增刊）录用6篇

二、分支机构学术活动

　　学会专业分会和专业委员会是学会的基层学术组织，承担着大量的学术会议组织工作。各分支机构把引领土木工程技术发展、推进土木工程领域科技创新作为中心工作，紧密围绕国家发展战略及土木工程建设发展中的热点、难点问题及关键技术，积极开展学术交流活动。分支机构的学术交流活动形式更为灵活，包括专业学术年会、专题讨论会、研讨会、现场会等；活动内容更具针对性，交流讨论比较深入。因此，这类活动吸引着本专业的广大会员和科技工作者，并且取得了较好的效果。

　　各分支机构围绕国家发展战略及相关部门工作重点，紧密围绕土木工程各领域的重点问题及科技创新，开展了一系列学术会议。

　　（1）围绕桥梁与隧道工程学科开展学术活动，举办全国桥梁学术会议、空间结构学术会议、中国隧道与地下工程大会等。促进了桥梁与隧道工程的技术交流，推广了桥隧新技术、新成果的应用。

　　（2）围绕工程安全与防灾减灾技术开展专题交流研讨，举办全国工程结构安全防护学术会议、工程防火技术分会学术年会、全国防震减灾工程学术研讨会、全国工程风险与保险研究学术研讨会和全国工程质量学术交流会等。围绕防灾减灾的经验、技术和发展方向、风险管理、提高工程质量等核心问题进行研讨交流，促进了我国防灾减灾技术水平的提高。

　　（3）围绕地下工程空间开发及利用开展学术活动，举办全国土力学及岩土工程学术大会、地下空间科技论坛年会、全国地基处理会议、全国桩基工程学术会议、全国土工测试学术研讨会及全国岩土本构理论研讨会等。

　　（4）围绕土木工程技术创新与进步、新技术推广开展学术交流，举办全国结构风工程会议、高耸结构新技术交流会、全国工程建设计算机应用大会、全国混凝土及预应力混凝土学术会议、全国预应力学术交流会、全国建设工程无损检测技术学术交流会和全国特种混凝土技术学术交流会等。

　　（5）围绕土木工程新材料和新工艺的发展和应用开展学术交流，举办全国高强与高性能混凝土学术交流会、全国再生混凝土学术交流会和全国纤维混凝土学术会议等。

　　（6）围绕"公交优先"战略开展系列学术活动，举办轨道交通分会地铁学术年会、中国城市轨道交通关键技术论坛、中国轨道交通发展高峰论坛、城市公共交通论坛等。大力推进了城市轨道交通技术进步，推广了城市公共交通节能与新能源技术，展示了我国城市公共交通建设领域的最新研究与创新成果。

（7）围绕城市防洪及民生热点问题开展学术交流，举办港口工程技术交流大会暨工程排水与加固技术研讨会、城市防洪排涝国际论坛、建筑给水排水技术交流会、水工业分会给水深度处理研讨会、全国水处理与循环利用学术会议、中国燃气运营与安全研讨会、燃气分会年会等。

（8）围绕土木工程专业领域教育教学工作开展学术交流，举办全国土木工程研究生学术论坛及全国土木工程专业院长（系主任）会议等。加强了全国土木工程学科各专业研究生之间的互相学习和交流，探讨了新时期我国土木工程专业的新体系、新技术和专业教育的新理念。

（9）开展土木工程领域公益性学术活动。学会与多家学企单位机构联合主办多次"土木工程院士、专家系列讲座"，邀请了国内外知名土木工程院士、专家学者就土木工程领域热点、难点问题精辟阐述自己的学术观点和学术成果。各专业分会与总会的活动紧密结合，也开展了相关的公益讲座活动，如孙钧基金讲座、"大数据打造智慧城市"科技讲座、国内外桥梁基础最新成果专题讲座等公益活动。

近年来，学会及所属分支机构年均召开学术会议70余次，参会规模2万余人次，交流学术报告3000余项，出版论文集20余本。2020~2021年受新冠疫情影响，部分会议延期或合并召开，但多个重点学术会议均采用了"线上+线下"交流形式，社会参与度和影响力不减反增，营造了浓厚的学术氛围。这些会议通过具有前沿性、针对性、引导性与示范性的工程技术交流推动了相关重点领域科学技术的发展。

分支机构具有影响力的连续举办多届的学术活动如表4.2所示。

分会有影响力的连续举办多届的学术活动 表4.2

分支机构	会议名称	举办频率	已举办届数
桥梁及结构工程分会	全国桥梁学术会议	2年/届	24届
	全国结构风工程学术会议	2年/届	20届
	空间结构学术会议	2年/届	18届
	"土木工程结构试验与检测技术暨结构实验教学"研讨会	2年/届	6届
	高耸结构新技术交流会	2年/届	25届
	全国结构设计基础与可靠性学术会议	2年/届	11届

分支机构	会议名称	举办频率	已举办届数
隧道及地下工程分会	中国隧道与地下工程大会暨隧道及地下工程分会年会	2年/届	21届
	中国土木工程学会隧道及地下工程分会防水排水专业委员会学术交流会	2年/届	20届
	全国运营安全与节能环保的隧道及地下空间科技论	1年/届	12届
	中国土木工程学会隧道及地下工程分会建设管理与青年工作科技论坛	1年/届	7届
土力学及岩土工程分会	全国土力学及岩土工程学术大会	4年/届	13届
	全国土工测试学术研讨会	1~2年/届	29届
	黄文熙讲座学术报告会	1年/届	25届
	全国地基处理会议	2~3年/届	16届
	全国桩基工程学术会议	2~3年/届	14届
	全国岩土工程青年学者论坛	2年/届	9届
	全国土力学教学研讨会	2~3年/届	6届
	岩土工程西湖论坛	1年/届	5届
	全国岛礁岩土工程学术研讨会	1年/届	4届
	全国岩土本构理论研讨会	2年/届	4届
	全国环境土工学术研讨会	3~4年/届	3届
	全国交通岩土工程学术会议	3年/届	3届
	全国岩土工程施工技术与装备创新论坛	2年/届	3届
	全国软土工程学术研讨会	3年/届	2届
	全国非饱和土与特殊土力学及工程学术研讨会	3年/届	2届
混凝土及预应力混凝土分会	全国混凝土及预应力混凝土学术会议	2年/届	20届
	全国纤维混凝土学术会议	2年/届	18届
	全国预应力混凝土学术交流会	2年/届	16届
	全国建设工程无损检测技术学术交流会	2年/届	13届
	全国高强与高性能混凝土学术交流会	2年/届	12届
	全国特种混凝土技术学术交流会	1年/届	11届
	全国混凝土耐久性学术交流会	3年/届	10届
防护工程分会	防护工程分会学术年会	2年/届	15届
港口工程分会	港口工程技术交流大会暨工程排水与加固技术研讨会	3年/届	11届
市政工程分会	城市防洪排涝国际论坛	2年/届	5届

分支机构	会议名称	举办频率	已举办届数
水工业分会	中国土木工程学会水工业分会水系统智能化技术研讨会	1年/届	5届
	水业大讲堂	1年/届	5届
	城镇污水再生利用技术与装备研讨会	1~2年/届	4届
	中国土木工程学会水工业分会给水深度处理研讨会	1年/届	26届
	全国水处理与循环利用学术会议	1年/届	5届
	城镇排水技术研讨会	1年/届	30届
	城镇给水技术交流会	2年/届	16届
	建筑给水排水技术交流会	2年/届	16届
	中国水工业工程结构专业学术交流会	2年/届	17届
城市公共交通分会	中国轨道交通发展高峰论坛	1年/届	16届
	中国城市公共交通学术年会	1年/届	42届
	中国绿色公交发展高峰论坛	1年/届	10届
	全国公交驾驶员节能技术大赛	2年/届	6届
	5.20全国公交驾驶员关爱日活动	1年/届	4届
	期刊编委会年会	1年/届	7届
	巴士快速交通学术年会	1年/届	18届
燃气分会	燃气分会学术年会——中国燃气运营与安全研讨会	1年/届	11届
	燃气分会液化天然气专业学术会议——中国液化天然气发展论坛	1年/届	15届
	燃气分会应用专业学术会议——燃气具行业年会	1年/届	31届
	燃气分会信息化专业学术会议	1年/届	15届
	燃气分会液化石油气专业学术会议	1年/届	35届
建筑市场与招标投标研究分会	七省市建筑市场与招标投标联席会	1年/届	14届
	"7+3"招标监管工作改革经验交流会	1年/届	4届
	全国建设工程招标代理机构高层论坛	1年/届	3届
工程质量分会	全国工程质量学术交流会	2年/届	8届
	全国工程质量学术沙龙	2年/届	2届
防震减灾工程分会	全国防震减灾工程研讨会	2年/届	11届
轨道交通分会	地铁学术年会	1年/届	30届
	中国城市轨道交通关键技术论坛	1年/届	14届

分支机构	会议名称	举办频率	已举办届数
工程风险与保险研究分会	全国工程风险与保险研究学术研讨会	2年/届	6届
	全国青年工程风险分析和控制研讨会	1年/届	4届
	隧道及地下工程检测与监测国际研讨会	2年/届	3届
工程防火技术分会	中国土木工程学会工程防火技术分会学术年会	1年/届	10届
工程数字化分会	全国工程建设计算机应用大会	2~3年/届	18届
总工程师工作委员会	中国土木工程学会总工程师工作委员会学术年会（技术研讨会、科技论坛、总工论坛）	1年/届	32届
教育工作委员会	全国工程管理专业院长（系主任）会议	2年/届	9届
	全国土木工程研究生学术论坛	1年/届	19届
	全国土木工程专业院长（系主任）会议	2年/届	14届
住宅工程指导工作委员会	詹天佑奖优秀住宅小区金奖技术交流会	1年/届	10届
	全国新型建筑工业化创新技术交流会	1年/届	8届
	中国（国际）养老产业发展暨适老建筑与设施科技论坛	1年/届	5届

第二节 专题研究与技术标准的编制

一、专题研究

开展科学论证、决策咨询与政策建议相结合的软课题专题研究是学术交流的深化和延伸，是更好地发挥学会优势、为国家建设和学科发展献计献策的重要途径。近年来，学会重点组织了以下几项工作。

1. 2000年的中国与世界新技术革命的研究

"2000年的中国研究"是1983~1985年中国科协统一组织的一项科学论证和预测活动，是针对世界新技术革命的挑战，是对我国的经济和科技发展有重要意义课题的预测和论证。学会组织当时的5个分科学会参加了这一工作，最后写出5篇报告：桥梁工程的现状与展望（李国豪、范立础）、土力学及基础工程发展情况与动向（黄文熙）、隧道和地下工程技术发展趋势与展望（高渠清）、2000年的混凝土与预应力混凝土（何广乾）、计算机应用的发展情况与动向（陈明绍、赵超燮）。

2. 开展城市交通工程建设学术研讨活动

针对我国城市交通问题，学会自1986年起组织与这一问题相关的分支机构集中地开展了系列学术交流活动。2003年学会向国家有关部门提出了大力发展城市大容量公共快速交通的建议，得到了国务院高度重视，温家宝总理亲自批示落实，对促进我国"公交优先"城市交通发展战略的建立以及城市公共交通的发展发挥了重要作用。在此基础上学会紧紧围绕优先发展城市公共交通问题持续深入开展各类学术交流活动，有力地促进了我国城市轨道交通和巴士快速交通（BRT）技术的发展，得到了建设部的充分肯定。

2003年，学会主办了中国城市轨道交通规划建设及设备国产化论坛，向有关部门提交了技术政策建议。2004年，钱伟长院士就充分发挥盾构机作用及推进我国隧道掘进机产业发展致信国家主席胡锦涛，并获重要批示。学会受建设部委托随即对我国盾构机产业现状展开了深入调研。2005年起，学会每年举办城市轨道交通技术学术交流系列活动，大力推动城市轨道交通技术的发展。

3. 提高工程质量的政策与措施课题研究

1989年11月，中国土木工程学会开展"提高工程质量的政策与措施研究"的课题的申报工作，中国科协批准该课题为重点课题，并将其列入1991年"决策科学论证与咨询软科学研究"计划。该课题由中国土木工程学会负责组织实施，历时两年，于1992年底结束，最终形成了政策建议书，编辑出版了课题研究报告集和论文集，并于1993年5月以这一内容为主题举行学会第六届年会。

2006年学会与中国工程院土木水利与建筑工程学部等单位联合主办了我国大型建筑工程设计的发展方向工程科技论坛，组织专家对大型公共建筑的坚固性、耐久性、安全性、经济性，以及设计理念与风格等问题进行了深入研讨，并形成了《关于大型公共建筑工程建设中的问题与建议》专题报告，报送国务院，得到温家宝总理的高度重视，亲自批复落实，曾培炎副总理专门到建设部进行调研，为建设部等五部委联合出台《关于加强大型公共建筑工程建设管理的若干意见》（建质〔2007〕1号）提供了技术政策依据。

同时，学会还积极开展工程质量责任保险试点工作。学会与长安责任保险公司合作，首先在住宅小区推行工程质量责任保险的试点，取得了较好的效果。2010年学会在珠海市召开了推行工程质量责任保险、全面提升住宅小区工程质量和整体水平经验交流会，总结交流了住宅工程质量责任保险试点经验，进一步推进了工程质量责任保险试点工作的开展。

4. "土木工程可持续发展指南"的研究与编制

学会于1996年开始编写《中国土木工程学会土木工程可持续发展指南》，并于同年在建设部正式立项。本指南主要是根据《中国21世纪议程》《中国环境保护21世纪议程》《我们共同的未来》与中国近年来在可持续发展方面的研究成果以及中国土木工程界的现状等研究编写而成的。研究中重点参考了《加拿大土木工程学会土木工程可持续指南》，并与加方多次交流取得共识。本指南根据可持续发展的思想和观念论述了可持续发展的资源观、价值观和道德观；提出了土木工程应遵循的可持续发展原则；阐述了土木工程中常见的几个重要方面的观点和对策；最后提出了土木工程师应采取的行动。1998年5月课题完成，并由建设部转发至各地方建设行政主管部门和科技单位参考与实施。

5. "九五"期间土木工程科学技术重大进展研究

2001年2月，根据科技部的统一安排，学会负责组织"九五"期间土木工程科学技术重大进展的研究项目。学会组织所属专业分会及资深专家分析讨论并编写出包括：桥梁工程、高层及大跨度结构工程、隧道与地下工程、岩土工程、港口工程、混凝土与预应力混凝土技术、市政工程、水工业工程、城市燃气工程、信息技术应用等10项重大研究成果的《"九五"期间土木工程科学技术重大进展》一文。2001年5月正式发表，并在科技部召开的新闻发布会上公布和印发。

6. 建筑物的耐久性、使用年限与安全评估专题研究

1999至2002年，中国土木工程学会与清华大学共同承担了"建筑物的耐久性、使用年限与安全评估专题研究"。该项目是受建设部建筑业管理司委托，由科技司立项，密切结合国务院颁布的《建设工程质量管理条例》而开展的一项专题研究。该项目的主要任务是从我国国情出发，对建筑物的使用寿命和规定使用年限进行研究，并提出规定使用年限的确定方法，供政府有关部门制定相应管理条例或标准作参考；最后提出建筑物耐久性及使用寿命要求的指导性技术文件，供政府部门决策

依据之用。学会在此项目基础上编制出学会技术指南《混凝土机构耐久性设计与施工技术指南》CCES 01—2004。

7. 21世纪的中国科学技术研究

2004年，按照中国科协的统一部署，学会承担了《2020年的中国工程技术》和《2020年的中国科学和技术：土木工程部分》的编写任务。前者由袁驷副理事长牵头，联合建筑学会、铁道学会、公路学会等共同完成。后者是由学会组织各专业分会分别纂写而成，包括12个专题、13万余字。两个报告于2004年2月完成并提交中国科协统一印发。这也是我国继1984年按中国科协要求编纂《2000年的中国》和"新技术革命与我们的对策研究"之后的又一次关于今后展望的大型专题研究活动。

8. "城市轨道交通技术发展和创新体系研究与示范"课题

2006年12月~2009年8月，中国土木工程学会负责牵头承担了"十一五"国家科技支撑计划重点课题"城市轨道交通技术发展和创新体系研究与示范"的研究。课题组经过近四年的研究，通过对全国城市轨道交通的行业调研、政策体系分析、全寿命周期成本分析、建设安全事故分析、各运营线路的能耗分析，首次提出了从政府监管、投融资、建设管理到运营管理各环节的城市轨道交通可持续发展系列政策和规范性文件的建议，包括《城市轨道交通可持续发展建议》《城市轨道交通投融资模式建议》《城市轨道交通综合造价控制指南》《城市轨道交通建设管理指南》《城市轨道交通运营管理指南》等，出版"新型城市轨道交通技术丛书"；完成了三项技术标准《轻轨设计技术规范》《城市轨道交通建设项目管理规范》《城市轨道交通建设地下工程建设风险管理规范》，对我国轨道交通行业管理的政策完善和规范化运作具有积极的指导意义。课题通过分析总结我国城市轨道交通技术发展的现状及存在问题，首次系统提出《城市轨道交通技术发展纲要建议（2010-2015）》，提出了二十多个专业和十三个重点综合技术领域的技术发展方向及重点研发的前沿理论和核心技术，对促进我国城市轨道交通发展具有指导意义。课题相关研究成果在北京、南京、广州三个城市的工程中得到应用，取得了显著的经济效益和社会效益，并可在全国规划、建设和运营的城市推广应用。

9. 城市交通承载力及其危机管理研究

该课题是2006年中国科协重大咨询研究项目"中国城市承载力及其危机管理研

究"中的子课题"城市交通承载力及其危机管理研究"。其中，学会承担的子课题研究内容包括：城市交通对城市承载力的影响分析；提高交通容量，保证交通顺畅、安全以及当前面临的几个主要问题；针对问题提出了相关的交通产业政策、枢纽协调措施和政策方案、路网优化政策、公交优先政策等。课题成果于2007年通过了中国科协组织的专家评审，并发表在中国科协出版的《中国城市承载力及其危机管理研究报告》中。

10."软土地下空间开发工程安全与环境控制关键技术"课题

该课题属于"十二五"国家科技支撑计划项目"城市地下空间开发利用技术集成与示范"项目的第二个课题，该课题由中国土木工程学会与华东建筑设计院有限公司牵头承担。课题研究期限为2012年1月至2015年12月。课题于2016年4月在杭州通过了住房和城乡建设部组织的课题验收，并于2016年10月在北京通过了科技部组织的项目验收。2017年，学会完成了课题研究成果的出版工作，编制并出版了4本学会技术指南：《大直径超长灌注桩设计与施工技术指南》《软土大面积深基坑无支撑支护设计与施工技术指南》《城市软土基坑与隧道工程对邻近建（构）筑物影响评价与控制技术指南》《城市软土基坑与隧道工程信息化施工安全监控技术指南》。

11."中国大中型建筑业企业技术中心建设与发展"课题

2015年，学会总工程师工作委员会承担了"中国大中型建筑业企业技术中心建设与发展"的课题研究工作，本课题是中国土木工程学会总工程师工作委员会（原咨询工作委员会）向住房和城乡建设部申请的软科学研究项目。本课题研究工作由中国土木工程学会咨询工作委员会总负责和总协调，并与中建技术中心共同组织河南建筑业协会、北京城建、北京建工、陕西建工、浙江建工、浙江杰立集团、河南泰宏建设发展公司等建筑业企业共同完成。课题于2016年上半年完成。

12."工业化建筑标准体系建设方法与运行维护机制研究"课题

2016年7月~2019年12月，学会承担了"十三五"国家重点研发计划子课题"工业化建筑标准体系建设方法与运行维护机制研究"课题。本课题通过研究提出工业化建筑标准规范体系构建的基本理论和方法，建立了以现有标准为依托、以需求为导向的工业化建筑标准规范体系框架，形成了覆盖工业化建筑全过程、主要产业链的标准规范体系，建立了工业化建筑标准规范体系实施的动态管理与更新维护机制，保证了我国工业化建筑标准规范制修订工作的科学性、前瞻性和计划性，提升了实施效果。

13. 中国科协学科发展项目

为进一步充分发挥全国学会在强化学术引领、推动学科发展中的独特作用，中国科协组织实施了中国科协学科发展项目。

学会参加了中国科协"学科发展报告"（前称学科发展蓝皮书）项目，分别完成《2006—2007土木工程学科发展报告》《2008—2009土木工程学科发展报告》，由中国科学技术出版社出版。

2018~2019年，中国土木工程学会隧道及地下工程分会承担了"隧道及地下工程学科发展研究"项目，编写完成《2018—2019隧道及地下工程学科发展报告》（2020年由中国科学技术出版社出版），包括综合报告和五个专题报告，涵盖了近年来我国隧道及地下工程学科发展现状与研究进展、国内外隧道及地下工程学科发展比较、我国隧道及地下工程学科发展趋势与对策等内容。

2020~2021年，中国土木工程学会桥梁及结构工程分会承担了"桥梁工程学科发展研究"项目，编写完成《桥梁工程学科发展报告》，包括综合报告和九个专题报告，涵盖了我国桥梁工程学科发展现状、国内外桥梁工程学科进展比较分析、我国桥梁工程学科展望与对策等方面的内容。为向党和国家科学决策提出对策、建议，项目组还向中国科协提交了约3000字的智库报告，针对本学科发展面临的重大挑战，提出了我国桥梁工程学科发展的四项对策，包括整合优化资源、强化共性基础研究，改革机制体制、促进创新驱动发展，凝聚科技实力、引领重大工程创造，对标国际国内、加快建设桥梁强国。

14. 建设部委托研究项目

（1）2006年，受建设部质量安全司委托，学会组织编写了《工程建设技术发展研究报告》，由中国建筑工业出版社出版发行。该书全面总结了1995~2005年期间，我国在土木工程各领域所取得的进展和成就，全面展示了我国工程建设技术领域的最新研究成果。

（2）2006年学会承担的"地下空间建设风险控制机制研究"课题，于2007年7月通过专家评审，课题成果《地铁及地下工程建设风险管理指南》由建设部发布试行，由学会与同济大学等单位联合编制。

（3）2007年学会承担了"奥运工程建设管理与技术创新总结分析研究"课题及"奥运工程技术创新总结"。受建设部质量安全司委托，学会组织专家对奥运场馆及相关配套工程建设中，在规划设计、施工安装、监测检测等方面，具有创新型、典型性、先进性、指导性的关键技术、成套技术、集成技术、共性技术成果进行了总结提炼，最后形成了《奥运工程建设创新技术指南》一书，由中国建筑工业出版社出版发行。课题于2009年1月通过了由住房和城乡建设部工程质量安全监管司组织的验收。

（4）2008年，学会承担了住房和城乡建设部专项课题"城市地下轨道交通抗震设防研究"。课题的研究成果为进一步编写完成《城市地下轨道交通抗震设防指南》和《市政公用设施抗震设防专项论证技术要点（地下工程篇）》奠定了基础。

（5）2008年，学会承担住房和城乡建设部专项课题"《建设工程抗御地震灾害管理条例》相关问题研究"。学会组织专家，对此条例的法律地位、编制依据与背景，以及在抗震防灾规划、地震监测、抗震设防、震后应急反应、抗震鉴定与加固、震后重建等方面的问题进行了研究，并提出了条例草稿，为我国制定相关的管理条例奠定了基础。课题于2012年4月通过了住房和城乡建设部质量司组织的验收。

（6）2009年4月，学会组织专家完成了"加强工程建设基础性研究的报告"课题，于2010年3月出版了《土木工程技术理论发展报告》。课题总结了我国目前工程建设领域整体发展现状，指出了存在的问题，说明了现阶段加强我国工程建设领域基础性研究的必要性与紧迫性，提出了加强工程建设领域基础性研究的共性内容和具体建议。

（7）2012年，学会招投标分会承担了住房和城乡建设部委托项目"房屋和市政工程评标专家库课题研究"。

（8）2016年起，学会总工程师工作委员会陆续承接了住房和城乡建设部委托的"绿色施工技术推广应用研究""绿色施工技术应用指南研究"和"住房城乡建设领域绿色施工技术推广应用体系研究"等课题，并先后形成了《住房城乡建设部绿色施工技术应用公告》《住房城乡建设部绿色施工科技示范工程技术指标及实施与评价指南》《绿色施工技术应用指南》等成果，并于2018年出版《绿色施工技术与工程应用》一书，为主管部门出台相关政策文件提供了依据，为行业绿色施工发展和技术进步指引了方向，受到了业内专家和企业的好评。

（9）2017年，学会住宅工程指导工作委员会申报并承担了住房和城乡建设部2017年科学技术项目计划"我国装配式住宅技术体系分析与应用发展研究"课题

（2017—R4—004）。

（10）2020年，学会总工程师工作委员会承担了住房和城乡建设部科技计划项目"高品质绿色施工技术发展与应用研究"，课题起始时间为2020年12月至2022年12月。

近年来，学会专业分会也开展了多项课题研究工作，如：轨道交通分会承担了中国科协"京津冀轨道交通一体化与土地利用协调发展""新增职业资格'城轨运维专业技术人员'的调研分析"和《轨道交通协同创新平台建设（2016—2018）》等项目，以及《城市轨道交通技术发展纲要建议（2010—2015）》《城市轨道交通技术发展纲要建议（2021—2025）》修编工作；隧道分会承担了中国科协"隧道工程师专业技术水平评价"项目，形成了《隧道工程师专业技术水平评价结题报告》；学术与标准工作委员会申报并承担中国科协"团体标准示范学会建设专项"，形成《中国土木工程学会"示范学会建设专项"项目研究报告》；学术与标准工作委员会于2021年开展"中国土木工程学会标准体系编制"研究课题，形成《中国土木工程学会标准体系研究报告》；2013年，混凝土分会承担了中国土木工程学会混凝土及预应力混凝土专业标准体系编制工作和"混凝土及预应力混凝土学科研究现状和发展规划"项目；燃气分会编写了《2010—2016年燃气行业学科发展报告》和《中国城镇燃气行业学科发展报告》等（表4.3）。

中国土木工程学会开展的专题研究简表（1982—2022年）　　表4.3

专题研究名称	时间	研究成果
2000年的中国与世界新技术革命的研究	1983~1985年	编写了5篇研究报告：桥梁工程的现状与展望；土力学及基础工程发展情况与动向；隧道和地下工程技术发展趋势与展望；2000年的混凝土与预应力混凝土；计算机应用的发展情况与动向
提高工程质量的政策与措施课题研究	1991~1992年	提出了政策建议书，编辑出版了课题研究报告集和论文集
"土木工程可持续发展指南"的研究与编制	1996~1998年	编写了《中国土木工程学会土木工程可持续发展指南》
"九五"期间土木工程科学技术重大进展研究	2001年2~5月	编写了包含10项重大研究成果的《"九五"期间土木工程科学技术重大进展》一文
建筑物的耐久性、使用年限与安全评估专题研究	1999~2002年	提出了建筑物耐久性及使用寿命要求的指导性技术文件，并编制出学会技术指南《混凝土机构耐久性设计与施工技术指南》CCES 01—2004
21世纪的中国科学技术研究	2004年	完成了《2020年的中国工程技术》和《2020年的中国科学和技术：土木工程部分》的编纂

专题研究名称	时间	研究成果
"十一五"国家科技支撑计划"城市轨道交通技术发展和创新体系研究与示范"课题	2006年12月~2009年8月	提出了城市轨道交通可持续发展系列政策和规范性文件的建议，出版"新型城市轨道交通技术丛书"；完成了三项技术标准《轻轨设计技术规范》《城市轨道交通建设项目管理规范》《城市轨道交通建设地下工程建设风险管理规范》；首次系统提出《城市轨道交通技术发展纲要建议（2010—2015）》
中国科协学科发展项目	2006~2009年	编写出版了《2006—2007土木工程学科发展报告》《2008—2009土木工程学科发展报告》
城市交通承载力及其危机管理研究	2006~2007年	针对相关问题提出了相关的交通产业政策、枢纽协调措施和政策方案、路网优化政策、公交优先政策等，课题成果发表在《中国城市承载力及其危机管理研究报告》中
地下空间建设风险控制机制研究	2006~2007年	出版了《地铁及地下工程建设风险管理指南》
"奥运工程建设管理与技术创新总结分析研究"及"奥运工程技术创新总结"课题	2007~2009年	编著出版书籍《奥运工程建设创新技术指南》
深大基坑支护技术和标准研究	2009年	出版了北京市地方标准《建筑基坑支护技术规程》
"加强工程建设基础性研究的报告"课题	2009年	出版了《土木工程技术理论发展报告》
城市地下轨道交通抗震设防研究	2008年	课题的研究成果为进一步编写完成《城市地下轨道交通抗震设防指南》和《市政公用设施抗震设防专项论证技术要点（地下工程篇）》奠定了基础
《建设工程抗御地震灾害管理条例》相关问题研究	2008~2012年	提出了条例草稿，为我国制定相关的管理条例奠定了基础
"十二五"国家科技支撑计划"软土地下空间开发工程安全与环境控制关键技术"课题	2012年1月~2015年12月	出版4本学会技术指南：《大直径超长灌注桩设计与施工技术指南》《软土大面积深基坑无支撑支护设计与施工技术指南》《城市软土基坑与隧道工程对邻近建（构）筑物影响评价与控制技术指南》《城市软土基坑与隧道工程信息化施工安全监控技术指南》
"绿色施工技术推广应用研究""绿色施工技术应用指南研究"和"住房城乡建设领域绿色施工技术推广应用体系研究"等课题	2016~2018年	先后形成了《住房城乡建设部绿色施工技术应用公告》《住房城乡建设部绿色施工科技示范工程技术指标及实施与评价指南》《绿色施工技术应用指南》等成果，并于2018年出版《绿色施工技术与工程应用》一书，为主管部门出台相关政策文件提供了依据，为行业绿色施工发展和技术进步指引了方向，受到了业内专家和企业的好评
"隧道及地下工程学科发展研究"课题	2018~2019年	编写出版了《2018-2019隧道及地下工程学科发展报告》
"桥梁工程学科发展研究"项目	2020~2021年	编写出版了《2020-2021桥梁工程学科发展报告》

二、技术标准的编制

一直以来，学会积极开展团体标准的编制工作。根据2015年3月国务院印发《深化标准化工作改革方案》等文件精神，学会积极承接政府职能转移工作，申请列入了国家团体标准研制的首批试点单位。

为了做好团体标准的编写工作，学会在2015年调整改选了学会标准与出版工作委员会，扩充了专家委员；2020年合并成立学术与标准工作委员会，研究制定并不断修订完善《中国土木工程学会标准管理办法》。同年，学会成功申请到中国科协的"团体标准示范学会建设专项"，成功由"试点项目"转变为"示范专项"。2021年，为加强学会标准顶层设计，学会组织开展了"中国土木工程学会标准体系编制"工作，目标是培育和打造能够代表国内土木工程行业最高水平、最权威、最具影响力的团体标准，这是学会今后一个时期的重点任务之一。

截至目前，学会共立项标准120余项，发布标准30余项（表4.4），内容涵盖土木工程信息化、轨道交通、桥梁、隧道、材料、建筑结构、地基基础等诸多领域。学会始终以高质量为原则，严把审批环节，在行业内树立了良好的口碑。学会编制出版的技术标准主要包括以下7个方面。

（1）材料及新结构方面有《混凝土结构耐久性设计与施工指南》《自密实混凝土设计与施工指南》《人工碎卵石复合砂应用技术规程》《多功能储能式发光涂料技术规程》《混凝土结构用有机硅渗透型防护剂应用技术规程》《天然火山灰质材料在混凝土中应用技术规程》《砂浆外加剂应用技术规程》《混凝土用功能型复合矿物掺合料》等。

（2）地基基础方面有《建筑基坑支护技术规程》《孔压静力触探测试技术规程》《预应力鱼腹式基坑钢支撑技术规程》《水泥土插芯组合桩复合地基技术规程》《大直径超长灌注桩设计与施工技术指南》《软土大面积深基坑无支撑支护设计与施工技术指南》《城市软土基坑与隧道工程对邻近建（构）筑物影响评价与控制技术指南》《城市软土基坑与隧道工程信息化施工安全监控技术指南》等。

（3）桥梁方面有《缆索支承桥梁换索技术标准》《桥梁健康监测传感器选型与布设技术规程》《桥梁结构风洞试验标准》《超高性能混凝土梁式桥技术规程》等。

（4）隧道方面有《地铁及地下工程建设风险管理指南》等。

（5）轨道交通方面有《城市轨道交通运营管理指南》《城市轨道交通建设项目管理规范》《城市轨道交通技术发展纲要建议（2010—2015）》《城市轨道交通技术发

展纲要建议（2021—2025）》《市域快速轨道交通设计规范》《有轨电车工程技术导则》《城市轨道交通站点室内环境质量要求》《城市轨道交通干式非晶合金铁心变压器技术标准》等。

（6）土木工程信息化方面有《建筑工程信息交换实施标准》《结构健康监测海量数据处理标准》《基础设施无线传感网络监测技术规程》《智能停车服务机器人库工程设计规程》等。

（7）建筑结构方面有《中空内模金属网水泥隔墙应用技术规程》《中空夹层钢管混凝土结构技术规程》《钢筋桁架混凝土复合保温系统应用技术规程》《建筑外墙空调器室外机平台技术规程》《预应力混凝土双T板》《低预应力预制混凝土耐腐蚀实心方桩技术规程》《装配式建筑部品部件分类和编码标准》《建筑施工扬尘防治与监测技术规程》《工业化建筑机电管线集成设计标准》《槽式预埋件系统设计标准》《预制混凝土构件尺寸允许偏差标准》《预制拼装混凝土桥墩技术规程》《预制混凝土构件用金属预埋吊件》《装配式多层混凝土墙板建筑技术规程》《碳纤维电热供暖系统应用技术规程》《全方位高压喷射注浆技术规程》等（表4.4）。

中国土木工程学会编著的技术标准简表　　　　　　表4.4

技术标准	标准等级
《混凝土结构耐久性设计与施工指南》CCES 01—2004	学会技术指南
《自密实混凝土设计与施工指南》CCES 02—2004	学会技术指南
《建筑基坑支护技术规程》DB 11/489—2007	地方标准
《地铁及地下工程建设风险管理指南》	建设部技术指南
《城市轨道交通运营管理指南》CCES 01—2010	学会技术指南
《城市轨道交通地下工程建设风险管理规范》GB 50652—2011	国家标准
《城市轨道交通建设项目管理规范》GB 50722—2011	国家标准
《人工碎卵石复合砂应用技术规程》JGJ 361—2014	行业标准
《大直径超长灌注桩设计与施工技术指南》CCES 01—2016	学会技术指南
《软土大面积深基坑无支撑支护设计与施工技术指南》CCES 02—2016	学会技术指南
《城市软土基坑与隧道工程对邻近建（构）筑物影响评价与控制技术指南》CCES 03—2016	学会技术指南
《城市软土基坑与隧道工程信息化施工安全监控技术指南》CCES 04—2016	学会技术指南
《城市轨道交通技术发展建议（2010~2015）》《城市轨道交通技术发展纲要建议（2020~2025）》	学会技术指南
《孔压静力触探测试技术规程》T/CCES 1—2017	学会标准（团体标准）
《市域快速轨道交通设计规范》T/CCES 2—2017	学会标准（团体标准）
《预应力鱼腹式基坑钢支撑技术规程》T/CCES 3—2017	学会标准（团体标准）
《多功能储能式发光涂料技术规程》T/CCES 4—2019	学会标准（团体标准）

技术标准	标准等级
《缆索支承桥梁换索技术标准》T/CCES 5—2019	学会标准（团体标准）
《中空内模金属网水泥隔墙应用技术规程》T/CCES 6—2019	学会标准（团体标准）
《中空夹层钢管混凝土结构技术规程》T/CCES 7—2020	学会标准（团体标准）
《钢筋桁架混凝土复合保温系统应用技术规程》T/CCES 8—2020	学会标准（团体标准）
《有轨电车工程技术导则》T/CCES 9—2020	学会标准（团体标准）
《建筑外墙空调器室外机平台技术规程》T/CCES 10—2020	学会标准（团体标准）
《建筑工程信息交换实施标准》T/CCES 11—2020	学会标准（团体标准）
《混凝土结构用有机硅渗透型防护剂应用技术规程》T/CCES 12—2020	学会标准（团体标准）
《碳纤维电热供暖系统应用技术规程》T/CCES 13—2020	学会标准（团体标准）
《装配式建筑部品部件分类和编码标准》T/CCES 14—2020	学会标准（团体标准）
《桥梁健康监测传感器选型与布设技术规程》T/CCES 15—2020	学会标准（团体标准）
《结构健康监测海量数据处理标准》T/CCES 16—2020	学会标准（团体标准）
《基础设施无线传感网络监测技术规程》T/CCES 17—2020	学会标准（团体标准）
《预应力混凝土双T板》T/CCES 6001—2020	学会标准（团体标准）
《城市轨道交通站点室内环境质量要求》T/CCES 6002—2021	学会标准（团体标准）
《天然火山灰质材料在混凝土中应用技术规程》T/CCES 18—2021	学会标准（团体标准）
《智能停车服务机器人（场）库工程设计规程》T/CCES 19—2021	学会标准（团体标准）
《全方位高压喷射注浆技术规程》T/CCES 20—2021	学会标准（团体标准）
《水泥土插芯组合桩复合地基技术规程》T/CCES 21—2021	学会标准（团体标准）
《预制混凝土构件用金属预埋吊件》T/CCES 6003—2021	学会标准（团体标准）
《砂浆外加剂应用技术规程》T/CCES 22—2021	学会标准（团体标准）
《装配式多层混凝土墙板建筑技术规程》T/CCES 23—2021	学会标准（团体标准）
《城镇燃气管网泄漏评估技术规程》T/CCES 24—2021	学会标准（团体标准）
《混凝土用功能型复合矿物掺合料》T/CCES 6004—2021	学会标准（团体标准）
《桥梁结构风洞试验标准》T/CCES 25—2021	学会标准（团体标准）
《建筑施工扬尘防治与监测技术规程》T/CCES 26—2021	学会标准（团体标准）
《超高性能混凝土梁式桥技术规程》T/CCES 27—2021	学会标准（团体标准）
《工业化建筑机电管线集成设计标准》T/CCES 28—2021	学会标准（团体标准）
《槽式预埋件系统设计标准》T/CCES 29—2022	学会标准（团体标准）
《预制混凝土构件尺寸允许偏差标准》T/CCES 30—2022	学会标准（团体标准）
《预制拼装混凝土桥墩技术规程》T/CCES 31—2022	学会标准（团体标准）
《低预应力预制混凝土耐腐蚀实心方桩技术规程》T/CCES 32—2022	学会标准（团体标准）
《城市轨道交通干式非晶合金铁心变压器技术标准》T/CCES 33—2022	学会标准（团体标准）
《工程建设项目招标代理机构信用评价办法》	行业标准
《装配式建筑招标投标导则》	行业标准
《装配式建筑评标办法》（推荐标准）	行业标准
《建设工程项目招标代理工作标准》	行业标准
《全过程工程咨询导则》	行业标准

第五章

国际及港澳台地区交流

1912 ~ 2022

第一节　国际及港澳台地区学术会议

举办国际学术会议是学会开展学术交流的重要方式。随着我国开放政策的日益发展、会议接待条件的不断改善，在华举办的国际会议显著增多。学会一直把举办国际学术会议列为学会的主要活动之一，创造条件、积累经验、逐步开展已见成效。自1982年学会与美国土木工程师学会联合，首次在北京举办国际学术讨论会以后，四十年来学会持续加强与国际组织和国别组织的联系与合作，主办了国际学术会议（包括双边讨论会）约150次（见表5.1），其中近半数为近十年来开展的活动。会议内容涉及桥梁、隧道及地下工程、建筑结构、港口及海洋工程、土力学与地基基础、预应力混凝土、工程数字化、给水排水等土木工程各专业领域，显著提高了我国在这些行业的国际影响力。

近年来，学会举办的国际会议主要有：

（1）围绕桥梁工程，学会主办了2016年国际桥梁与结构工程协会（IABSE）广州会议、第十五届国际风工程学术会议（ICWE 15）等。其中，以"桥梁和结构可持续性—智能解决方案"为主题的2016年国际桥协广州会议是一次备受关注的国际桥梁学术会议，与会人数超过1000人，包括200多位来自20多个国家和地区的国外代表。会议为来自全世界的工程师、科研工作者、管理人员等提供了一个交流思想、分享经验的机会，会议影响力巨大。

（2）围绕隧道及地下工程，学会举办了国际隧道和地下工程学术讨论会、中日隧道安全与风险国际研讨会、隧道及地下工程健康检测与监测国际研讨会、首届地下空间与现代城市中心国际研讨会、第六届亚太地区结构可靠度及应用研讨会（APSSRA）等国际会议。其中，2021中国（上海）国际隧道工程研讨会由中国土木工程学会市政工程分会、中国土木工程学会隧道及地下工程分会、中国岩石力学与工程学会隧道掘进机工程应用分会、上海市土木工程学会共同主办，来自中国、日本、意大利、奥地利、巴西等7个国家的6位中外院士、600多位行业人士通过线上和线下的模式参加了会议，同步在线观看会议直播人数超过200万。为期2天的会议共设置1个主旨论坛、6个主题论坛，多个国家行业人士通过近100场学术报告共同探讨"城市复杂环境下隧道工程的挑战与创新"主题，为城市地下空间建设发展汇聚了创新力量与智慧方案。

（3）围绕建筑结构及预应力混凝土，学会主办了国际结构混凝土协会（FIB）2014年北京交流研讨会及2020年上海学术会议、"一带一路"土木工程国际论坛、2016中国城市基础设施建设与管理国际大会、2018ATCI智慧城市管理与服务国际大会等国际会议。其中，2018年10月18~19日在浙江杭州举办的第二届中国城市基础设施建设与管理国际大会（ICIM）以"数据智能'点亮'城市未来"为主题，来自美国、德国、日本、挪威、新加坡、印度等20多个国家及国内的业界嘉宾共襄盛会，为应对城市建设发展的共同难题和创造更加智慧、美好的城市生活汇聚了"中国方案"和"世界智慧"。

（4）围绕土力学及基础工程，学会主办了第二届岩土材料本构关系国际研讨会（IS—Model 2012）、高速交通岩土工程国际学术研讨会、Geoshanghai2014、第6届亚太地区非饱和土学术会议、第8届环境土工大会、第七届东亚岩土灾害技术大会和多届中日岩土工程研讨会等国际会议。

（5）围绕给水排水，学会主办了五届城市防洪国际论坛、水业国际大讲堂等国际会议。其中，2017年10月16~17日在南京举办的2017（第三届）城市防洪排涝国际论坛暨中英城市洪涝防治技术国际论坛会议以"重塑绿色可持续发展城市水环境"和"变化环境下的城市防洪排涝问题"为主题，聚焦城市暴雨洪水、城市洪涝防治以及海绵城市建设等议题，跨学科、多角度地充分探讨与交流了国际上城市防洪排涝研究领域的最新问题、先进技术以及成功经验。

中国土木工程学会举办国际及港澳台地区学术会议简表（1982~2022年）　　表5.1

会议名称	日期	地点	代表人数	论文数
中美桥梁及结构工程学术讨论会	1982年9月13~19日	北京	260	112
中法隧道及地下工程学术讨论会	1983年11月12~18日	北京	16	15
国际隧道和地下工程学术讨论会	1984年10月22~25日	北京	71	30
第二届土木工程计算机应用国际会议	1985年6月5~9日	杭州	295	85
中法预应力混凝土学术讨论会	1985年10月14~18日	北京	48	37
中法港口工程建设学术讨论会	1987年10月5~9日	北京	39	38
国际体育建筑空间结构学术讨论会	1987年10月27~30日	北京	203	76
国际区域性土工程问题学术讨论会	1988年8月11~15日	北京	210	137
中日软弱地基处理学术研讨会	1989年4月4~7日	北京	122	12
中加近海工程学术讨论会	1989年5月23~25日	北京	13	15

continued

会议名称	日期	地点	代表人数	论文数
国际给水排水学术会议	1989年7月11~15日	北京	259	171
第三届发展中国家混凝土学术讨论会	1990年5月8~12日	北京	125	86
国际隧道协会第十六届年会暨国际隧道与地下工程学术报告会	1990年9月3~7日	成都	480	152
国际预应力混凝土现代应用学术讨论会	1991年9月3~6日	北京	243	129
国际抗爆学术研讨会	1992年10月14~16日	北京	27	27
土木工程中的专家系统国际讨论会	1993年5月12日	北京	100	30
中日EPS及其工程应用研讨会	1993年9月	北京	30	20
国际计算机辅助工程设计研讨会	1993年10月26~29日	北京	80	99
斜拉桥国际学术会议	1994年5月	上海	267	77
中加非饱和土学术研讨会	1994年6月	武汉	30	26
94给水与废水处理国际会议	1994年7月	北京	160	144
第十届亚洲土力学及岩土工程大会	1995年8月	北京	350	200
亚洲及太平洋薄壳及空间结构学术会议	1996年5月21~25日	北京	150	95
纤维混凝土国际学术会议	1997年12月	广州	110	70
中加基础设施可持续发展学术研讨会	1998年4月21~22日	北京	33	11
第二届国际非饱和土会议	1998年8月27~30日	北京	200	102
中德隧道（盾构）技术研讨会	2002年6月	北京	11	9
中加21世纪土木工程的创新与可持续发展学术研讨会	2002年8月1~3日	北京	145	76
国际城市轨道交通会议	2002年11月	上海	—	—
第一届中日岩土工程研讨会	2003年10月	北京	106	70
中国国际隧道与地下空间发展研讨会	2004年6月16~18日	上海	—	—
国际建筑合同和争议解决研讨会	2004年7月	北京	75	
国际桥梁与结构工程协会（IABSE）2004年会	2004年9月22~24日	上海	659	509
大都市人居环境及基础设施学术研讨会	2004年10月	上海	659	231
世界工程师大会分会场	2004年11月	上海	245	90
第三届中日盾构技术研讨会	2005年8月	日本东京	210	54
2005年中国国际隧道与地下空间展览会暨学术交流会	2005年9月	上海	—	—
第二届中日岩土工程研讨会	2005年10月	上海	110	120
中日大城市圈交通高层论坛	2006年3月28日	上海	110	—
中日山区高速公路风险管理研讨会	2006年8月	昆明	—	—
国际地下空间学术交流大会	2006年11月	北京	320	80

会议名称	日期	地点	代表人数	论文数
2006年国际薄壳及空间结构学会（IASS）学术讨论会，亚洲及太平洋薄壳及空间结构学术会议（APCS）	2006年12月	北京	305	—
"2007中国隧道高峰论坛"国际会议	2007年4月	西安	159	—
2007年基础设施全寿命集成设计与管养国际会议	2007年5月22日	上海	85	60
第一届国际岩土工程安全与风险研讨会	2007年10月	上海	90	—
2007中国国际隧道与地下工程技术展会	2007年6月	上海	—	—
第三届中日岩土工程研讨会	2007年11月	重庆	120	
第六届软土地下工程国际学术大会	2008年4月10~12日	上海	200	112
第十届国际滑坡与工程边坡会议	2008年6月30日~7月4日	西安	400	292
2008中国南京第四届世界城市论坛城市防灾主题会议	2008年11月3~6日	南京	—	—
中法可持续发展城市交通系统论坛	2008年11月11日	上海	150	—
国际桥梁与结构工程协会2009年"当代大桥"研讨会	2009年5月11~12日	上海	230	120
2009中国国际轨道交通技术展览会及技术交流会	2009年8月20~22日	北京	200	—
首届中日隧道安全与风险国际研讨会	2009年8月28~29日	上海	50	25
环境岩土工程国际学术研讨会暨2009年度浙江大学曾国熙讲座	2009年9月8~10日	杭州	200	125
2009中国上海国际建筑科技大会	2009年10月15~17日	上海	200	170
第四届中国国际隧道工程研讨会	2009年10月28~29日	上海	520	140
第十二届国际地下空间联合研究中心年会	2009年11月18~19日	深圳	300	98
第四届中日岩土工程学术会议	2010年4月12~14日	日本冲绳	147	108
2010中国（长春）国际轨道交通与城市发展高峰论坛	2010年5月27~28日	长春	400	—
中欧城市公共交通论坛	2010年6月8日	法国巴黎	100	—
2010中国（上海）隧道与地下工程技术研讨会	2010年5月	上海	150	—
GeoShanghai2010国际岩土工程学术会议	2010年6月	上海	200	375
中日水处理技术交流会	2010年8月	兰州	200	38
第二届中日隧道安全与风险国际研讨会	2010年8月27~28日	日本东京	90	—
第五届国际土木工程复合材料大会	2010年9月27~29日	北京	180	210
宏微观岩土力学与岩土技术国际研讨会	2010年10月10~12日	上海	180	174

会议名称	日期	地点	代表人数	论文数
第二届工程废弃物资源化与应用研究国际会议暨第二届中国再生混凝土研究与应用学术交流会	2010年10月13~15日	上海	150	70
2010年中国北京国际建筑科技大会	2010年11月14~15日	北京	200	186
2010中国地下工程与隧道国际峰会	2010年11月18~20日	北京	260	—
中葡工程建设招标投标研讨会	2010年11月13日	北京	100	—
全球电巴高峰论坛	2011年3月29日	昆山	300	
2011隧道及地下工程新发展国际论坛	2011年7月26日	成都	130	38
2011中国地下工程与隧道国际峰会	2011年8月23~25日	上海	200	—
第三届中日隧道安全与风险国际研讨会	2011年8月25~27日	重庆	60	—
2011中国西安国际建筑科技大会	2011年9月23~25日	西安	300	300
高速交通岩土工程国际学术研讨会	2012年10月26~28日	杭州	80	46
中阿建筑市场信息化建设论坛	2012年6月8日	北京	100	
2012国际桥梁与隧道技术大会	2012年8月2~3日	上海	360	
第四届中日隧道安全与风险研讨会	2012年8月23~25日	济南	40	
2012中国国际轨道交通技术展览会（CRTS China 2012）	2012年4月26~28日	北京	8000	—
2013中国国际轨道交通技术展览会及相关技术论坛	2013年5月5~7日	上海	8000	—
第五届中日岩土工程研讨会	2013年5月19日	峨眉山（市）	79	77
2013中国国际隧道与地下工程技术展览会	2013年6月4~6日	上海	10000	—
第五届中日隧道安全与风险国际研讨会（CJTSR2013）	2013年8月	上海	50~60	—
第十二届海峡两岸隧道与地下工程学术及技术研讨会	2013年8月17~18日	峨眉山（市）	300	119
2013城市防洪国际论坛	2013年10月16~17日	上海	350	40
第九届中日土木研究生论坛	2013年10月26日	上海	31	31
第4届岩土工程安全与风险研讨会	2013年12月4~6日	香港	300	—
第一届地下空间与现代城市中心国际研讨会	2013年7月18~19日	上海	300	40
2013（第二届）国际桥梁与隧道技术大会	2013年4月11~12日	上海	500	—

会议名称	日期	地点	代表人数	论文数
在线充电式新能源公交客车（国际）交流会议	2013年6月21日	株洲	150	—
第一届地铁隧道工程健康监测与检测国际研讨会	2014年11月22日	上海	—	—
第一届中美土木工程行业交流报告会（北京会区）	2014年9月20日	北京	100	—
重大基建工程可持续发展国际会议	2014年5月16~18日	上海	200	—
2014上海国际岩土会议	2014年5月26~28日	上海	400	—
2014中国国际隧道与地下工程技术展览会	2014年6月	上海	2000	—
第十三届海峡两岸隧道与地下工程学术及技术研讨会	2014年8月	杭州	200~300	—
国际结构混凝土协会北京交流研讨会	2014年9月17日	北京	50	—
第五届中日隧道安全与风险国际研讨会	2014年10月	日本札幌	60	—
再生混凝土材料与结构国际论坛	2014年10月9日	上海	50~70	—
2015中国国际隧道与地下工程技术展览会	2015年4月8~10日	上海	2000	—
2015（第八届）中国国际隧道与地下工程技术研讨会	2015年4月9日	上海	200	—
第6届中日隧道安全与风险研讨会	2015年8月20~22日	北京	55	—
第六届中日岩土工程学术会议	2015年9月	日本北海道	100	80
2015（第二届）城市防洪排涝国际论坛	2015年10月14~15日	广州	350	—
第六届亚太地区非饱和土学术会议	2015年10月24~26日	桂林	260	142
第十四届海峡两岸隧道与地下工程学术及技术研讨会	2015年11月	台湾	30~50	—
"一带一路"土木工程国际论坛	2015年11月19~20日	北京	400	—
第二届中美土木工程行业交流报告会	2015年9月21日	北京	—	—
2016年国际桥梁与结构工程协会广州学术会议	2016年5月8~11日	广州	300	280
第六届亚太地区结构可靠度理论及应用大会	2016年5月28~30日	上海	—	—

会议名称	日期	地点	代表人数	论文数
2016（第九届）中国国际隧道与地下工程技术研讨会	2016年6月14~16日	上海	—	—
第七届中日韩隧道安全与风险研讨会	2016年8月	青岛	—	—
第十五届海峡两岸隧道与地下工程学术及技术研讨会	2016年8月13~14日	长沙	300	—
第十一届中日韩国际风工程研讨会	2016年10月9~10日	北京	50	—
2016中国城市基础设施建设与管理国际大会	2016年11月17~18日	上海	600	—
2017海峡两岸隧道及地下工程技术研讨会	2017年8月	贵阳	300	—
第八届中日隧道安全与风险会议	2017年8月24~26日	日本神户	50	30
2017（第三届）城市防洪排涝国际论坛暨中英城市洪涝防治技术国际论坛	2017年10月16~17日	南京	300	—
第七届中日岩土工程研讨会	2018年3月16~18日	三亚	184	81
2018第二届中国城市基础设施建设与管理国际大会	2018年10月18~19日	杭州	600	100
2020年国际桥协第一届东亚学术研讨会	2018年10月23~24日	上海	50	22
第八届国际环境土工大会	2018年10月28日~11月1日	杭州	365	262
第十八届海峡两岸隧道与地下工程学术及技术研讨会	2019年11月2~3日	重庆	200	—
2019（第四届）城市防洪排涝国际论坛	2019年11月14~15日	广州	500	—
第一届国际拱桥建设技术大会暨第一届国际拱桥可持续发展大会	2019年12月8~10日	南宁	510	—
2020（第九届）国际桥梁与隧道技术大会	2020年9月23~25日	广州	450	28
2021中国（上海）国际隧道工程研讨会	2021年4月18~19日	上海	600	—
第三届隧道及地下工程检测与监测国际研讨会	2021年10月15~19日	长沙	350	66
2021（第五届）城市防洪排涝国际论坛	2021年12月9~10日	上海	300	—

第二节　加入国际学术组织

　　学会开展对外交流的历史，可以追溯到20世纪50年代。在外交部的积极支持下，经国务院领导批准，中国土木工程学会于1956年和1957年先后加入国际桥梁与结构工程协会和国际土力学及基础工程协会两个学术团体，成为其国家会员，这也有力推动了我国土木工程科技工作者参加国际活动的步伐。1978年，学会恢复活动以后，随着我国相关政策的开放，学会与国际民间学术组织的交往活动也有了更大的发展。特别是我国在联合国中的合法地位恢复以后，有力地推进了学会在重要国际学术组织中的活动。经过多方面的工作和不懈的努力，学会先后被7个国际学术组织接纳为国家会员。经学会推荐，我国的一些专家学者参加了这些国际组织的领导机构和专业工作组。

　　到目前为止，学会共有上百位专家学者曾在多个国际组织中担任常设委员会委员、执行委员会委员和理事会理事、副主席等职务。如：茅以升、李国豪、卢肇钧、高架清、陈祖煜、项海帆、葛耀君、白云、冯大斌、刘维宁等著名专家就曾长期出任国际桥协、国际土协和国际隧协、国际混凝土协会的常委或执委；何广乾、项海帆、葛耀君曾被推选为国际预协和国际桥协副主席；彭芳乐曾担任国际地下空间联合研究中心的副主席；程庆国、蓝天、刘西拉等几位专家被推荐为国际组织中专业组的委员；严金秀当前担任国际隧协主席，葛耀君当前担任国际桥协主席，李雅兰当前担任国际燃气联盟主席。

　　学会已加入的国际学术组织的时间和名称是：

　　1956年，国际桥梁与结构工程协会(IABSE)。

　　1957年，国际土力学及基础工程协会(ISSMFE)，现更名为国际土力学及岩土工程协会(ISSMGE)。

　　1979年，国际隧道与地下空间协会(ITA)。

　　1980年，国际预应力协会(FIP),现改称国际结构混凝土协会(FIB)。

　　1986年，国际燃气联盟(IGU)。

　　2000年，国际公共交通联合会(UITP)。

　　2007年，国际地下空间联合研究中心(ACUUS)。

1. 国际桥梁与结构工程协会

国际桥梁与结构工程协会成立于1929年，总部设在瑞士苏黎世。IABSE是桥梁与结构工程领域的综合性国际学术性组织，也是桥梁与结构工程领域最大的国际学术性组织。IABSE的会员由各主权国家的代表性学术组织组成，称为会员国。IABSE目前有90多个会员国。国际桥协每年召开一次学术讨论会，每四年举行一次学术大会。茅以升理事长分别于1960年和1976年出席第六届和第十届大会。1987年李国豪理事长获国际桥协"国际桥梁及结构工程奖"，这是每年对一位有重要贡献的学者给予的特殊荣誉。该协会主席、副主席等领导人曾4次(1979~1985年)访问我国。2004年我会谭庆琏理事长率团访问该会。2004年9月，我会在上海承办了国际桥协学术大会。这也是该协会成立75年来首次在中国举行学术大会。500多位国外代表出席大会。征集到52个国家和地区的509篇论文，出版有231篇论文的英文论文集。2013年5月葛耀君教授代表中国团组出席荷兰鹿特丹召开的"2013年国际桥协年会"。

IABSE设置主席1名、副主席11名，均由各会员国代表推荐的专家竞选产生，而且来自不同的国家。主席和副主席任期均为3年，可以连任一届。IABSE每年举办国际隧道大会和会员国大会，每年换届选举三分之一的副主席职务。

学会桥梁及结构工程分会常务副理事长葛耀君教授曾任该组织副主席(任期至2018年)，代表学会参加每年两次的国际桥协理事会议及国际学术活动。在此之前，学会桥梁及结构工程分会理事长项海帆院士也曾担任国际桥协副主席职位。在2012年9月19日，第18届国际桥梁与结构工程协会轮值大会授予项海帆院士国际结构工程终身成就奖。

2018年在法国南特市举办的第四十届国际桥梁与结构工程协会(IABSE)年会，会上分会葛耀君理事长当选国际桥协主席，成为该协会近90年历史上首位担任主席职务的中国学者。

当前，国际桥协主席职务首次由中国学者、同济大学葛耀君教授担任（任期为2019年11月至2022年11月）。中国团组主席目前为同济大学孙利民教授，副主席为同济大学徐栋教授，秘书长为同济大学夏烨博士。

2022年9月，第25届全国桥梁学术会议暨IASBE 2022年大会将在南京举行。

2. 国际土力学及基础工程协会

国际土力学及基础工程协会，现更名为国际土力学及岩土工程学会，总部设在英国伦敦，由太沙基教授创立于1936年，现在每四年举行一次国际学术大会。学术大会论文需经会员国学会的推荐才被录用。

我国于1957年加入该协会组织，成为会员国之一。学会土力学及基础工程分会两届理事长卢肇钧、周镜研究员曾担任国际土协的执委，组织专家并推选优秀论文参加了该协会召开的历届学术大会。

1988年8月，学会和国际土协共同在北京举办国际区域性土工程问题学术讨论会。国际土协主席布鲁姆教授、副主席兼亚洲土协主席维斯曼教授、秘书长帕雷博士，以及18个国家和地区的60位外宾和150位中国专家出席会议。会议出版了英文论文集，共收入论文130篇。由学会推荐，中国科学院陈祖煜院士曾担任该协会副主席一职。

2017年4月2日至7日，中国土木工程学会工程风险与保险研究分会理事长黄宏伟教授赴巴西圣保罗参加由国际土力学与基础工程学会（ISSMGE）下属软土地下施工分会TC204主办的第九届国际软土地下工程大会。大会于4月4日在圣保罗国际会议中心举行，国际隧道协会（ITA）主席、巴西圣保罗大学教授、国际土力学与基础工程学会（ISSMGE）副主席、TC204主席亚当，巴西隧道协会主席以及全世界各地代表200余人参加了此次会议。4月6日，黄宏伟教授分别作了"Assessment of train-load-induced ground and tunnel settlement with the effect of leakage"和"Numerical Analysis of Large-sectional Pipe Arch Aided Tunneling"两场学术报告，引起参会代表的热烈讨论。

3. 国际隧道与地下空间协会

国际隧道协会成立于1974年，总部设在瑞士洛桑，是隧道与地下工程专业的国际组织。

学会隧道及地下工程分会高架清理事长于1984~1990年当选该协会执委；学会多次派团出席该协会的会员国大会、年会和执委会。

ITA是隧道与地下工程领域的综合性国际学术性组织，也是隧道与地下工程领域最大的国际学术性组织。ITA的会员由各主权国家的代表性学术组织组成，称为会员国。ITA目前有80多个会员国。会员国具有投票权和选举权。ITA设置主席1名、副主席9名，均由各会员国代表推荐的专家竞选产生，而且来自不同的国家。主席和副主席任期均为3年，不能连任。ITA每年举办国际隧道大会和会员国大会，每年换届选举1/3的副主席职务。我会专家在任职副主席期间，积极参与了ITA举办的各项重大活动，并与广大的会员国代表进行了深入的交流和沟通，参与了ITA的相关组织管理，产生了积极的影响，并具有一定的知名度；我会也与众多会员国的学术组织建立了联系并开展了友好往来；我国隧道与地下工程领域的建设成就也引起了国际隧道与地下工程领域的高度重视，具有很大的影响力。

国际隧协曾两次在中国举办学术大会。

1984年10月22日至25日，国际隧协与学会联合在北京举办国际隧道与地下工程学术讨论会。有来自12个国家的71名专家出席会议，其中包括国际隧协主席杰克·莱姆利（美国）、前主席哥诺等。中国科协主席周培源、副主席王顺桐，学会副理事长、建设部副部长肖桐出席了开幕式。国务委员方毅会见了出席会议的国际隧协领导人和全体执委。

1990年9月，在四川成都举办了国际隧道协会第16届年会暨隧道与地下工程国际学术报告会，同时召开了会员国大会和执委会议。本届年会及报告会的主题是"隧道与地下工程的现状和未来"。参加这次会议的共有28个国家和地区的170位外宾和中国的310位专家学者。国际隧协主席柯克兰德出席了会议。会议共收到论文200余篇，出版了3卷英文论文集。

2002年国际隧协执行理事会在上海召开。学会理事长谭庆琏会见了全体理事，并就交流合作事宜交换了意见。受学会之邀，国际隧协的主席或秘书长多次参加由学会主办的城市轨道交通国际展览和国际学术会议。

2017年6月，我会成员赴挪威卑尔根参与主题为"地面挑战，地下解决问题"的2017年世界隧道大会。

2019年5月3~9日，2019世界隧道大会暨国际隧道与地下空间协会（ITA）第45届会员国大会在意大利那不勒斯召开，学会隧道及地下工程分会副理事长严金秀成功当选ITA主席。

经国务院批准，我会向国际隧道与地下空间协会正式提出申办2024年世界隧道大会的申请。2021年6月30日晚国际隧道与地下空间协会召开了第47届会员国大会，经过全体78个会员国投票选举，我会成功获得2024年世界隧道大会承办权。按照计划，2024年世界隧道大会将于2024年4月19日至25日在我国广东省深圳市召开。

4. 国际预应力协会（现改称为国际结构混凝土协会）

国际预应力协会，是为增进世界各国间的合作，发展预应力混凝土技术的国际学术组织，成立于1950年，总部设在瑞士洛桑，现有44个会员国。每年召开一次学术讨论会，每四年召开一次国际预应力学术大会，每年或不定期召开专门学术委员会议。

1991年9月3日至6日，国际预协与学会联合在北京举办国际预应力混凝土现代应用学术讨论会。来自24个国家和中国香港地区的93位专家，以及中国内地的150位专家出席会议。会议由国际预协主席华尔特教授和副主席何广乾研究员共同主持。建设部部长侯捷、中国科协副主席张存浩等出席开幕式并讲话。会议征集论文200余篇，其中127篇编入会议英文论文集。在会议开幕式上，华尔特教授代表国际预协将"国际预应力协会奖章"授予中国的何广乾研究员，以表彰他们为国际预协工作作出的贡献。

1994年、1998年学会还组团分别参加在美国、荷兰召开的国际预协第12次和第13次大会。在1998年5月国际预应力协会第13届大会上，宣布欧洲混凝土委员会(CEB)与国际预应力协会合并，成立国际结构混凝土协会(FIB)。

5. 国际燃气联盟

国际燃气联盟（简称国际燃盟）成立于1931年，总部设在挪威奥斯陆，是国际燃气工业的民间学术组织。目前国际燃盟会员有80个国家和地区的燃气组织。

中国土木工程学会城市燃气分会以中国城市燃气学会的名义，于1986年加入国际燃盟成为其会员国之一。城市燃气分会的唐本善、王振华、于麟、赵涌曾任国际燃盟理事会理事，并每次派团出席国际燃气联盟大会和理事会。1989年国际燃盟在北京举行秋季理事会和专业委员会议。2005年，学会在天津承办了一次国际燃气联盟理事会议，得到多方好评。

2013年10月22日至25日，由国际燃气联盟主办、中国土木工程学会燃气分会（即中国燃气学会）承办、北京市燃气集团有限责任公司协办的2013年国际燃气联盟理事会议在北京召开，会议共有212名来自全球燃气领域的同行业者参加。本次会议召开了多个IGU内部各委员会的工作会议，10月24日理事会议共有来自81个国家的正式成员代表和38个全球大型燃气公司的准成员代表参加，会议就IGU 2012~2013年度的工作进行总结，并对2013~2014年度IGU的各项重要工作进行讨论和交流。本次IGU理事会议，得到了IGU主席、秘书长以及联盟代表的热烈赞赏和高度好评，增强了国内各大燃气企业的凝聚力，促进了我国燃气界与IGU及其他国际同行的联系，增进了彼此的了解，有助于今后开展更加广泛的国内外交流与合作，极大地提高了中国在IGU、全球燃气界的声望和地位。

2014年应国际燃气联盟邀请，燃气分会在中国天然气行业各个领域的会员中展开了积极的征询工作，经过访问和调查，正式推荐5名业内专家参加IGU工作组及项目委员会副主席的选举。

在2015年召开的IGU理事会议上，北京市燃气集团董事长李雅兰女士被任命为亚太区域协调官。

2016年，G20天然气日在能源部长会议期间举办，活动由国家能源局和国际燃气联盟（IGU）主办，北京市燃气集团牵头承办，并由中国土木工程学会城市燃气分会、中国城市燃气协会及壳牌等公司协助承办。北京燃气董事长李雅兰作为G20天然气日承办方和IGU亚洲及亚太地区区域协调官，受国家能源局和IGU的共同委托，为G20天然气日活动致闭幕词。

2016年10月17日至21日，由国际燃气联盟（IGU）主办、皇家荷兰天然气协会（Royal Dutch Gas Association-KVGN）承办的2017年IGU理事会议于在荷兰阿姆斯特丹中心瑞享酒店召开。应IGU及KVGN邀请，中国土木工程学会城市燃气分会参加本次理事会议并参观了位于阿姆斯特丹的壳牌公司实验室。在本次会议中，IGU主席对在北京举办的G20天然气日活动获得圆满成功再次表示感谢，主席大卫·卡罗尔向与会代表播放了北京G20天然气日的活动宣传片，他表示此举对于IGU来说不仅是与能源界政要的一次对接，更重要的是在能源领域重要舞台上发出了属于天然气和IGU的强有力声音。

2017年，中国土木工程学会城市燃气分会推荐专家李雅兰成功当选国际燃气联盟主席（任期为2021~2024年），北京竞选成为第29届世界燃气大会（WGC2024）承办地，李雅兰女士也是IGU历史上首位女性主席，本次成功竞选实现了中国参与全球能源治理的重大突破，中国人首次当选这个拥有86年历史的国际组织领导人，这也是学会城市燃气分会参加IGU 30余年中积极参与联盟事务取得的最重要成就。学会城市燃气分会也将继续努力，利用IGU平台，为扩大我国的国际影响力、促进中外能源行业的交流与融合作出更大贡献。

6.国际公共交通联合会

国际公共交通联合会是一个以世界各国公共交通企业为主的国际性学术组织，也是全球最具规模的公共交通运输组织之一。该会成立于1885年，总部设在比利时布鲁塞尔，现有50多个会员国，2000多名会员，按交通模式分为城市轨道交通分会、区间交通分会、区间及郊区轨道交通分会、轻轨分会、公共汽车分会和水上交通分会，每两年举办一次以"道路或轨道交通运输"为主题的世界性会议及展览。

中国土木工程学会城市公共交通分会代表中国于2000年7月13日加入国际公共

交通联合会。学会曾出席1999年5月的国际公共交通学术研讨会（加拿大）、2001年5月的专业会议（英国）。2002年11月国际公共交通联合会在上海召开亚太地区第三届大会暨城市公共交通展览会及国际城市轨道交通会议，该会议由学会公交分会承办。

学会公交分会充分运用国际公共交通联盟（UITP）的平台，开展了广泛的国际和港澳台地区合作和交流。2013年4月8日至15日，学会公交分会组织代表前往西班牙、希腊、葡萄牙的南欧城市进行交通考察，主要考察公交优先、运营管理、交通设施建设、公共交通综合体系建设等方面。2013年8月，公交分会组团赴南非、我国香港考察快速公共交通。2013年10月18日至23日，公交分会组织代表赴比利时参加世界客车博览会及一体化交通系统研讨会，考察了欧洲先进的综合交通系统。

UITP于2015年9月23日至25日在深圳市召开第15届UITP亚太年会。该年会主题是"智能城市：创新与可持续发展的公共交通"。公交分会作为UITP亚太区副主席单位，组织部分会员出席了本次年会。会员单位充分利用这次会议，与一些公共交通界的优秀同仁交流学习，并体验了深圳市的公共交通的发展。

2016年1月19日，公共交通国际联会(UITP)区域董事(Director of Regional Offices & Services)托尼·杜菲斯先生以及亚太办事处曾总监前往上海进行交流活动，与分会领导一起，共同探讨促进城市公共交通发展这一共同目标。

学会公交分会理事长卞百平、常务副理事长王秀宝曾先后担任过UITP亚太地区副主席。

7. 国际地下空间联合研究中心

国际地下空间联合研究中心是目前国际上从事地下空间领域学术研究的重要国际性非政府学术组织，起源于1983~1996年间由来自加拿大、法国、日本和美国的专家和学者自发组织围绕地下空间开发利用主题开展了一系列的国际学术会议。随着学术活动的规模和影响逐渐扩大，为进一步加强和推动国际地下空间开发领域的学术交流与合作，1996年秋在日本仙台成立了国际地下空间联合研究中心，1997年10月在加拿大蒙特利尔举行的第七届地下空间国际会议后正式成立秘书处，总部（秘书处）设在加拿大蒙特利尔城市学院。

ACUUS致力于世界地下空间方面的研究、交流和合作，促进世界各国、各地区和城市的地下空间开发，促进不同国家和地区的各级政府对地下空间开发的支持和投入。该组织覆盖多种学科，为规划、设计、建筑、工程技术、考古、环境和地质等方面的专家学者及从业人员搭建广泛交流和合作的平台，是唯一连续（每2~3年）召开地下空间学术会议的国际组织。ACUUS于1997年正式制订了组织章程，建立了合法的会员制度，吸纳各个国家或地区的组织以团体会员形式加入该组织。

在2007年希腊雅典ACUUS第十一届大会上，ACUUS理事会批准了将ACUUS秘书处迁至中国北京的动议。

2009年11月18日至19日，第12届国际地下空间联合研究中心年会在深圳举行，来自世界十余个国家专家学者围绕"建设地下空间使城市更美好"这一主题进行了深入的交流和探讨。会议期间举行了ACUUS理事会、ACUUS会员大会以及国际隧道与地下空间协会地下空间委员会（ITAUS）会议。在ACUUS理事会议上，决定下一届会议于2012年在新加坡举行。在ACUUS会员大会上钱七虎院士顺利续任ACUUS亚太区主任，清华大学副校长袁驷教授担任ACUUS秘书长。

自ACUUS成立以来，我国学者积极参加活动，历届ACUUS年会均有较多的中国学者参加。长期以来中国学者在ACUUS中发挥积极作用，分别于1988年、1999年和2009年在上海、西安和深圳承办该组织年会，并且在2018年11月再次在中国香港举行ACUUS年会。近年来，我国城市地下空间领域的学者在ACUUS组织中的活跃度及地位日渐提升，如钱七虎院士于2014年被授予会士（Fellow）称号，多位学者个人和机构在不同阶段进入ACUUS理事会和执行董事会。2016年经全体理事会选举，彭芳乐教授当选为该组织的执行董事会成员，并经执行董事会投票选举当选为该组织副主席一职（任期为2016~2018年），分管亚洲—太平洋地区（包括澳大利亚）事务。2018年经再次选举，彭芳乐教授连任该组织的副主席（任期为2018~2020年），表明近年来我国城市地下空间的发展以及科学研究水平得到了国际同行的进一步认可。

第三节　国际和港澳台地区合作

一、建立双边合作关系及交流活动

中国土木工程学会自1973年以来，先后与日本日中经济协会建设部会、日本国际建设技术协会、加拿大土木工程学会、美国土木工程师学会、法国国立路桥学校、英国土木工程师学会、英国结构工程师学会、巴基斯坦工程师学会、香港工程师学会、韩国土木工程师学会、日本土木学会等20多个学术团体建立或恢复了双边合作关系。学会通过与这些学术团体的合作，在土木工程各学科领域内广泛开展了多种方式的学术交流活动，包括联合举办国际会议、举行双边学术讨论会、参加对方召开的年会、组织专家学者考察、讲学和工程师进修，以及交换刊物、联合出版论文选集等。通过这些活动，学会在了解国际动态、学习先进技术、交流建设经验和研讨学科发展等方面取得了很多收获，为推动我国工程建设的发展与促进科技进步发挥了很好的作用。

1. 日本日中经济协会、日本国际建设技术协会

1972年中日邦交正常化推动了中日土木工程技术的交流活动。中国方面以中国土木工程学会为渠道，日本方面于1972年成立了日本日中土木技术交流协会(1977年9月8日该协会归入日中经济协会，定名为日中经济协会土木部会，1983年4月28日改称日中经济协会建设部会)。1973年5月，茅以升理事长率团访日，与原口中次郎会长签订了技术交流协议，有了双方合作的良好开端。自1984年起，双方每年各派出2个专业技术代表团到对方进行访问考察活动。其中在日方代表团中每年有一个专业技术代表团，轮流与中国交通部、水利部分别就公路建设、河川水坝建设的问题，以召开研讨会与实地考察相结合的形式进行系列性交流活动。这一协议一直顺利执行至今，长达20多年。其交流与合作领域包括：住宅建设及城市公共设施、铁道及道路桥梁、隧道及地下工程、高速公路及城市道路、水坝建设及河川管理、建筑物抗震及城市防灾、土力学及基础工程、混凝土应用技术、建筑标准化、施工技术及管理、工程管理以及建设工作管理等。

1996年4月，日方决定由日本国际建设技术协会接替日本日中经济协会，继续执行1973年与中国土木工程学会签订的日中土木工程建设交流协会项目。每年双方仍各自组织两个团组到对方进行技术考察。多年来，该协会项目一直进展顺利。2006年，学会与日本国际建设技术协会续签了五年的合作协议，增补了交流内容。

2. 加拿大土木工程学会

中国土木工程学会与加拿大土木工程学会自1982年建立科技交流合作关系以来，双方在土木工程科技领域进行了广泛和富有成效的交流活动。其内容包括学会领导人及专家互访与考察、参加对方召开的年会和国际学术会议、举办双边专题讨

论会、专家学者讲学和工程师工作进修等，为促进中加两国的科技发展与人才成长起着积极作用。中加两学会在开展学术交流与合作项目中分别得到中国建设部和加拿大政府国际开发署(CDA)的支持和财政上的资助，从而使两学会之间得以在互惠基础上进行良好的合作。

自1983年以来，中加学会领导人多次进行互访活动。我会领导人赵锡纯、李国豪、肖桐、谭庆琏先后率团出访，参加对方举行的年会和学术讨论会，制订交流项目计划，就合作事项进行会谈，并先后签订技术合作议定书和会谈纪要。

1985年6月12日，以莫札为团长的加拿大土木工程学会代表团一行8人访华，出席在杭州举行的第二届计算机应用国际会议，会后双方代表在北京进行会谈并签署了会谈纪要。加学会主席莫札代表加拿大土木工程学会分别授予学会名誉理事长茅以升、理事长李国豪"荣誉会员"证书，以赞颂他们为中加两学会的科技交流与合作所作出的贡献。

在联合举办国际会议和双边学术会议方面，中加学会分别在1985年6月（杭州）、1988年8月（温哥华）举办了第二届、第三届计算机在土木工程中应用国际会议；1989年5月和1990年5月先后在北京举办了中加近海工程学术讨论会和第三届发展中国家混凝土学术讨论会。在互派工程师进修方面，中方派出11名、加方派出3名相互在桥梁、结构、土力学与基础和计算机应用等方面工作进修。

1996年以来，中加两国土木工程学会成功地开展了关于土木工程可持续发展专题的交流活动。

2013年11月6日，加拿大土木工程学会高级副主席托尼·贝京先生、主管外事工作的副主席陈海铎博士、主管项目的副主席布莱恩·伯勒尔先生和分会会长陈兵教授访问我会，我会副理事长兼秘书长杨忠诚、副秘书长崔建友、混凝土分会冯大斌秘书长以及国际学术部等相关同志热情接待了加方代表。会议期间，双方讨论并确定了两会合作协议的修改、签订方式，明确了两会今后联系的负责人，落实双方今后互相寄送各自学会电子版的月刊简报，并对今后短期与长期的合作方向与内容进行了研究。会后，杨忠诚秘书长向托尼·贝京副主席一行赠送了学会纪念品及学会图集。

在2012~2016年期间，加拿大土木工程学会共7次拜访我会。2016年11月，加拿大土木工程学会负责国际事务的副主席一行3人访问我会，并热情邀请中国工程学会人员参加其2017年学会年会。

2017年5月30日至6月4日，中国土木工程学会代表团赴加拿大温哥华参加加拿大土木工程学会2017年年会，并访问加拿大土木工程学会及签署合作协议。

3. 美国土木工程师学会（ASCE）

1982年9月，中美两学会联合在北京举办中美桥梁与结构学术讨论会。这次会议是在中美建交后不久举行的，也是学会恢复活动、贯彻改革开放政策以后在国内举办较早、影响较大的一次国际学术会议，因而得到国内外专家学者的关注。到会代表共有260人，其中外国专家62人，交流论文112篇。

1985年6月，以肖桐副理事长为团长的中国土木工程学会代表团应邀访问美国土木工程师学会。中美两学会领导人就发展双边学术交流与合作问题进行了会谈，并草拟了一份合作协议书，内容包括：原则同意双方学会领导人互访，交换意见和商谈合作方面的执行计划；各自通报年会及大型专业会议的主要内容；欢迎双方选派专家学者参加以上学术交流活动；交换出版物；美方欢迎中方提供土木工程方面的论文，由美学会选编出版论文选集。

1986年5月，美国土木工程师学会主席罗伯特·贝、前任主席卡恩等12人的高级代表团应邀访问中国，并于5月30日在北京签订了两学会合作协议书。国务委员方毅、学会领导人茅以升、李国豪、肖桐会见了代表团。

为介绍和宣传我国土木工程建设的学术成就，经学会推荐，美学会从中国出版的《土木工程学报》《建筑结构学报》和《岩土工程学报》刊物中选用39篇论文，与学会合作出版了英文版《土力学与基础工程论文选集》(1987年)和《结构工程论文选集》(1989年)。

1991年9月，格威克教授、威尔森教授代表美国土木工程师学会出席了该会为中国赵州桥赠送"国际历史土木工程"纪念铜牌的揭幕仪式。

1993年以后学会多次组织专业考察团赴美考察，加强了双边互访活动。

2002年学会谭庆琏理事长率团访美，并出席了美国土木工程师学会150年会庆。

2006年10月，应美国土木工程师学会邀请，学会谭庆琏理事长率代表团一行5人出席了在美国芝加哥召开的美国土木工程师学会2006年会。

2007年6月，应学会邀请，美国土木工程师学会主席威廉·马库森一行7人来京进行交流访问，期间双方就两会合作交流事宜作进一步的探讨和协商，双方续签了双边合作协议(2007~2010年)。

2010年5月，美国土木工程师学会主席布莱恩·伦纳德教授率团访问我会并就

2025年土木工程未来展望签署合作协议。

2012年10月，经学会与美国土木工程学会协商，双方通过电子邮件方式续签了合作协议。

2014年5月16日至18日在上海交通大学举办的重大基建工程可持续发展国际会议（IC-SDCI 2014），由中国土木工程学会和美国土木工程师学会联合主办。该会议为与会者提供了一个与国内外专家学者交流设计、施工、运营等方面技术与经验的平台，极大促进了专业人士、学者、政府工程师和基建系统管理者之间的信息和知识交流。双方进行了友好交流并签署合作协议。

太沙基讲座（Terzaghi Lecture）是美国土木工程师协会岩土分会为纪念现代土力学奠基人太沙基博士（Karl Terzaghi）而设立的，始于1963年，每年举行一次。2015年，我会邀请2014年和2015年太沙基讲座和郎肯讲座的报告人在中国土木工程学会第十二届全国土力学及岩土工程学术大会的国际论坛上作特邀报告，由分会副理事长郑刚担任坛主，旨在为中国岩土工程界提供良好的交流平台。

2016年9月1日，第一届城市隧道可恢复性国际研讨会在美国华盛顿特区美国土木工程师协会总部举办。该会议由美国土木工程师协会资助，并获得了同济大学等三所高校的支持。

4. 法国国立路桥高等学校

法国国立路桥学校是法国土木工程的最高学府，建于1747年，也是法国土木工程学会的领导机构。

中国土木工程学会和法国国立路桥学校的合作关系是通过中法政府科技合作混合委员会执行计划自1983年开始建立起来的。根据执行计划，双方开展了一系列科技交流合作活动。

中国土木工程学会方面：1984年10月，土木工程科技考察团6人访法，考察土力学与基础工程和预应力混凝土技术；1986年10月，港口工程建设考察团5人访法，并出席法中港口工程建设学术讨论会；1988年10月，城市道路桥梁建设考察团5人访法，并出席法中城市道路桥梁的建设、管理与改造学术讨论会。

法国国立路桥学校方面：1983年11月，法方代表团6人访华，出席在北京举行的中法隧道及地下工程学术讨论会；1985年10月，法方代表团6人访华，出席在北京举行的中法预应力混凝土学术讨论会；1987年10月，法方代表团13人访华，出席在北京举行的中法港口工程建设学术讨论会。

1989年以后，中法政府科技合作混合委员会协作项目因故终止，学会与法方的交流协议也暂告一段落。

5. 英国土木工程师学会、英国结构工程师学会

（1）英国土木工程师学会

英国土木工程师学会建立于1820年，是一个历史悠久、规模很大、颇有权威的学术团体，总会办公人员200担负着英国土木工程师的注册资格考试任务。英国政府和土木工程界都非常重视该学会，并在财政上给予很大支持。

中国土木工程学会于1985年与英国土木工程师学会建立关系。当年9月，以巴特利特为团长的英国土木工程师学会代表团应邀访华，与学会讨论合作问题，并商定了合作内容：双方交换举办国际学术会议和专题学术会议的信息；定期交换刊物和出版物；每2~3年各派一个高级代表团进行互访考察活动，促进高级学者互访与讲学；交流工程师继续教育方面的经验；促进接纳中国工程师到英国工作培训。

1986年6月，该学会《今日建设》杂志编辑赖纳访华，采访中国土木工程建设的成就，此后在该刊物上作了许多报道，并开始增设用中文介绍英国建设工程成就的栏目或插页；此后双方开展了一系列互访考察活动。

2008年，学会与英国土木工程师学会续签了合作协议。2012年，学会与英国土木工程师学会续签了合作协议。

2021年，学会与英国土木工程师学会续签了合作协议。

（2）英国结构工程师学会

中国土木工程学会于1985年与英国结构工程师学会建立关系。当年4月，该学会主席帕特森访华期间访问了中国土木工程学会，双方商谈了建立科技交流合作关系的意向。1986年7月，学会秘书长李承刚率团访英，通过会谈，双方商定并签订了协议书。其主要内容为：隔年轮流互派代表团进行考察、参加对方举办的国际学术会议、交换出版物、交换讲学人员、交换青年工程师进行进修、聘请顾问等。此后，双方进行了一系列交流活动，交换学术刊物，邀请出席对方召开的学术会议等。

6. 香港工程师学会

香港工程师学会是个综合性的工程学术团体，其中土木分部是其主要专业领域之一。1991年我会代表访问香港，交换了双边合作意向。

1992年4月，以詹伯乐会长为团长的香港工程师学会高级代表团一行8人应邀来

京访问。学会和有关单位联合举办了"香港的建设现状及成就"学术报告会。代表团的专家们介绍了香港公路、铁路、港口、隧道、机场和环境工程建设的概况，并详细说明了香港新机场的建设计划。

1997年香港回归祖国以后，学会与香港工程师学会（土木部）的交流合作更为密切，合作项目显著增加。自1998年开始两会联合举办"青年土木工程冬（夏）令营"。1999年11月以许溶烈为团长的中国土木工程学会及詹天佑土木工程基金代表团访问了香港，并于2002年8月在北京联合召开21世纪土木工程可持续发展国际讨论会。

2012年12月，学会与香港土木工程师学会土木工程分部续签了合作协议。

2019年2月27日，我会成员在理事长郭允冲、秘书长李明安的带领下，拜访香港工程师学会总部。香港工程师学会副会长梁栢源、土木分部主席梁伟豪等进行了接待。本次会晤围绕新形势下如何更好地开展工作、如何进一步加强两地交流、如何更好地提升学会社会影响力等方面展开讨论，并深入交流了意见。此外，我会还与香港土木工程师学会土木工程分部续签了相关合作协议。

7. 韩国土木工程学会

中韩两会于1993年签署了合作协议，中国土木工程学会自此经常有代表团访问韩国土木工程学会，交换两国土木建设领域的信息。韩方每年都会邀请中国土木学会代表团参加韩国土木学会的年会，并在年会期间举行两会座谈会增进交流。

韩国土木学会一直向中国土木学会寄送出版物，主要是韩国土木学会的土木工程期刊（SCI收录）。2018年46%的论文是由中国工程师投稿的。该期刊还表彰奖励了许多中国作者，以认可其论文的质量、引用量和下载量。

2019年5月30日，韩国土木工程学会到访并与我会开展相关会议，韩方从联合召开基础交流活动、技术考察、交换出版物、理事长会面等方面提出交流合作并得到了我会的支持和欢迎。

此外，学会还同日本土木学会、巴基斯坦土木学会等有着友好的交流与合作。

8. 增进海峡两岸的交流与友谊

1992年7月21~23日，中国土木工程学会与台湾地工技术研究发展基金会在北京联合主办了地基基础技术交流会。这是自1949年以后海峡两岸土木工程界的首次合作，共有78位代表出席。来自中国台湾地区的18位专家介绍了台湾在深基础及地铁建设方面的技术成果，大陆专家报告了深基础工程的实践经验及其成就。

这一活动开启了两岸土木工程界交流的先河。1994年10月20~24日双方在西安组织召开了海峡两岸土力学及基础工程地工技术学术研讨会，260位代表参加，就土的性质、边坡稳定、深基础、地基处理和地下隧道等五个方面进行了深入的交流。建设部侯捷部长发去贺词。

之后，两会领导及专家多次参加两地的活动。学会许溶烈理事长、张雁秘书长、罗祥麟副秘书长曾先后访问台湾，台湾地工基金会和土木学会负责人以及土木工程专家也先后来大陆参加我会成立80周年庆典及其他有关活动。近年来，还定期召开两岸隧道工程交流会，联系更加密切。

随着两岸关系的改善，今后土木工程界的技术交流与友谊一定会进一步增强。

二、出访与接待的团组和专家

自从学会开展国际科技合作，加入七个国际学术组织并与二十多个学术团体建立合作关系以来，双方都积极开展了互访、考察、讲学、出席学术会议和年会等各种交流活动。2000年以后，学会的国际交流活动日趋频繁，派出团组和接待来访的数量明显增加。

三、签署合作协议

随着国际和港澳台地区合作的不断发展，为规范学会与有关国家和国际和港澳台地区学术组织的交流与合作，保证学术交流的质量，近年来，学会与港澳台地区及有关国家和国际学术组织相继签署了合作协议。

2003年，学会与日本国际建设技术协会商谈了续签协议和扩大交流等事宜。2004年，学会与日本国际建设技术协会就中日大城市交通的发展等问题进行了友好的会谈，双方约定在适当的时候召开中日大城市公共交通研讨会；与加拿大土木工程学会就如何恢复可持续发展课题的研究进行了探讨。2005年，学会和加拿大土木工程学会成立了土木工程可持续发展工作组。2006年，学会与蒙古土木工程师协会建立了联系；与日本地盘工学会签署了合作协议，与日本国际建设技术协会续签了五年的合作协议，并增补了交流内容；与英国土木工程师学会、美国土木工程师学会和加拿大土木工程学会就工程界可持续发展问题签署了议定书。2007年，学会与美国土木工程学会、日本国际建设技术协会、香港工程师学会续签了合作协议；与韩国隧道协会、越南土木工程学会签署了合作协议；与加拿大土木工程学会探讨和协商土木工程可持续发展交流合作，提出在全国高校推广土木工程可持续发展的教育课程。2008年，学会与英国土木工程师学会续签了合作协议；与日本国际建设技术协会签订了新的合作协议。2009年，学会与日本土木工程学会签订抗震减灾技术交流合作备忘录；土力学及岩土工程分会与美国土木工程师学会岩土分会签订合作协议；城市燃气分会与英国燃气专业学会签署合作备忘录。2010年，学会与美国土木工程师学会就2025年土木工程未来展望签署了合作协议。这些合作协议对促进我国与有关国家的双边交流与合作发挥重要的作用。2012年，学会和香港工程师学会、英国土木工程师学会、美国土木工程师学会续签了合作协议。2013年，学会与加拿大土木工程学会续签合作协议。2014年，在中国土木工程学会和美国土木工程师学会首次联合主办的国际学术会议重大基建工程可持续发展国际会议（IC-SDCI 2014）上双方签署了新的合作协议。2017年5月30日至6月4日，学会赴加拿大温哥华参加加拿大土木工程学会2017年年会，访问加拿大土木工程学会并签署合作协议。2019年，学会与香港工程师学会分会续签了相关合作协议。2021年，学会与英国土木工程师学会续签了合作协议。

第四节　国际奖推荐

10届理事会以来，随着学会国际交流活动的增加，为展示我国土木工程建设成果，加强与世界各国的技术交流与合作，充分发挥学会与多个国际组织建立了交流合作平台的优势，学会加强了推荐国内工程项目和专家学者申请国际奖项的活动。

2008年，学会推荐国家游泳中心（水立方）工程参与国际桥梁与结构工程协会(IABSE)"2010年杰出结构大奖"的评选并获奖，这是国际桥协2010年度唯一的结构工程类获奖项目。2009年，学会推荐上海卢浦大桥参加国际桥协"2009年杰出结构大奖"评选并获奖；推荐苏通大桥参加2009年国际结构混凝土协会(FB)"杰出结构奖"评选并获奖；推荐常州快速公交线项目参加公共交通国际联会(UITP)"国际推动公共交通贡献大奖"评选并获奖；推荐上海港外高桥港区集装箱码头建设工程、四川九寨黄龙机场高填方工程建设关键技术与应用、京杭运河杭州市区段改造工程、上海长江口深水航道治理工程等项目，参加世界工程组织联合会"Said Khoury优秀工程建设奖""Hassib J.Sabbagh优秀工程建设奖""美国土木工程可持续发展奖"等国际奖项的评选。2015年，隧道及地下工程分会向国际隧道与地下空间协会推荐了国际隧道与地下空间协会（ITA）工程奖候选项目。2015年11月19日在瑞士经过ITA的评选西南交通大学昝月稳教授获得了年度技术创新奖。2016年，学会向国际桥梁与结构工程协会推荐三个杰出设计大奖，来自同济大学、福州大学、华南理工大学的团队获得"年轻工程师大奖"，来自西南交通大学的陈小雨获得"年轻工程师贡献奖"。2016年4月7日，土力学及岩土工程分会向国际土力学及岩土工程学会提名浙江大学洪义博士为国际土力学及岩土工程学会杰出青年岩土工程师奖候选人。2017年3月洪义博士获得国际土力学及岩土工程学会杰出青年岩土工程师奖。2019年，学会推荐深圳平安大厦、港珠澳大桥申报2020年IABSE"杰出结构奖"项目。2021年，学会推荐国际隧道和地下工程协会（ITA）工程奖，并入围10项。

第六章

科普工作
及出版学术书刊

1912～2022

普及与提高相结合，在普及基础上提高，在提高指导下普及，这是我国发展科学技术的基本方针。因此，开展科学普及活动历来是学会的宗旨和重要工作内容之一。全国自然科学专门学会联合会与全国科普协会合并的中国科协"一大"，就把大力普及科技知识作为科协和学会的六项基本任务之一。在中国科协的统一领导下，学会历届理事会都设有科普工作委员会，研究安排学会的科普活动。

1963年三届二次常务理事会议专门讨论了学会科普工作，并推选夏行时、肖巽华担任科普工作委员会正、副主任。学会组织编写了科普小册子18种、普及资料8种、广播稿6篇；组织创作科普电影脚本一部。同年8月，学会向中国科协推荐"钢筋混凝土构件代替木材修建农村住宅"，将其列入1964年科普影片选题。当时地方学会开展的科普活动也十分活跃，有19个省级学会成立了科普小组。1964年科普工作委员会编印了《地基加固》科普小册子，并提出"城市污水的利用"作为科普影片的选题计划。1965年1月，中国科协普及部成立科普读物审查小组，其中土建专业组委托学会负责；同年，学会科普工作委员会与建工部设计局、浙江省工业设计院合作编写科普纪录片《盖新房》，由北京科影厂拍摄。

为了切实贯彻促进土木工程科技人才成长与提高的宗旨，1984年学会第四届理事会设立了教育工作委员会，在推动工程教育改革和课程研讨工作中开展了一系列活动，发挥了很好的作用。此外，在发挥学术团体的优势，开展工程继续教育和新技术培训方面，学会各级组织也作出了积极贡献。

学术期刊与书籍的编辑出版是学会的主要工作任务之一，同学术会议一样，是学会开展学术交流的主要方式与园地。无论是在中国工程师学会时期或是在中国土木工程学会时期，都是在创立组织之初就开始组织学术刊物的编辑出版工作，聘请优秀的专家组成编辑委员会或出版工作委员会。学会在期刊编辑工作中，坚持贯彻"百花齐放，百家争鸣"的方针，倡导发扬学术民主，开展学术讨论。

第一节　科学普及与青少年活动

一、出版科普宣传材料

为了配合国家"星火计划",支援农业建设,提高村镇建设质量,学会在建设部村镇建设司的支持下,于1990年编印出版了一套《村镇建设知识挂图》。这套以图为主的彩色挂图共8幅,形象地介绍了村镇规划、建筑设计与选材、地基与基础、墙体砌筑、混凝土构件制作与安装等房屋建造知识,以及道路、给水排水等基础设施知识,解决最基本、最常见的工程质量问题。这套科普挂图面向全国村镇共发行3万套,受到各地的欢迎。农村建筑的迅猛发展,给工程质量带来了一些新问题,这套科普材料的出版,适应了当时的需要,一些地区还结合这套材料举办了培训班。1998年我国遭受特大洪水灾害,为了支援灾区人民重建家园,学会与中国建筑工业出版社在上述挂图基础上组织修订,编印出版了第二版,印刷1万套,赠送重灾区各省市。中国科协和建设部村镇建设办公室对本项工作给予了大力支持。2008年5月12日,我国发生"汶川特大地震"后,为具体指导灾区重建及乡镇建设中工程技术工作,学会组织专家紧急编写了《村镇建设与灾后重建技术》一书,向参与灾后重建工作的建设单位赠送1000本。

近十年来,学会各分会结合时代发展出版了不少科普读物。在城市建设中公共交通飞速发展的背景下,中国土木工程学会城市公共交通分会出版了《节能与新能源公交500问》《公共汽车节能驾驶技术》《公共交通资讯精选100篇》等科普读物,介绍了公共交通驾驶员节能技术的做法和经验、公共交通行业的真实现状和对未来的行业发展的思考。

随着信息传播媒介的变化,新时代的科普宣传工作也并不局限于传统的纸质媒体。2020年5月虎门大桥桥面发生振动,2021年5月深圳赛格大厦发生有感振动后,学会桥梁及结构工程分会通过同济大学桥梁工程系微信公众号发布相关科普信息,进行了12次在线视频公益讲座,并发表了2篇科普论文,在线受众达5万余人次。该科普不仅澄清了舆论误区,更是理论结合实践,拓展了科普新方式。

二、组织青少年科普活动

在中国科协的领导与支持下,学会和地方学会、地方教育部门联合,自1985年至1992年在北京、秦皇岛、福州、青岛、西安、成都等地每年都举办土木工程青少年科技夏令营，开展热爱祖国、热爱科学、热爱土木工程事业的教育，普及土木建筑科学知识。

1990年7月，学会与中国建筑学会联合举办了全国青少年亚运工程科技夏令营，来自全国23个省份的125名学生参加了这次活动。通过参观亚运会工程，向青少年进行爱国主义教育和土建科学知识的普及。

1997年香港回归祖国后，为了增进香港与内地青年学生及工程师之间的联谊活动，1998年至2022年，学会与香港工程师学会（土木部）每一年都联合组织一期土建科技夏（冬）令营，一年在内地、一年在香港轮流举办。这项交流活动增进了两地青年的友谊和技术交流，深得两地青年的欢迎。

近十年，学会每年科普与培训活动安排大多在10次以上，包含科技创新讲坛、防震减灾科普宣传、城市灾害与风险管理科普活动、环保低碳科普活动、科普基地参观等，活动对象包括中小学生、本科生和社会人士等。科普活动社会反响热烈，受到广大学生的欢迎并收获家长的一致好评。科普活动普及了土木领域知识，激发了学生对科学的向往，推动了土木行业教育的发展。

第二节　教育改革与教学研讨

一、举办城乡建设刊授大学

随着农村改革的推进，农业生产、乡镇工业的迅速发展和农民生活水平的提高，农房和小城镇建设蓬勃发展，但专业人才严重缺乏。为了发挥学术团体的优势，开展科普及人才培训活动，1984年4月在城乡建设环境保护部的支持下，由中国建筑学会和中国土木工程学会联合创办了城乡建设刊授大学。戴念慈任校长，夏行时、张哲民任副校长。经过几年艰苦创业，辛勤耕耘，开辟多种渠道，组织各方面力量，编书育人，为基层单位培养了一批专业人才。1989年按照国家教委统一部署，"刊大"工作结束。

二、促进高等教育改革

众所周知，科学技术的发展取决于人才的成长，而人才的培养需要有高质量的教育。作为全国性的工程学术团体，学会历来把促进教育水平的提高作为一项重要的活动。早在中华工程师学会时期，1926年年会上就集合了全国工程及工业学校的代表，交流工程教育的经验，并组织工程教育研究会。茅以升提出的工业教育的研究，吴承洛提出的国内工科课程的比较及河海大学教授提出的提倡中文工程著述等，成为年会主要议案，参会人员进行了认真的研究与讨论。新中国成立以后，我国的教育事业有了突飞猛进的发展。中国土木工程学会一直把推动教育进步作为学会的重要工作之一。根据教育改革形势的需要，为了进一步加强这方面的工作，1984年学会第四届理事会议决定，专门设立了教育工作委员会。委员会成立以来组织了各种活动，工作卓有成效，受到了学校和教育主管部门的欢迎。

1. 定期召开高校土木系主任交流研讨会

1987年5月，学会教育工作委员会在武汉召开了有94所高校参加的土木系系主任座谈会。会上广泛交流了教学工作经验和教学资料，并就如何办好土建专业和提高教学质量问题向教育行政主管部门提出了咨询建议，充分发挥了学会跨部门的优势与作用。1990年10月，学会教育工作委员会在南京召开了第二届全国高校土木系主任工作研讨会，共有153所院校的178人参加，提交大会交流的报告90篇，展出图书教材资料176种。学会副理事长、建设部总工程师许溶烈，建设部教育司副司长秦兰仪及全国高校建筑工程专业指导委员会的委员参加了会议，中宣部副部长刘忠德应邀出席会议开幕式并讲话。这次会议的规模和内容都较第一届有所扩大，达到了预期的目的。与会者认为很有收益，为推动教育工作做了一件好事。根据各方面的要求，学会相继于1993年（天津）、1996年（郑州）、1999年（上海）、2002年（广州）、2004年（武汉）、2006年（成都）、2008年（南京）、2010年（长沙）、2012年（西安）、2014年（上海）、2016年（武汉）、2018年（广州）举办了第三届至第十四届全国高校土木工程学院（系）院长（系主任）教学研讨会，受到全国土建类高校的热烈欢迎，也得到了教育行政主管部门的关心与支持。此项活动每两年左右举办一次。自1987~2018年已举办14届。

第十二届至第十四届全国高校土木工程学院（系）院长（系主任）工作研讨会参与高校数超过200所，每届院长、系主任与特邀嘉宾等参会代表超过600人，三届共收到高校教师代表的教研论文330余篇。

学会相继于1999年（苏州）、2002年（武汉）、2006年（上海）、2008年（南京）、2010年（哈尔滨）、2012年（厦门）、2014年（深圳）、2016年（昆明）、2018年（西安）参与组织了9届全国高校工程管理专业（院长）系主任工作研讨会。

此外，学会教育工作委员会还于1986年10月在北京举办了职工高校工民建专业教学工作经验交流会，来自各省市职工大学的代表共60余人出席了会议。会上交流了职工大学办学现状、经验与问题，还就课程设置和教学环节进行了研讨。

2. 组织课程研讨活动

从1986年开始，在学会教育工作委员会的发起和支持下，先后组织了"钢筋混凝土结构"和"土力学地基基础"课程研讨会，1990年又接纳了"施工技术"和"建筑材料"两个课程研讨会。这是自愿联合的协作组织形式，在交流教学经验、加强校际联系等方面发挥着积极作用。这些研讨活动根据需要每两年左右组织一次。学会土力学及岩土工程分会每2~3年举办一次全国土力学教学研讨会，至今已成功举办6届；土力学及岩土工程分会同时举办的全国高校青年教师土力学公开课论坛，受到全国土力学及岩土工程学科教师的高度评价。此外，学会已成功举办了16届全国混凝土结构教学研讨会暨6届全国青年教师混凝土结构教学比赛，还定期组织全国土木工程教学课件竞赛等。

3. 评选高校土木类专业优秀毕业生奖

从1989年开始，学会教育工作委员会在全国高校土木类专业中开展了"中国土木工程学会高校优秀毕业生奖"的评选活动，每年评选一次。自2006年开始增加了工程管理类专业优秀毕业生的评选。1989~2021年共有813名应届毕业生获得表彰（其中土木工程专业学生632名、工程管理专业学生181名）。这一活动在青年学生中产生了较好影响，是学会加强学生工作的措施之一。

4. 组织学科竞赛与研究生学术论坛

学会在推进教育改革、促进土木领域教育发展的同时，各分会也积极举办多种学科竞赛，以培养土木学科学生的知识运用能力、创新能力和团队协作能力。学会教育工作委员会定期组织全国大学生工程结构大赛、全国高校土木工程研究生学术论坛等活动。近十年来，学会教育工作委员会和各分会共举办各类学科竞赛十余

场，参与学生近万人。下面列出学会总会与各分会近十年举办的学科竞赛（表6.1）

学会与各分会近十年举办的学科竞赛表 表6.1

举办时间	主办单位	竞赛名称	举办地点
2015年7月	中国土木工程学会土力学及岩土工程分会	第一届全国大学生岩土工程竞赛	上海
2017年7月	中国土木工程学会土力学及岩土工程分会	第二届全国大学生岩土工程竞赛	南京
2017年12月	中国土木工程学会轨道交通分会	第一届中国城市轨道交通科技创新创业大赛	北京
2018年11月	中国土木工程学会教育工作委员会	第一届全国大学生结构设计信息技术大赛	广州
2019年7月	中国土木工程学会土力学及岩土工程分会	第三届全国大学生岩土工程竞赛	天津
2019年10月	中国土木工程学会教育工作委员会	第二届全国大学生结构设计信息技术大赛	广州
2019年11月	中国土木工程学会轨道交通分会	第二届中国城市轨道交通科技创新创业大赛	北京
2020年10月	中国土木工程学会教育工作委员会	第三届全国大学生结构设计信息技术大赛	广州
2021年5月	中国土木工程学会轨道交通分会	第三届中国城市轨道交通科技创新创业大赛	北京
2021年10月	中国土木工程学会教育工作委员会	第四届全国大学生结构设计信息技术大赛	广州
2021年11月	中国土木工程学会土力学及岩土工程分会	第四届全国大学生岩土工程竞赛	西安+线上

截至2021年，全国土木工程研究生论坛已经成功举办了19届，全国风工程研究生会议已经成功举办了5届，全国研究生暑期学校成功举办了12届。2022年3月，中国土木工程学会桥梁及结构工程分会与华南理工大学于广州举办第二十届全国结构风工程学术会议暨第六届全国风工程研究生论坛。2022年7月，学会和东南大学将在南京举办2022年土木工程院士知名专家系列讲座暨第十三届全国研究生暑期学校。而第二十届全国土木工程研究生学术论坛也将于2022年9月由教育部学位管理与研究生教育司和中国土木工程学会教育工作委员会在沈阳举行。

三、开展继续教育与培训活动

多年来，学会和各分科学会、地方学会结合继续教育广泛开展了各种形式的技术培训与知识更新活动。1985~1987年学会技术咨询中心和北方交通大学土木系联合开办了建筑结构大专课程进修班，招收学员60名。根据学员来自基层单位生产第一线的特点，采取边工作、边教学的方式，其中50人圆满地完成了房屋建筑基本知识、工程力学、地基基础、钢筋混凝土结构、砖混结构、钢木结构等专业课程的学习任务，使入学前具有高中或中专文化程度的学员，经过培训后可从事中小型建筑结构的设计施工和基建管理工作。为推进工程建设管理科学化和工程招标投标工作的开展，1989年，学会分别在北京和扬州举办了两期工程承包与项目管理培训班，来自全国13个省市的200名专业技术人员与管理干部参加了学习培训。此后学会举办了地基处理新技术、污水处理技术、建筑防水技术等培训班，共有500多名科技人员参加。为了普及计算机应用知识，学会计算机应用分科学会先后举办各种讲座和培训班20余期，参加学习人数达1890人次；学会技术咨询中心举办技术讲座和预应力培训班10期，有600余人参加。此外，各地方学会举办村镇规划、农村建筑施工培训班、广播讲座共275期（1985~1988年），参加人员约7万人；出版农村建筑技术相关丛书、资料58种55万册，还组织了村镇规划和农房设计竞赛及技术下乡、下厂等多种形式的活动。

为推动我国土木工程前沿领域的发展，介绍和普及土木工程技术的最新研究动态及应用，同时为土木工程研究人员及技术人员搭建良好的学术交流平台，学会于2006年创办"土木工程院士、专家系列讲座"，系列讲座坚持面向科技工作者免费举办，每年不定期召开。学会与中国工程院土木水利与建筑工程学部、东南大学、清华大学、北京交通大学、北京工业大学、地方学会等单位联合组织"土木工程院士、专家系列讲座"。2006年至今，累计举办45期，邀请院士、专家521人次，受众10934人。其中2012年至今，举办15期，邀请院士、专家335人次，受众5384人。

2016年，学会招标投标研究分会编印了《全国建筑市场与招标投标行业从业人员培训教材》，包含了电子招标投标系统建设培训讲义、大数据培训讲义、建设工程招标投标法律法规汇编和建设工程招标投标合同管理等内容，可作为招标投标从业人员的培训参考资料。

学会城市公共交通分会在每年5月举办"5.20全国公交驾驶员关爱日"，至今已成功举办4届。此外，分会每年举办4次全国性的"公交大讲堂"系列科普活动，每两年举办一次的全国公交驾驶员节能技术大赛至今已成功举办6届。

2019年，为顺利开展全国大学生结构设计信息技术大赛，比赛组委会先后在深圳举办了3期"大赛指导老师培训班"面授课程，培训反响强烈，参与人数超过5000人，约100所高校的200余名教师参与。为服务更多师生，组委会又在青岛和南京增设了两期"大赛指导老师培训班"。

除国内活动外，学会多次邀请国外专家来华讲学。学会还积极推动香港和内地的夏令营技术交流，这对培训在职技术骨干学习先进技术与管理经验起到了积极作用。学会各分会也积极参与国际会议，多次派代表团参与国外举办的大型学术会议和技术展览。

第三节　学术书刊的编辑出版

一、《土木工程学报》

1953年中国土木工程学会重建并恢复活动后，即着手筹办学报。《土木工程学报》是中国土木工程学会主办的综合性学术刊物，创办于1954年3月，由郭沫若题写刊名。1958年由季刊改为双月刊，1959年改为月刊，1960年6月曾一度与《建筑学报》合刊，1962年3月起又恢复原刊名出版双月刊。1966年曾分为工程结构、土力学及地基基础、市政和道路工程三个专业分册出版。"文化大革命"期间停刊，1980年5月复刊（季刊）。1992年，由季刊改为双月刊。1997年起由铅排印刷改为激光照排胶印。1999年本刊由16开本改为大16开本。2000年被《中国学术期刊（光盘版）和（网络版）》全文收录。2003年改为月刊，并曾试行把学报分成综合版（6期）与专业分册（管理、交通、防灾减灾）出版。2004年又统一出版综合版月刊。2006年8月再次入选美国《工程索引》核心期刊。2007年创立学报理事会。2008年启用网上稿件采编系统软件，实现了作者在线投稿、实时查稿、专家在线审稿等流程，并成立《土木工程学报》杂志社有限公司。

《土木工程学报》以土木工程界中、高级工程技术人员为主要读者对象，主要报道土木工程各专业领域的发展综述，重大土木工程实录，建筑结构、桥梁结构、岩土力学及地基基础、隧道及地下结构、道路及交通工程、建设管理等专业在科研、设计方面的重要成果及发展状况，同时也刊登建筑材料、港口、水利、计算机应用、力学、防灾减灾等专业中与上述专业交叉或有密切联系的论文报告。作为我国土木工程领域唯一一本综合性的学术刊物，68年来，学报一直秉承着促进学术交流、推动科技发展、服务广大科技工作者的宗旨，认真办刊，稳步发展。1992年被评为"建设部好期刊"，1996年、1999年、2001年被评为"建设部优秀期刊"。获2000年度、2001年度、2002年度中国科协"基础性及高科技期刊专项经费资助"。被中国科学技术信息研究所评为2007年、2008年"中国百种杰出学术期刊"，2008年度、2011年度、2017年度"中国精品科技期刊"，2013年、2014年论文入选中国科学技术信息研究所"中国精品期刊顶尖学术论文"。2009年被评为"中国科协示范精品科技期刊"。2004年至2008年间获得第二届、第四届、第五届、第六届"中国科协期刊优秀论文奖"。2015年度荣获中国科协"精品科技期刊工程第四期（2015—2017）学术质量提升项目资助"。同年，被国家新闻出版广电总局推荐为百强报刊。2016年至2021年间论文入选第一届、第四届、第五届、第六届"中国科协精品科技论文遴选计划"。2013年度至2021年度连续9年荣获由《中国学术期刊（光盘版）》电子杂志社有限公司、清华大学图书馆、中国学术文献国际评价研究中心评选的"中国最具国际影响力学术期刊"。

至2021年，《土木工程学报》已被收录为北京大学工业技术类全国中文核心期刊、中国科技信息研究所中国科技核心期刊、中科院文献情报中心中国科学引文数据库（CSCD）核心期刊、武汉大学中国科学评价研究中心"RCCSE中国权威学术期刊"、Ei（美国工程索引）核心期刊、《中国学术期刊文摘（中文版）》源期刊、《中国学术期刊文摘（英文版）》源期刊和Scopus数据库期刊。

《土木工程学报》各届编委会情况：

第一届编委会（1954年3月~1957年1月）

主　任：蔡方荫　副主任：嵇　铨　汪胡桢

第二届编委会（1957年1月~1962年9月）

主　任：蔡方荫　副主任：刘良湛　花怡庚

第三届编委会（1962年9月~1966年9月）

主　任：蔡方荫　副主任：黎　亮　戴　竞　邓恩诚　汪　壁

第三届二次编委会（1980年5月~1986年，复刊以后）

主　任：戴　竞　副主任：卢肇钧　杜拱辰　梁武韬

主　编：戴　竞　副主编：尚　科

第四届编委会（1986~1989年）

主　任：周　镜

主　编：周　镜（兼）　副主编：卢荣俭

第五届编委会（1989~1997年）

主　任：周　镜

主　编：蒋协炳　周　镜　副主编：卢荣俭

第六届编委会（1997~2003年）

主　任：陈肇元　副主任：范立础　张　弥

主　编：陈肇元　江见鲸

第七届编委会（2003~2013年）

名誉主任：黄　卫

主　　任：徐培福

副主任：凤懋润　江见鲸　王　俊　袁　驷　张　琳　张　雁

名誉主编：陈肇元

主　　编：王　俊

副主编：陶学康　李光新　焦明辉

第八届编委会（2013~2021年）

主任委员：郭允冲

副主任委员：李永盛　王　俊　李明安

名誉委员：董石麟　林　皋　沈世钊　徐培福

主　　编：袁　驷

副主编：李广信　韩林海　焦明辉

第九届编委会（2021年至今）

主任委员：易　军

副主任委员：尚春明　王　俊　李明安

主　　编：袁　驷

副主编：韩林海　焦明辉

二、相关学术刊物

学会参与主办和学会分支机构编辑出版的各种相关学术刊物，如表6.2所示。

期刊名称	创刊时间	刊期	发行方式	主办单位	主管单位
《土木工程学报》	1954年	月刊	公开	中国土木工程学会	中华人民共和国住房和城乡建设部
《土木工程》	1956年2月~1959年6月	月刊	公开	中国土木工程学会	中华人民共和国住房和城乡建设部
《城市公共交通》	1989年（1995年改为公开发行）	月刊	公开	中国土木工程学会、北京公共交通控股（集团）有限公司	中国科学技术协会
《岩土工程学报》	1979年	月刊	公开	中国水利学会、中国土木工程学会、中国力学学会、中国建筑学会、中国水力发电工程学会、中国振动工程学会	水利部交通部国家能源局南京水利科学研究院
《建筑结构》	1971年	半月刊	公开	亚太建设科技信息研究院有限公司、中国土木工程学会	中国建设科技集团股份有限公司
《给水排水》	1964年	月刊	公开	亚太建设科技信息研究院有限公司、中国土木工程学会	中国建设科技集团股份有限公司
《施工技术》（中英文）	1958年	半月刊	公开	亚太建设科技信息研究院有限公司、中国建筑集团有限公司、中国土木工程学会	中国建设科技集团股份有限公司
《地震工程学报》	2013年	双月刊	公开	中国地震局兰州地震研究所、清华大学、中国地震学会、中国土木工程学会	中国地震局
《现代隧道技术》	1964年	双月	公开	中铁西南科学研究院有限公司、中国土木工程学会隧道及地下工程分会	中国铁路工程集团有限公司
《空间结构简讯》	1982年	季刊	内部	中国土木工程学会桥梁及结构工程分会	—
《建筑市场与招标投标》	1994年	双月	内部	中国土木工程学会建筑市场与招标投标研究分会	—
《住宅建筑的创新与发展》	2004年（2011年停刊）	年刊	内部	中国土木工程学会住宅工程指导工作委员会	—
《住宅信息》	2004年（2013年停刊）	月刊	内部	中国土木工程学会住宅工程指导工作委员会	—

期刊名称	创刊时间	刊期	发行方式	主办单位	主管单位
《隧道及地下工程》	1980年（2002年停刊）	季刊	内部	中国土木工程学会隧道及地下工程分会、铁道部科学研究院西南所	—
《预应力技术与工程应用》	1990年（2017年停刊）	季刊	内部	中国土木工程学会混凝土及预应力混凝土分会、中国建筑科学研究院有限公司结构所	—
《城市公共交通管理》	1989年（2005年停刊）	双月	内部	中国土木工程学会城市公交分会	—

三、编写出版专著

书籍专著是学会学术研究能力的重要体现。学会在不同时期均出版了大量的学术书刊，这些书刊种类广泛、内容翔实，能反映一个时期学会的工作重心。20世纪80年代至21世纪初，学会相继出版了《中国土木工程指南》（1991年定稿，1993年出版）、《土木工程名词》（1999年定稿，2006年出版）、《国计民生的基础设施》（2001年出版）等专著。随着我国经济建设的快速发展、土木工程技术长足的进步与科技形势发展的需要，这些书刊又被多次修订再版，深受行业科技工作者的欢迎。

21世纪前十年，学会组织广大专家编写了《2020年中国土木工程科学和技术发展研究》（2005年）和《工程建设技术发展研究报告》（2006年）等专著，全面系统地反映了当时我国在土木工程各领域所取得的进展和成就，对2020年的土木行业发展进行展望，并提出了发展目标、研究重点与政策措施。这些专著对指导我国当时土木工程技术发展具有重要意义。

近十年以来（2013年至今），除学会出版《中国土木工程学会史1912~2012》和各类土木工程发展报告外，各分支机构也结合学科优势与自身特色，出版了大量专著书刊，其中有代表性的书刊有招标投标研究分会出版的《工程招标代理行业现状调查及发展战略研究报告》和桥梁分会出版的《中国桥梁（2003-2013）》。

四、论文集

学术论文是学术交流活动的重要基础，它反映了一个时期某一学科的水平，也是一次学术会议质量的重要标志。因此，学会自1953年重建开始就十分注意征选优秀的论文，并在有条件的情况下编辑出版论文集。由于编印条件的限制，学会早期学术活动多以论文单行本进行交流；少数较大型的会议编印论文选集或会刊，如学会1956年和1962年学术年会以及一些专业会议就是如此。

随着学术活动的深化和印刷出版条件的改善，1980年以后，一些学术会议开始编印出版会议论文集。学会的年会以及分科学会和专业委员会的一些重点会议都做到了编印或出版会议论文集，基本上在会议前就编印完成，给学术交流带来很大方便，提高了交流的质量。

改革开放以后，国际学术交流增多，学会自1982年以来，在国内先后主办或受国际组织委托承办的国际学术讨论会，多数都组织编印英文版国际会议论文集。此外，学会还与美国土木工程师学会合作在美国出版了英文版《中国结构工程论文选集》《中国岩土工程论文选集》，扩大宣传了我国的学术成就，促进了国际交流工作。

近十年（2013年以来），学会平均每年举行70余次学术会议（2020年和2021年受疫情影响，学会举办的学术会议约40次）。近十年学术会议累计参会人数达16.24万人次，线上浏览次数约2081万次，共出版论文集200余本，收录论文1万余篇。

五、会讯及简报

1953年11月15日，学会一届四次常务理事会议讨论确定编印会讯，报道有关学术活动和会务情况。每年4期（8开），由秘书处分发各地分会。嵇铨担任会讯编委会主任委员。

1953年9月，一届二十二次常务理事会议决定创刊《土木工程》，1956年2月创刊，内容除技术介绍、译文、消息外还包括会讯。因此不单独编印会讯。1959年4月，中国土木工程学会与中国建筑学会在建工部内合署办公，两个学会开始合办一个统一的会讯，直至1966年"文化大革命"时停刊。

1978年学会恢复活动后，由学会秘书处出刊《中国土木工程学会简报》，1978年8月编出第一期，每年12期左右，截至2012年已连续编印364期。《中国土木工程学会简报》主要报道学会各级组织及地方学会开展国内外活动的情况、动态和信息，也是学会的"大事记"和学会秘书处报道会务活动的内部刊物。此外，一些专业分会和专业委员会（如空间结构委员会等）也定期编印"活动简报"，报道与交流信息。《中国土木工程学会简报》已于2016年停刊，截至停刊，连续编印395期。

第七章

表彰
及奖励活动

1912 ~ 2022

第一节　人才举荐

2003年12月，中共中央、国务院颁布了《关于进一步加强人才工作的决定》，明确提出了大力实施人才强国战略。特别强调，实施高层次人才培养工程，以提高创新能力和弘扬科学精神为核心，加快培养造就一批具有世界前沿水平的高级专家。学会八届理事会认真贯彻落实中央精神，充分发挥学会人才资源优势，不断创新人才工作机制，加强人才资源能力建设，努力开创土木工程领域人才辈出、人尽其才的新局面。

中国土木工程学会热烈响应国家的人才发展战略，充分发挥专家优势，聚才荐贤，大力挖掘和举荐优秀的工程项目和工程技术人才，推进高素质科技人才队伍建设，积极开展"院士""全国优秀科技工作者""中国青年科技奖"等一系列人才举荐工作。

一、院士

本着求实认真、严格公正的原则，学会积极开展院士推荐工作。近十年来，学会向中国科协共推荐中国工程院、中国科学院院士候选人达24人次，详细情况如表7.1所示。

学会向中国科协推荐中国工程院、中国科学院院士候选人情况总结（2012~2022）　表7.1

年份	中国工程院		中国科学院	
	人员	人数	人员	人数
2013	朱合华	1	—	0
2015	陈湘生、胡越、李引擎、洪开荣、朱合华、郑兴灿、周旭、薛继连（工程管理学部）	8	—	0
2017	葛耀君、张琨、朱忠义、刘卡丁、简炼（工程管理学部）	5	—	0
2019	程华、王安宝、张琨、方东平（工程管理学部）	4	—	0
2021	葛耀君、李爱群、张晋勋、胡少伟	4	韩林海、高玉峰	2
总计 24				

截至2022年，学会单独或与其他有关单位配合共向中国科协推荐的院士候选人中，

卢肇钧、孙钧、程庆国、钱七虎、钱易、杨秀敏、周丰峻、林俊德、范立础、郑颖人、张在明、陈祖煜、梁文灏、黄卫、缪昌文等15人入选中国工程院或中国科学院院士。

二、中国科协高层次人才库、土木工程人才库

2009年，学会向中国科协推荐了"中国科协高层次人才库"专家400余名，其中261名入选"中国科协高层次人才库"，是申报和入库最多的学会，获得"中国科协高层次人才库建设工作先进单位"称号。应有关单位委托，学会还向有关部门推荐了相关专家，如向"国家科技奖励评审专家库"推荐土木工程专业评审专家近百名；向中国科协推荐学科带头人84名、科技专家264名。2010年，学会还推荐了两位"中国科协项目咨询专家库"专家、两位"科协优秀科技宣传人物"。此外，学会还向住房和城乡建设部的有关专家库、评审委员会，以及有关部门、有关组织推荐各类专家近200人次。

设立"土木工程创新人才库"。为了进一步做好高层次人才培养与举荐工作、充分发挥学会平台作用，学会把在土木工程领域取得突出成绩的人才和科技骨干吸纳到学会组织中并重点关注和培养。2008年，学会常务理事会审议通过了建立"土木工程创新人才库"的提案。通过各分会、专业委员会、地方学会以及团体会员单位推荐和严格审核，确定了450多名专家入选"土木工程创新人才库"。创新人才库的建立，为学会发掘、凝聚、培养、举荐土木工程优秀人才奠定了坚实的组织基础。

三、全国优秀科技工作者

受中国科协委托，学会于2010年开始组织开展"全国优秀科技工作者"评选推荐工作。共有11人获奖，名单见表7.2。

经学会推荐入选"全国优秀科技工作者"名单 表7.2

年份	届别	人员	人数
2010	第四届	刘辉、吕西林、肖绪文、缪昌文	4
2012	第五届	聂建国、朱合华、李引擎、胡斌 （其中，聂建国获得"十佳全国优秀科技工作者提名奖"）	4
2016	第七届	葛耀君、洪开荣、郑刚	3
总计11			

四、中国青年科技奖

学会多次向中国科协推荐"中国青年科技奖"人选。截至2020年，共有7人获奖，名单见表7.3。

经学会推荐荣获"中国青年科技奖"名单　　　　表7.3

年份	届别	人员	人数
1991	第二届	任辉启	1
2007	第十届	刘加平	1
2013	第十三届	冉千平	1
2015	第十四届	翟长海	1
2017	第十五届	伊廷华	1
2019	第十六届	聂鑫、张冬梅	2
总计7			

五、光华工程科技奖

通过向中国科协推荐，光华工程科技奖共2人获奖。分别为清华大学聂建国院士获得第九届光华工程科技奖，中国建筑第三工程局有限公司张琨总工获得第十四届光华工程科技奖。

六、教育部青年科学奖

通过多次向教育部举荐，学会共有2人获奖，分别为2017年哈尔滨工业大学的邢德峰教授和2019年大连理工大学的伊廷华教授。

七、中国科协"青年人才托举工程"

2015年，中国科协实施了第一届"青年人才托举工程"。我会推荐的"青年托举人才"中有5名成功入选，分别是中国土木工程学会评选推荐的清华大学土木水利学院王睿、中国建筑设计院有限公司张鹏、兰州交通大学土木工程学院张戎令、总参工程兵科研三所汪维、清华大学环境学院魏才俊。

八、候选创新研究群体

学会多次向国家自然科学基金委员会推荐"候选创新研究群体"。截至当前，共有两个团队入选。哈尔滨工业大学任南琪院士团队、大连理工大学李宏男教授团队分别获得了国家自然科学基金委员会"创新研究群体"资助，资助金额分别为450万元与600万元。

第二节　奖励项目

对在工程建设和科学技术发展中有重要贡献的会员给予奖励,是学会的重要任务之一。早在中国工程师学会时期，就设有工程奖章等奖项，奖励在工程上有特殊贡献者。中国土木工程学会时期，开展了中国土木工程詹天佑奖评选表彰，优秀论文、高校土木系优秀毕业生和优秀工程项目等一系列评选活动。

一、中国土木工程詹天佑奖

中国土木工程詹天佑奖(简称詹天佑大奖)设立于1999年，由中国土木工程学会和北京詹天佑土木工程科学技术发展基金会共同组织开展，2000年3月经国家科技部首批核准（国科准字001号文），建设部将其认定为建设系统三个主要奖项之一（建办38号文）。该奖项旨在通过表彰奖励在科技创新与新技术应用中成绩显著的工程项目，积极营造创新环境，大力弘扬创新精神，从而推动我国土木工程科学技术的繁荣发展，提高我国土木工程科学技术的整体水平。为充分调动发挥广大科技工作者的创新热情与创造活力，鼓励参与工程建设的各方发挥各自优势、团结协作，自2008年起，詹天佑奖增设了"创新集体"评选。

詹天佑大奖评选充分体现创新性、先进性与权威性。创新性：获奖工程在规划、勘察、设计、施工及管理等技术方面应有显著的创造性和较高的科技含量。先进性：反映当今我国同类工程中的最高水平。权威性：与政府主管部门之间协同推荐与遴选。

詹天佑大奖评选范围包括：建筑工程（含高层建筑、大跨度公共建筑、工业建筑等）；桥梁工程（含铁路、公路及城市桥梁）；铁路工程；隧道及地下工程、岩土工程；

公路及场道工程；水利、水电工程；水运、港工及海洋工程；城市公共交通工程（含轨道交通工程）；市政工程（含给水排水、燃气热力工程等）；特种工程（含军工工程）。

詹天佑大奖评选表彰活动始终坚持"公开、公正、公平"的设奖原则，得到中国科学技术协会、科技部、住房和城乡建设部、交通运输部、水利部、中国国家铁路集团有限公司（原铁道部）等相关单位的共同支持与指导，设立了由各部委部长、总工、主管司局领导、院士、业内资深专家以及中国土木工程学会和北京詹天佑土木工程科学技术发展基金会的领导组成的"詹天佑奖评审委员会"和"詹天佑奖指导委员会"，共同参与、指导、监督奖项的评选工作。詹天佑大奖设立二十多年来，一直坚持高标准、严要求，宁缺毋滥，在业界的影响力与权威性与日俱增，得到社会各界的广泛关注和认可，已经成为我国土木工程领域科技创新的重要奖项。

目前，詹天佑大奖已先后完成19届评选（1999~2022年，19次），共有566项具有较高科技含量和代表性的工程建设项目获此殊荣（其中，香港和澳门地区先后有12项工程获奖，海外地区先后有11项工程获奖）。这些获奖工程反映了我国当前土木工程在规划、设计、施工、管理等技术方面的最高水平和最新科技创新与应用，有效激发了广大土木工程科技人员坚持科技创新的主动性、积极性，增强了科技人员的创新动力。

第一届詹天佑大奖于1999年新中国成立五十周年评选，并于当年10月在人民大会堂召开的国际科学与和平周大会上揭晓，中央领导向部分获奖单位代表颁发证书。第一届詹天佑奖颁奖大会于2000年5月30日至6月1日在浙江杭州隆重举行，来自全国建设、铁道、交通、冶金、水利、部队等工程建设系统的设计、施工、科研院所、大专院校的科技工作者，中国土木工程学会理事，詹天佑奖、优秀论文奖、优秀毕业生奖的获奖代表以及香港地区代表共300余人出席大会。时任建设部部长俞正声向大会发来贺信，交通部副部长李居昌、铁道部副部长蔡庆华和建设部总工姚兵、交通部总工凤懋润、铁道部总工王麟书以及李国豪院士、基金管委会许溶烈主席等有关领导到会，向21项获奖工程和86个参建单位代表颁发了詹天佑荣誉奖杯和奖牌。本届詹天佑奖也得到香港地区工程界的重视，香港土木工程署刘正光署长积极组织申报并率20人代表团参加颁奖大会。他们认为香港工程获奖是香港土木工程界的光荣，是内地对香港优秀成果的肯定。

第二届至第十八届詹天佑大奖颁奖大会先后在北京人民大会堂、国家大剧院、北京电视台新址、北京友谊宾馆、云南昆明、湖南长沙等地举行，来自科技部、住房和城乡建设部、交通运输部、水利部、中国工程院、中国科学技术协会、中国国家铁路集团有限公司、国家铁路局等单位领导，中国建筑集团有限公司、中国铁路工程集团有限公司、中国铁道建筑集团有限公司、中国交通建设集团有限公司等央企代表，清华大学、同济大学、天津大学、武汉大学、湖南大学等高校及科研院所代表，有关行业学会、协会、学会理事，学会分支机构代表，各省市土木建筑学会代表，历届中国土木工程詹天佑奖获奖单位代表，以及来自全国的土木工程科技工作者参加颁奖大会。中央电视台、中央人民广播电台、新华社、人民日报、光明日报、科技日报等中央媒体，中国建设报、人民铁道报、中国交通报、中国水利报等专业媒体，北京电视台、凤凰卫视、北京青年报以及获奖工程、获奖单位所在的地方媒体，人民网、搜狐网等大众网络传媒都先后对詹天佑奖颁奖大会和詹天佑奖获奖工程进行了宣传报道，极大提升了詹天佑奖的社会知名度。此外，通过组织召开获奖工程创新技术交流报告会、编辑出版获奖工程图集、编印发行获奖工程宣传邮册、在专业媒体和学会网站开辟詹天佑奖获奖工程介绍专栏等方式，广泛宣传詹天佑奖获奖工程创新成果，促进新技术的推广应用，为我国土木工程科学技术的繁荣发展作出努力。

二、工程荣誉奖章

中国工程师学会在1933年8月召开的第三届年会上决定：对于工程界在学术或事业上有特殊贡献者授予工程荣誉奖章，每年评选一人，于年会时颁奖。主要表彰在工程上有发明创新者，主持完成重大工程项目、解决重大技术难题者。1936年首次颁奖，这是当时工程界很有影响、很有权威的一项奖励。曾获此奖章者及其成果有：

1935年，侯德榜创办制碱工业，发表化工重要著述；

1936年，凌鸿勋完成陇海及粤汉铁路工程主要路段；

1941年，茅以升主持钱塘江大桥工程设计与施工；

1942年，孙越崎经营玉门油矿成绩显著；

1943年，支秉渊研制柴油机成绩显著；

1944年，曾养甫抗战期间主持修复机场；

1947年，朱光彩完成黄河花园口堵口工程。

三、高校土木工程优秀毕业生奖

为奖励优秀学生，中国工程师学会曾捐赠奖学金，先后有：1935年朱其清捐赠朱母奖学金；1936年杭州年会捐赠浙江大学工程奖学金、之江大学工程奖学金；

1939年昆明年会捐赠昆明大学工程奖学金；1940年茅以升等捐赠石渠奖学金；1941年为纪念中国工程师学会创建30周年，发起詹天佑工程奖学金（基金10万元），奖励100名各大专学校工程院系的学生。

为提高青年学生学术活动意识和对学术组织的认识，1989年中国土木工程学会设立了高校土木工程优秀毕业生奖，对在高校期间主修土木工程专业（包括工程管理专业）且品学兼优的优秀毕业生予以表彰奖励。该奖项由学会教育工作委员会负责组织开展评选工作，评选结果报学会批准，由学会颁发获奖证书、詹天佑基金会资助颁发奖金。该奖项每年评选一次，最初仅在工民建和结构工程专业进行评选，每次评选优秀毕业生20名左右，自2006年开始增加了工程管理专业，每次评选优秀毕业生30名左右。1989～2021年，共有813名应届毕业生获得表彰（其中土木工程专业学生632名，工程管理专业学生181名）。

四、优秀论文奖

中国工程师学会曾在1933年8月第三届年会上决定设立优秀论文奖，由每年年会评选出三篇优秀论文，分为一等奖（奖金100元）、二等奖（奖金50元）和三等奖（奖金30元）三种。1941年按土木、化工、电工、机械、矿冶、航空、一般工程七组评奖，每组评选三篇，并设荣誉提名奖。

为了鼓励土木工程学会会员及广大科技工作者在科学技术进步中的积极性和创造性，不断举荐优秀学术成果，1990年中国土木工程学会五届四次常务理事会议决定，自1991年起正式设立中国土木工程学会优秀论文奖，并通过了学术工作委员会提出的《中国土木工程学会优秀论文奖评选条例》。该项奖励每两年评选和颁发一次，每次评出20篇左右，分一、二、三等奖（奖金3000元、2000元、1000元）。申请该项奖的论文应是在评奖年度前两年内在学会及所属学术组织举办的学术会议上发表的论文，或在学会正式刊物上发表的论文，以及省级土建学会评选推荐的优秀论文。1991年至今每两年评选一次。截至2020年第十四届优秀论文奖评选结果公布，共有311篇优秀论文获奖，由北京詹天佑土木工程科学技术发展基金会颁发奖金。

五、詹天佑奖优秀住宅小区金奖

为营造普通百姓安居家园，引领中国住宅建设发展方向，从2004年开始，由学会住宅工程指导工作委员会负责组织开展了詹天佑奖住宅小区项目的遴选推荐工作，从入围项目中挑选1~2项参加詹天佑奖的评选，并对入围项目授予詹天佑奖优秀住宅小区金奖。詹天佑奖住宅小区金奖评选旨在促使我国普通住宅建设努力达到造价不高水平高、标准不高质量好、面积不大功能全、占地不多环境美的目标，努力营造普通百姓的宜居家园。自2004~2021年已先后完成18届评选，共有429个住宅小区获得表彰。在每届评选活动完成后都要组织召开获奖工程技术交流会，对获奖项目进行点评和技术交流。这项活动对我国住宅建设整体水平的提高以及住宅建设新技术、新材料、新工艺的应用发挥了积极的作用。

六、"百年百项杰出土木工程"推评活动

为隆重庆祝中国土木工程学会百年华诞以及中国近代工程建设技术先驱詹天佑先生诞辰150周年，继承和弘扬我国土木工程建设者爱国、创新、自力更生、艰苦奋斗的精神，展示我国土木工程建设成就，中国土木工程学会、北京詹天佑土木工程科学技术发展基金会在全国土木工程建设行业内组织开展了"百年百项杰出土木工程"（以下简称"百年百项"）推评活动。

"百年百项"推评活动于2010年8月1日正式启动，经铁道部、交通运输部、水利部、学会专业分会、地方学会等相关单位遴选推荐，截至2010年11月底，共受理申报项目231项。经初审推荐候选工程151项，于2011年2月1日至3月15日期间，学会与人民网合作，在人民网进行了公众网络投票活动，有524090人次参与了本次网络投票。根据公众投票结果，并经"百年百项杰出土木工程推评活动指导工作委员会"审核，决定授予京张铁路、钱塘江大桥、人民大会堂、南京长江大桥、长江三峡水利枢纽工程等105项工程"百年百项杰出土木工程"称号。

七、组织开展国家科学技术奖推荐申报工作

2008年经科技部批准，我会获得了国家科学技术奖推荐资格（是全国首批获此资格的学会）。经从詹天佑奖获奖工程中遴选，先后推荐九寨黄龙机场、苏通长江公路大桥、北京工业大学羽毛球馆、南京长江第二大桥等35个项目参加了2009~2019年度国家科学技术奖的评选，共有12个项目先后获得国家科技进步奖、国家技术发明奖、国家自然科学奖，详细信息见表7.4。

经学会推荐后成功获得国家科学技术奖项情况汇总　　　　　　　　　　　　　　表7.4

年份	项目名称	奖项类别	等级
2010	千米级斜拉桥结构体系、设计及施工控制关键技术	科技进步奖	一等奖
2011	大跨径桥梁钢桥面铺装成套关键技术及工程应用	科技进步奖	二等奖
2012	钉形双向搅拌桩和排水粉喷桩复合地基新技术与应用	技术发明奖	二等奖
2012	纤维增强复合材料的高性能化及结构性能提升关键技术与应用	科技进步奖	二等奖
2012	短线匹配法节段预制拼装体外预应力桥梁关键技术	科技进步奖	二等奖
2013	大型结构与土体接触面力学试验系统研制及应用	技术发明奖	一等奖
2013	软土深基坑工程安全与环境控制新技术及应用	科技进步奖	二等奖
2014	大掺量工业废渣混凝土高性能化活性激发与协同调制关键技术及应用	技术发明奖	二等奖
2015	深大长基坑安全精细控制与节约型基坑支护新技术及应用	科技进步奖	二等奖
2017	土木工程结构区域分布光纤传感与健康监测关键技术	技术发明奖	二等奖
2018	土地调查监测空地一体化技术开发与装备研制	科技进步奖	二等奖
2019	基于全寿命周期的钢管混凝土结构损伤机理及设计方法	自然科学奖	二等奖

第三节　表彰活动

　　1985年8月，学会四届二次常务理事会议作出关于对从事土木工程工作50周年的老专家进行表彰、发给荣誉证书的决定。决定指出：在我国规模宏大的土木工程建设事业中，老一辈的土木工程专家作出了巨大的、不可磨灭的贡献。他们从青年时代起，就抱定振兴土木工程事业、为中国人民造福的坚定信念，勤奋学习土木工程专业知识，有的还留学国外，吸收和学习外国土木工程先进技术。半个世纪来，他们历尽艰辛，积极为完成祖国的社会主义建设工作踏踏实实、埋头苦干；他们刻苦钻研，认真为发展土木工程科学技术勤勤恳恳、呕心沥血；他们辛勤耕耘，努力为加速培养土木工程的技术人才兢兢业业、诲人不倦。这些老专家都年事已高，仍依然为我国四化建设贡献余热，为中国土木工程事业继续费心劳神。有的在总结经验著书立说，把土木工程科学技术留传后代；有的在为重点工程决策贡献聪明才智；有的在为土木工程现代化建设积极提供咨询服务。他们的业绩将载入我国土木工程建设事业的史册，他们为土木工程建设事业战斗不息的精神，堪为后来者的楷模。

　　1987年7月8日，中国土木工程学会在北京饭店隆重举行庆贺会，表彰城乡建设、铁道、交通、冶金、水电等近20个部门从事土木工程工作50周年的300多位老专家。国务委员谷牧、全国人大常委会副委员长严济慈、全国政协副主席钱学森，以及各有关部门的领导人叶如棠部长、陈绳武书记、孙永福副部长、王展意副部长、储传亨副部长、周干崎副部长、子刚副部长、闫子祥副理事长等到会祝贺。全国政协副主席、中国土木工程学会名誉理事长茅以升，上海市政协主席、中国土木工程学会理事长李国豪，中国科协副主席张维，北京市人大常委会副主任陈明绍和近百名在北京的土木工程老专家都以受表彰者的身份出席了庆贺会，接受了荣誉证书。在庆贺会上，老专家们欢聚一堂，他们虽已古稀之年，却雄心犹存，一个个春风满面，互敬问候，共话建设大业。张维、陈明绍、陈志坚、周翼青等专家在会上即席讲话，他们回顾了中国土木工程学会和我国土木工程建设的历史与成就，兴奋地表示要继续为祖国的科学和教育事业贡献余热。"耕耘半世纪，硕果遍中华，老法当益壮，火红是晚霞"，谷牧同志的这一题词表达了对长期从事土木工程工作的老专家们的敬意和祝贺。严济慈、周培源、李锡铭、叶如棠等领导同志也为荣誉册题了词。此后，1988年又进行了第二次表彰活动（共350名）。

1988年，学会决定表彰优秀中青年土木工程科技工作者。从事设计、施工、科研、教学工作并做出突出成绩，社会、经济效益显著的80名中青年受到表彰，荣获荣誉证书。学会在每届代表大会期间还表彰各专业分会和地方学会推荐的优秀学会工作者。

2012年6月第九次全国会员代表大会上，对八届理事会期间学会工作先进集体和先进工作者进行了表彰，共有50个单位和81名个人分别获得了中国土木工程学会"先进集体"和"先进工作者"的荣誉称号。

第四节 纪念庆典

一、历史纪念日

1. 学会创建日（1912年1月1日）

辛亥革命成功后，中国最早的工程学术团体中国工程师学会的前身——中华工程师会、中华工程会、路工同人共济会先后于1912年创立。为此，中国工程师学会于1931年8月27日在南京举行成立大会时决议，以我国最初建立工程师团体之1912年1月1日为创建日。1992年3月，中国土木工程学会第五届第七次常务理事会议决议，以土木工程技术人员为主体的中国工程师学会的创始年——1912年，定为中国土木工程学会的创始年。

2. 统一日（8月27日）

中国工程学会与中华工程师学会联合年会于1931年8月27日在南京举行，正式合并为中国工程师学会，并将是日定为"统一日"。

3. 工程师节（6月6日）

1930年中华工程师学会在成都召开年会，年会决议，以我国古代伟大工程事业的创建者大禹的诞辰6月6日为工程师节，并呈报当时政府备案。每年是日全国举行庆祝。1931年各地的庆祝活动均由中华工程师学会各地分会主持，有的分会编印了纪念特刊，其活动盛况不亚于教师节。1950年以后这一活动未再继续。

4. 重建日（9月20日）

1953年9月20日，中国土木工程学会在北京召开第一次全国会员代表大会。决定这一天为学会"重建日"。

二、会庆

1. 学会80年大庆

1993年5月25日，中国土木工程学会在北京举行庆祝建会80周年大会。时任中共中央政治局候补委员、书记处书记温家宝出席大会开幕式并发表重要讲话；中国科协名誉主席严济慈、主席朱光亚，建设部李振东副部长、铁道部孙永福副部长、交通部李居昌副部长等领导人也应邀出席。学会理事、专家及科技工作者200余人参加了庆祝大会。编印了《中国土木工程学会八十周年纪念专集1912—1992》，全国政协副主席谷牧、国家科委主任宋健、中国科协主席朱光亚、建设部部长侯捷、铁道部部长韩杼滨、学会理事长李国豪等为纪念专集题词。

2. 学会90年大庆

在全国人民喜庆党的十六大召开之际，中国土木工程学会迎来了90华诞。全国人大常委会副委员长周光召、全国政协副主席朱光亚题词祝贺，建设部部长汪光焘、中国工程院院长徐匡迪、铁道部部长傅志寰致信祝贺。

庆典大会于2002年11月26日下午在北京友谊宾馆隆重举行。建设部部长汪光焘，中国土木工程学会名誉理事长、两院院士李国豪，中国科协副主席陆延昌，建设部原副部长、中国土木工程学会理事长谭庆琏，铁道部副部长、中国土木工程学会副理事长蔡庆华，交通部副部长、中国土木工程学会副理事长胡希捷，交通部前副部长、中国土木工程学会前副理事长李居昌，詹天佑土木工程科技发展基金管委会主席许溶烈等有关部门领导出席了庆典大会。

汪光焘部长、李国豪名誉理事长、陆延昌副主席、香港工程师学会会长刘正光博士、日本土木学会专务理事古木守清先生等在大会上发言，向大会表示热烈的祝贺。

中国土木工程学会理事长谭庆琏作了题为"继承学会优良传统，与时俱进，为实现中华民族伟大复兴而努力奋斗"的纪念讲话。

会上，向第二届詹天佑奖19项获奖工程及85个获奖单位颁发了詹天佑金像和奖牌；向第五届土木工程优秀论文奖作者及2002年度优秀高校土木工程毕业生获奖者颁发了证书。

庆典大会开得隆重热烈，各地方学会、专业分会、团体会员单位的代表，中国科协工程学会联合会、中国建筑学会、中国建筑业协会等兄弟学会代表，以及有关部门的专家学者、学会理事、大专院校学生等近千人参加了大会。

三、百年学会展

2021年9月25日下午，"与党同心 百年同行"全国学会访谈录活动在京举行。中国科协党组书记、分管日常工作副主席、书记处第一书记张玉卓出席活动并致辞。党史学习教育中央第二十五指导组组长段余应，民政部党组成员、副部长詹成付，中国科协党组成员、书记处书记吕昭平以及全国学会有关负责人、老中青科技工作者代表100余人出席活动。活动期间还举办"百年学会展"，中国地理学会、中国心理学会等9家百年学会的理事长及有关负责人向观展人员讲解学会在党的领导下创新奉献、自立自强的发展历程。活动由中国科协主办，中国科协科学技术创新部、科学技术传播中心承办，中国地理学会、中国心理学会、中国土木工程学会、中国农学会、中国林学会、中华医学会、中国药学会、中华护理学会、中国解剖学会协办。

四、纪念学会创始人詹天佑、茅以升先生

（1）1922年4月24日，詹天佑逝世三周年之际，在北平青龙桥建立詹天佑铜像并举行揭幕仪式。中华工程师学会同时在北平召开第十届年会，以志纪念。

（2）1959年4月24日，首都工程技术界在人民剧场举行盛大集会，隆重纪念我国

杰出的工程师、中国工程师学会创始人詹天佑逝世40周年。这次纪念活动由中国土木工程学会和中国建筑学会联合举办，茅以升、梁思成等11人组成筹委会。首都工程技术界和铁道、交通、建筑系统等有关部门的代表1300余人参加了纪念会。中国土木工程学会副理事长王明之、蔡方荫、赵祖康、陶述曾，中国建筑学会副理事长杨春茂、杨廷宝与秘书长汪季琦，北京土木工程学会理事长吴柳生，以及詹在佑先生家属、亲戚、生前友好应邀出席纪念会。中国科协主席李四光作纪念报告，中国土木工程学会理事长茅以升介绍詹天佑生平事迹。各界代表还为詹天佑先生扫墓并敬献花圈。

（3）纪念詹天佑诞辰135周年。詹天佑诞辰135周年座谈会于1996年12月20日在北京中国科学技术会堂举行。建设部部长侯捷为纪念会题词："工程师的先驱，建设者的楷模"。中国科协副主席刘恕、建设部科技委主任储传亨、詹天佑土木工程基金管委会委员，以及建设、铁道、交通、高校、北京市等土木工程界的代表和詹天佑亲属詹同济等40人出席了座谈会。座谈会由中国土木工程学会理事长、詹天佑土木工程基金管委会主席许溶烈作主题讲话,建设部总工程师姚兵、铁道部科学研究院程庆国院士、中国建筑科学研究院李承刚研究员、交通部公路规划设计院院长庞俊达、清华大学土木系主任刘西拉等先后发言。

（4）2001年4月26日是詹天佑诞辰140周年。中国土木工程学会与詹天佑土木工程基金管委会在《中国建设报》主办了纪念特刊。建设部俞正声部长，中国科协副主席张玉台，学会名誉理事长李国豪院士、副理事长蔡庆华、副理事长李居昌、常务副理事长姚兵，詹天佑土木工程基金管委会主席许溶烈等在特刊上发表纪念文章。4月27日，学会与詹天佑土木工程基金管委会在北京科技会堂举行纪念座谈。基金管委会主席许溶烈以及建设、铁道、交通系统的专家和香港工程师学会副会长刘正光、香港建造商会会长黄永灏等土木工程界人士出席并讲话，共同缅怀詹天佑先生为我国工程建设的崛起和我国工程学术团体的创立作出的伟大业绩。27日下午，出席詹天佑土木工程基金管委会会议的专家以及学会各专业分会和学会秘书处的代表，前往八达岭詹天佑纪念馆和青龙桥詹天佑墓地拜祭，敬献了花篮，并参观了纪念馆。

（5）纪念学会创建者詹天佑先生诞辰150周年。2011年4月26日，詹天佑科学技术发展基金会、中国土木工程学会、欧美同学会在北京人民大会堂联合举办座谈会，纪念詹天佑先生诞辰150周年。全国人大常委会副委员长韩启德，中国科协常务副主席、书记处第一书记邓楠，住房和城乡建设部副部长郭允冲，中国土木工程学会理事长、原建设部副部长谭庆琏等出席并讲话。座谈会由铁道部原副部长、詹天佑科学技术发展基金会理事长蔡庆华主持。交通运输部、欧美同学会、中国土木工程学会、詹天佑科学技术发展基金会的有关负责人发言；中国工程院部分院士、有关高校以及各地詹天佑纪念馆的相关负责人、詹天佑家乡及亲属代表参加了座谈。

（6）1986年1月6日，学会第一、二、三届理事长,第四、五届名誉理事长茅以升从事科研、教育、科普工作65周年及90寿辰庆贺会于全国政协礼堂举行。国务委员方毅出席并讲话，邓颖超、康克清向茅以升送了花篮。中国土木工程学会副理事长肖桐及秘书长李承刚参加了庆贺会并代表学会致贺词。

1996年和2006年分别在中国土木工程学会年会上举行了茅以升理事长诞辰100周年和110周年纪念仪式。

（7）纪念钱塘江大桥建成70周年。钱塘江大桥是茅以升先生在20世纪30年代主持设计和建造的中国第一座铁路、公路两用现代化大桥，它打破了外国人垄断中国大型桥梁建设的历史，它诞生于抗日烽火之中，它在中华民族抗击外来侵略者的斗争中书写了可歌可泣的一页，它不愧为我国桥梁建筑史上的一座历史丰碑，它更是培养我国桥梁工程师的摇篮。80余年来，钱塘江大桥使沪杭与浙赣两条铁路相互连接，为我国的交通事业发展和经济繁荣作出了不朽的贡献。2007年9月26日，是钱塘江大桥通车70周年的纪念日，以"传承桥梁民族精神"为口号的万人接力长跑活动在茅以升先生铜像至钱江四桥的堤坝沿岸举行。9月26日下午，纪念钱塘江大桥通车70周年大会在浙江省人民大会堂举行。九三学社中央副主席、全国政协常委邵鸿，铁道部原副部长、中国工程院院士孙永福，建设部副部长黄卫，建设部原副部长、中国土木工程学会理事长谭庆琏，广电部原副部长、全国政协委员何栋材，交通部总工程师、全国政协委员周海涛，浙江省副省长陈加元，杭州市副市长佟桂莉等领导出席了大会。参加大会的还有铁道部、交通部、建设部、浙江省人民政府、杭州市人民政府及其所属单位的领导，上海铁路局、北京茅以升科技教育基金会所属单位的领导和科技人员，武警杭州市支队，茅以升先生家乡的代表以及杭州市有关单位共500余人。9月27日上午，由中国工程院、上海铁路局、中国土木工程学会和北京茅以升科技教育基金会举办的"纪念钱塘江大桥通车70周年学术交流会"成功举行。与会代表包括：交通部、铁道部、建设部的相关领导，浙江省、杭州市的相关领导，桥梁界院士及专家学者等。本次学术交流会以交流成果、总结经验、积极推进桥梁事业为目的，就我国桥梁规划、设计、建造、维修与加固等方面的研究和应用进行了广泛的学术交流。会上，陈厚群、范立础、周福霖等多位院士及专家作了主题报告。

（8）纪念詹天佑诞辰160周年。2021年4月26日是詹天佑先生诞辰160周年纪念日，为缅怀詹天佑先生对发展中国科技、土木工程和铁路事业作出的突出功绩，继承和弘扬他爱国、创新、自力更生、艰苦奋斗的精神，詹天佑科学技术发展基金会举办"纪念詹天佑先生诞辰160周年纪念座谈会"，我会尚春明副理事长参加座谈会并讲话。

大事记

1912 ~ 2022

这部大事记是由上百万人次群策群力、几千个活动成果铸成的历史记录。它反映了中国土木工程学会110年来在团结和带领广大土木工程界会员和科技工作者，为推动祖国建设事业的发展、提高土木工程的科技水平、攻克工程建设领域关键技术难题和促进人才成长等方面所付出的辛勤汗水和巨大贡献。我们翻阅历史、缅怀过去，是为了激励今天、展望未来。我们的将来，有待更多的有为之士谱写新的篇章。

这部大事记是根据国内和学会现存的历年档案、图书、文献资料和学会的会讯、简报、纪要等材料收集整理的。由于资料收集有限，只是梗概记载了学会和分会的主要活动，包括学会变迁、历届会员代表大会、理事会、常务理事会的重要决定、学术年会和重要学术会议、学会刊物以及国际交往活动等。此外，对新中国成立以前学会活动的历史文献收集有限，摘录内容较为粗浅，有待日后补充完善，不正之处敬请批评指正。

◉ 1912年

1月　詹天佑先生在广州约集工程界同行，创立中华工程师会，并担任会长，这是中国第一个工程学术团体。

同年，颜德庆、吴健在上海创立中华工学会，分别担任正副会长，会章效仿欧美学术团体；相继，徐文炯等又以铁路同人为主发起组成路工同人共济会。以上两个组织均推举詹天佑为名誉会长。

◉ 1913年

2月1日　中华工程师会、中华工学会、路工同人共济会领导在武汉召开联席会，做出三会合并的决议，并决定会址设在汉口。

8月　在汉口召开三会合并后的"中华工程师会"成立大会。公推詹天佑为会长，颜德庆、徐文炯为副会长。推选理事20人，有会员148人。

◉ 1914年

1月　《中华工程师会会报》创刊，截至1930年，共出版17卷。

11月　中华工程师会在北平举行第二届年会。会员有249人。

1915年

2月 中华工程师会北平分会成立。

7月 中华工程师会更名为中华工程师学会。实行总干事制。

9月 中华工程师学会在北平召开第三届年会。

1916年

7月 中华工程师学会总会由汉口迁至北平（石达子庙）办公。

10月 中华工程师学会在北平召开第四届年会。

1917年

10月 中华工程师学会在北平召开第五届年会。

10月25日 中国留美工程师及留学生在纽约发起筹备成立中国工程学会，并议定了组织委员会。

1918年

3月 留美中国工程师及留学生84人（土木32人、机械11人、化工12人、电机12人、矿冶17人）正式发起成立中国工程学会。选举陈体诚为会长，张贻志为副会长，李铿等6人为董事。

5月1日 中国工程学会在美国纽约召开第一次董事会。

7月 中华工程师学会会址迁至北平西单报子街76号新会所办公，分设编辑、调查、交际、演讲四科。

8月 中国工程学会在纽约康奈尔大学召开第一届年会。

10月 中华工程师学会在北平召开第六届年会。

1919年

4月24日 中华工程师学会会长詹天佑先生逝世，享年59岁。沈祺继任会长。

9月 中国工程学会在美国伦色利尔大学召开第二届年会。

10月 中华工程师学会在北平召开第七届年会。

11月 中国工程学会与中国科学社在美国创刊《中国工程学会会报》（年刊）。

1920年

8月　中国工程学会在美国召开第三届年会。决议设立美洲分会。

10月　中华工程师学会在北平召开第八届年会。

1921年

9月　中国工程学会在美国召开第四届年会。自此以后，总会活动开始移归国内，在上海、北平、天津等地成立了支会。

11月　中华工程师学会在北平召开第九届年会。会员已有498人。

1922年

4月24日　中华工程师学会在北平召开第十届年会，庆贺学会成立10周年，北平青龙桥詹天佑会长铜像揭幕。颜德庆任会长。

9月　中国工程学会在美国康奈尔大学召开第五届年会。

1923年

7月7日　中国工程学会在上海召开第六届年会，也是在国内举办的第一次年会。总会会址设在上海江西路。

10月　中华工程师学会在天津召开第十一届年会。据记载这也是最后一次举办大型年会（1923年以后还举行过一些年会，规模较小，资料不详）。

1924年

1月　《中国工程学会会刊》（会务报告）在上海创刊（第一期）。

7月　中国工程学会在上海召开第七届年会。

1925年

3月　中国工程学会创刊《工程杂志》。

9月　中国工程学会在杭州召开第八届年会。

1926年

8月　中国工程学会在北平召开第九届年会，以"研究工程教育"为主题，包括茅以升的"工业教育研究"、吴承洛的"国内工科课程之比较"等。全国许多工科院校代表出席。

1927年

9月　中国工程学会在上海召开第十届年会，主题是扩充学会事业范围于工商界，研究有效办法。

1928年

8月　中国工程学会在南京召开第十一届年会，成立工程研究委员会（设土木、机械、化工、电机、矿冶五组），进行学术研究。

1929年

8月　中国工程学会在青岛召开第十二届年会。主要议案为补充章程、改进学报、扩充工程图书馆、编辑"实用工程丛书"等。

本年秋，在东京召开万国工程会议，中国工程学会胡庶华等21人出席。

1930年

8月　中国工程学会在沈阳召开第十三届年会，研究与中华工程师学会合并问题。

1931年

8月27日　中华工程师学会与中国工程学会在南京召开联合年会，两会合并定名为"中国工程师学会"。通过新章程，并制订分会章程。会刊为《工程》杂志。总会设在南京。大会选举韦以黻为会长。同时决议，以最早成立工程师团体的1912年为学会创始年。决定学会设立总理实业计划实施研究委员会。

● 1932年

8月　中国工程师学会在天津召开第二届年会。组织工程师信条及工程规范编写委员会。

● 1933年

8月　中国工程师学会在武汉召开第三届年会，通过会员信条，决议对有特殊贡献的工程师授荣誉金牌，设年会优秀论文奖。

● 1934年

8月　中国工程师学会在济南召开第四届年会。主要议题为加强学会组织，设立工程分组。

● 1935年

8月　中国工程师学会在南宁召开第五届年会。这次年会是与中国科学社、中国动物学会、中国地理学会联合召开的。

10月1日　中国工程师学会联合土木、建筑、水利、矿冶、机械等18个学术团体，在南京中山东路筹建全国学术团体活动大厦（后因抗战爆发，未全部建成）。

● 1936年

5月20日　中国工程师学会在杭州召开第六届年会。这次年会是与电机工程学会、化学工程学会、自动机工程学会、化学工业会联合举办的，研究各专门工程学会联络办法。

5月23日　中国土木工程师学会在杭州宣告成立。夏光宇当选为会长，李书田、沈怡为副会长，由15人组成董事会。

● 1937年

抗战爆发，学会内迁。

1938年

10月8日　中国工程师学会在重庆召开第七届临时大会。决议将总会内迁，设立军事工程委员会。

1939年

12月　中国工程师学会在昆明召开第八届年会。学会总会迁至重庆新街口办公。年会研究编辑"军事工程丛刊"。

1940年

12月15日　中国工程师学会在成都召开第九届年会。以"研究实现总理实业计划"为主题，成立国父实业计划研究会。会议决议以大禹治水为我国伟大的工程事业，定大禹诞辰6月6日为工程师节，呈政府备案。每年该日全国集会庆祝。

1941年

10月25日　中国工程师学会在贵阳召开第十届年会。推行标准化运动，议决设置中国工程标准协进会。设立詹天佑工程奖学金。以后每次年会即同时为各专门工程学会联合年会。

1942年

8月　中国工程师学会在兰州召开第十一届大会，讨论西北建设问题。

1943年

10月　中国工程师学会在桂林召开第十二届年会。

1945年

5月　中国工程师学会在重庆召开第十三届年会，有14个专门工程学会参加。

1947年

10月　中国工程师学会在南京召开第十四届年会。

1948年

10月　中国工程师学会在台北召开第十五届年会。

1951年

3月29日　中国土木工程学会北京地区发起人茅以升、金涛、陶葆楷、吴柳生、王元康、唐振绪等9人，在全国科联会议室召开座谈会，就草拟会章及成立筹委会事宜进行座谈讨论。

4月21日　北京地区发起人继续召开座谈会，金涛、李德滋、嵇铨、唐振绪、马奔、蔡方荫等21人参加。讨论了会章草案和中国土木工程学会筹委会产生办法。推选茅以升、金涛、王明之、陶葆楷、龚一波、嵇铨、马奔、曹言行、蔡方荫9人为北京地区筹备委员，并推定茅以升、金涛为第一次筹委会召集人。

4月25日　中国土木工程学会筹委会第一次会议在全国科联会议室召开。会议推选茅以升为筹委会主任委员，金涛为副主任委员，龚一波为秘书。推定了各地区筹备委员的名额。

5月19日　全国科联同意茅以升、金涛等发起筹备组建中国土木工程学会。

6月13日　科联秘书处以联秘发字第648号函通知："接内务部内社字第149号函批示，中国土木工程学会筹备委员会申请筹备登记事，准予备案。"

8月11日　中国土木工程学会筹委会召开第四次会议，决定筹委会下设组织工作小组负责拟定各地分会组织办法。

9月2日　中国土木工程学会旅大分会成立。推选李士豪为理事会主席，有会员123人。

10月14日　中国土木工程学会北京分会成立，有会员829人。推选王明之为理事长，陈士骅为副理事长，曹言行为秘书长。在北京市卫生工程局内办公。

1952年

5月30日　中国土木工程学会筹委会召开第六次会议，茅以升、唐振绪、马奔、曹言行、蔡方荫、李肇祥、嵇铨参加。决议学会秘书处工作由学会北京分会兼办。

10月12日　中国土木工程学会筹委会第七次会议召开。决定组成中国土木工程学会第一次全国代表大会筹备工作委员会，研究代表大会代表名额等组织事宜，聘请许京骐、李肇祥为副主任委员。

● 1953年

2月28日　学会筹委会第八次会议召开，决定总会成立秘书处，由李肇祥负责。

9月19日　学会筹委会在北京市卫生工程局召开第十五次会议，由茅以升主持。北京、广州、长沙、天津、贵阳、上海、太原、唐山、桂林、南宁、安徽、青岛、济南等地分会推选的筹委会委员出席。这是最后一次筹委会议，第一次全国代表大会准备就绪。

9月20~24日　中国土木工程学会在北京召开第一次全国代表大会。大会代表33人，代表4700名会员。会议通过了学会章程，选举产生了第一届理事会理事35人，候选理事5人，常务理事11人。

9月24日　召开学会第一届常务理事会第一次会议。会议选出中国土木工程学会第一届理事会领导人：理事长茅以升，副理事长王明之、曹言行，秘书长马奔，副秘书长李肇祥。

9月27日　召开学会一届二次常务理事会议。研究确定成立组织委员会（主任委员马奔）、学术委员会（主任委员王明之）、出版委员会（主任委员蔡方荫）。决定常务理事会设立秘书室处理日常会务，由秘书刘千里兼主任。

10月3日　全国科联颁发"中国土木工程学会图记"印章一枚，自即日起正式启用。

11月15日　召开学会一届四次常务理事会议。通过在出版委员会下设学报编委会和会员通讯编委会，筹办学报和会讯。蔡方荫、嵇铨分别担任两个编委会主任。

12月1日　中央人民政府内务部，以社会团体登记证社学字第00330号，发给中国土木工程学会登记证书。

● 1954年

1月　会讯创刊，主要报道会务活动、学术活动及会员动态。每期八开报纸一张。

3月14日　学会一届八次常务理事会议，决定统一颁发会员证（全国科联制定样式），印数8000。

4月18日　《土木工程学报》（季刊）第一期创刊。

7月11日　召开一届十二次常务理事会议，听取各委员会工作报告，组织委员会已审批14个地方分会的会员，4个分会待批，6个分会尚在申报中。筹备接待印度南迦总工程师访华讲学事宜。

8月15日　召开一届十四次常务理事会议，研究学会与北京图书馆联合举办"詹天佑展览会"事宜（于12月10日正式展出）。由学会杨式德、黄京群、金涛、张有龄、叶平子、王国周6人参加科学院编译局组织的中俄结构名词编撰工作。

11月7日　召开一届十六次常务理事会议，通过会员资格标准草案，提交全国科联批准后实行。截至当时，已核准包括18个分会的4850名会员（至当年年末已有会员6226人）。各地分会照章每年将会费的三分之一上缴总会。

● 1955年

7月17日　召开一届二十一次常务理事会议，通过学会会员资格标准及附加说明，自1955年10月1日起执行。

9月18日　召开学会一届二十二次常务理事扩大会议，研究确定在会讯基础上编辑《土木工程》双月期刊，内容以著述、译文、消息、会讯为主，推定刘良湛为编委会主任委员，仇方城、曾威为副主任委员。同时撤销会讯编委会。《土木工程》第一期定于1956年2月25日创刊，公开发行。

● 1956年

3月26日　召开学会一届二十六次常务理事会议，讨论召开学会第二届理事会议暨代表大会的提议。并致函国家建设委员会，希望国家建设委员会领导支持学会在学术方面的活动。

6月3日　召开学会一届二十七次常务理事会议，专题讨论关于筹备召开学会第二次全国代表大会问题，通过学会第二次全国会员代表大会工作计划，设立筹备处（副秘书长李肇祥负责）。

7月30日　召开学会一届二十九次常务理事会议，决定学会第二次全国会员代表大会于11月在武汉召开；会议同时举行（第一届）学术年会，结合长江大桥建设开展学术交流活动，为此组成论文委员会。会议推荐成希禹、卢谦、李远义等10人为科学院编辑委员会建筑名词草案审查人选。函复国家建设委员会科学工作局，赞成设立建筑展览馆。

11月26日~12月1日　中国土木工程学会第二次全国会员代表大会（1956年年会）在武汉召开。出席大会的会员代表54人，论文作者16人，代表全国26个分会的6685名会员。茅以升理事长致开幕词，审议第一届理事会三年来的工作报告，修改章程，选举产生第二届理事会。大会收到论文118篇，宣读23篇。会议邀请苏联施工专家什拉姆可夫作报告，张维作关于出席国际桥梁及结构工程协会第五届大会报告，汪菊潜作关于长江大桥基础施工新方案的报告。国家建设委员会负责同志到会并讲话。

12月　茅以升致函全国科联、国家建设委员会，汇报学会第二次全国会员代表大会情况，提请建委在业务上领导，协助配备学会专职干部，解决固定办公地点和经费等问题。

1957年

1月24日　召开学会二届一次常务理事会议。讨论通过第二届理事会领导人员：理事长茅以升，副理事长曹言行、王明之、蔡方荫、张维、陶述曾、赵祖康，秘书长马奔，副秘书长李肇祥。讨论通过各专业学术委员会组织、任务及人选，《土木工程学报》及《土木工程》编委会人选，秘书处人选，会员资格说明。八个学术委员会分别是工程材料、公路与城市道路、施工、港口工程、铁道、土工、市政、结构。

6月　学会蔡方荫副理事长和吴中伟出席在德国召开的第二次国际钢筋混凝土预制构件装配式结构会议。

7月　全国科联召开一届二次全国委员会扩大会议。学会王明之副理事长出席，并被推选为科联全委会委员。

8月12~21日　茅以升、陈宗基出席在伦敦召开的国际土协第四次大会。学会已于5月正式加入国际土力学及基础工程协会，成为国家会员。

1958年

4月23~29日　中国土木工程学会二届五次常务理事扩大会议和中国建筑学会二届二次理事扩大会议，联合在北京西苑旅社召开。传达以郭沫若为团长的中国科技代表团访问苏联的工作报告。建工部刘秀峰部长、杨春茂副部长到会并讲话。

7月　中国土木工程学会归口（挂靠）于建工部（国家建设委员会于1957年末撤销），学会秘书处正式迁至北京百万庄建工部南配楼（建工部技术情报局），与中国建筑学会合署办公，为两学会配备了专职干部。

9月3日　学会致函各省科联，要求协助筹组石家庄、张家口等37个地市土木工程分会。

● 1959年

2月27日　《土木工程学报》与《土木工程》杂志两刊编委会合并，调整后的主任委员为蔡方荫，副主任委员为刘良湛和花怡庚。

3月7日　中国科协党组以党（59）4号文批复，同意成立中国土木工程学会党组及提出的党组成员名单：曹言行（书记）、马奔、花怡庚、陈志坚、王次衡、高原、吴中伟。

3月21日　学会与中国建筑学会召开常务理事联席会议，决定两会机构调整，秘书处合署办公。

3月26日　学会与中国建筑学会召开常务理事联席会议，专题研究关于纪念詹天佑逝世40周年纪念活动问题。筹备组由茅以升、梁思成以及铁道部科学研究院、北京图书馆、北京土建学会代表组成。

4月24日　首都土木工程界在人民剧场举行詹天佑逝世40周年纪念会，同时举办詹天佑生平事迹展览，并进行了扫墓活动。

4月27日　中国土木工程学会和中国建筑学会召开常务理事联席会议，由茅以升、王明之主持，作出关于两个学会组织机构调整的决定，保留两个学会的名义，两学会理事会及常务理事会都不变动；两学会合并办公，会讯合为一个；两个学会的学报仍保持不动（即所谓"两会三刊"体制）。两个学会下共同设立13个学术委员会：城乡规划、建筑创作、建筑设备、建筑施工、土力学及地基基础、铁道工程、桥梁工程、港务工程、公路工程、市政工程、建筑结构、建筑物理、建筑材料。

5月9～14日　中国土木工程学会和中国建筑学会在杭州联合召开全国工作会议。出席会议的有来自26个省、自治区、直辖市的土木学会与建筑学会的代表120余人。

6月　自6卷4期开始合刊后的《土木工程学报》改为双月刊，由原来的科学出版社出版改为中国建筑工业出版社出版。

7月　港务工程学术委员会成立。

8月3日　经建工部党组核准，中国土木工程学会、中国建筑学会成立联合党组：杨春茂（书记）、王大钧（副书记）、布克、周纶、汪季琦、花怡庚、汪胜文、王克文、赵化凤。

8月24日　建工部和中国土木工程学会联合在包头市召开混凝土施工工艺会议，有200人出席会议。会议交流钢筋混凝土结构和推广预应力结构工艺，为进一步实现建筑工业化和推广装配式建筑起到了促进作用。

9月1～4日　学会派出由李国豪、邓恩诚、袁啸楚组成的代表团出席在德国召开的国际钢结构会议。李国豪作关于中国新的钢结构的报告。

11月　公路工程学术委员会成立。

12月10日　铁道部与学会联合在西安召开整治塌方、滑坡、路基病害现场会议，共14天，278位代表参加，提交报告106篇。学会常务理事、铁道部汪菊潜副部长主持会议。

同年，自中国科协成立以后，各地方陆续建立省级学会组织。1959年内共建立了内蒙古、广西、浙江、山东、山西、陕西、甘肃、吉林、辽宁、湖南、湖北、安徽、福建、广东、云南、新疆等20个省级土木工程学会。

● 1960年

1月4日　市政工程学术委员会正式成立。夏骏青任主任委员，顾康乐任副主任委员。

1月10～17日　学会与中国建筑学会联合在广州召开第二次全国工作会议。20个省级学会、30个市级学会、6个专区县级学会的代表，13个专业委员会的负责人以及两个学会的45名理事，共150人出席。杨春茂致开幕词，茅以升作工作报告，杨廷宝作总结。并制定了1960年学会工作计划。

3月　土力学及基础工程学术委员会成立。

6月　根据整顿刊物精神，《土木工程学报》与《建筑学报》合并出版。

6月22日～7月13日　由茅以升、汪菊潜、王达时三人组成的学会代表团出席在瑞典召开的国际桥梁及结构工程协会第六次大会。主要议题是金属结构连接、房屋钢结构、混凝土及预应力混凝土结构、新型组合结构。

9月6日　施工学术委员会正式成立。委员32人，主任委员赵化凤，副主任委员钟森、吴世鹤。

12月12日　以哈滋姆·阿卜杜拉为团长的伊拉克工程师代表团一行10人应邀来华访问。

● 1961年

4月26日　首都科技界1400多人在政协礼堂集合，纪念我国杰出工程师詹天佑100周年诞辰。茅以升理事长介绍了詹天佑生平事迹，同时举行了图片展览等纪念活动。

9月4日　学会与中国建筑学会联合召开在京常务理事扩大会议，讨论了两个学会第三届代表大会的筹备工作问题。决定成立由43人组成的筹备委员会，主任委员杨春茂、茅以升，副主任委员王大钧、梁思成、赵祖康、杨廷宝、王明之、张维。代表大会同时举行学术年会，分建筑理论与住宅建筑、工程结构两个组。

12月22日　中国科协复文，同意以与国际土力学及基础工程协会联系的名义，把原有中国土力学及基础工程学会改用中国土木工程学会名义。

● 1962年

3月26日　中国科协党组致函土木、建筑两学会党组，同意《土木工程学报》与《建筑学报》分开出版，获中宣部3月9日批准。同意《土木工程学报》复刊，为双月刊。

8月30日～9月6日　中国土木工程学会第三次全国会员代表大会暨1962年年会在北京召开。正式代表89名，特邀代表17名。选举产生了第三届理事会，理事长茅以升，副理事长汪菊潜、谭真、赵祖康、陶述曾、王明之、刘云鹤，秘书长刘云鹤（兼）。年会以工程结构安全度为题，安排一天半大会报告和综合发言，并按专业分组进行了三天半的交流活动，同时举行了土木工程图片展。

9月7日　学会三届一次常务理事会议讨论决定，调整设置铁道工程、道路工程、桥梁工程、港务工程、市政工程、土力学及基础工程、工程结构、工程材料

（后两个委员会与中国建筑学会合设）等八个（专业）委员会；聘任《土木工程学报》主编为蔡方荫，副主编为黎亮、戴竟、邓恩诚、汪壁。

12月3～9日　学会土力学及基础工程委员会在天津召开全国第一届土力学及基础工程学术会议，代表70人，收到论文194篇，出版论文选集。

1963年

9月2～5日　学会派出吴成三、戴竟出席在瑞士苏黎世召开的国际桥梁及结构工程协会第29次常设委员会议。

10月8日　学会在京召开三届二次常务理事会议。由茅以升、汪菊潜主持。会议通过科普工作委员会名单，夏行时与肖巽华分别担任正、副主任委员；原则同意筹建混凝土及钢筋混凝土专业委员会，暂缓建立煤气工程专业委员会；赞同恢复《土木工程》杂志，作为中级技术刊物，争取1964年复刊。

11月　在南昌召开第一次道路工程学术会议，到会代表132人，提交论文187篇，出版论文选集。

1964年

1月26日　三届三次常务理事会议，讨论通过了1964年学术活动计划、章程实施补充条款、各专业委员会调整后名单；成立1965年年会筹委会；确定提交世界科协北京中心1964年科学讨论会的论文题目；决定自1964年起各省级学会按统一的标准发展会员，对以前的会员进行一次登记。

6月28日～7月4日　学会和中国建筑学会在上海召开华东区学会工作座谈会。江苏、山东、安徽、福建、江西、浙江等省土建学会和上海市土木工程学会、建筑学会以及天津市土木工程学会、北京市土建学会的代表出席，交流开展学术、科普、组织活动及经费、干部等经验。

1965年

1月15日　中国科协科普读物评审组土建专业组由学会负责组成，夏行时为召集人。

4月1日　报请中国科协转中宣部、出版局，经建工部党组研究决定《土木工程学报》从1965年第三期起暂时停刊、1966年复刊。复刊后学报将出三个分册（工程结构、岩土力学及地基基础、市政及道路），每分册一年出4期，全年12册（月刊），每册由96页改为64页。

8月17日　学会第四次全国代表大会暨1966年年会筹备委员会成立并召开第一次会议。筹委会主任茅以升，副主任汪菊潜、谭真、张哲民，委员丁贡南、王明之、邓恩诚、布克、石衡、张有令、朱伯龙、卢肇钧、冯天麒、过祖源、叶德灿、陈志坚、陈瑄、陈子循、汪受衷、何广乾、沈参璜、吴世鹤、花怡庚、杨振清、赵佩钰、施嘉干、夏行时、陶逸钟、黄强、黄树邦、雷从民、顾康乐、戴竟。学会"四大"计划于1966年二季度在成都召开，会期12天，会议规模150人。代表大会将换届选举第四届理事会。"工程结构新技术"为年会的学术主题。

10月21日　学会混凝土及钢筋混凝土委员会筹委会正式成立。吴世鹤任主任委员，覃修典、黄育肾、陶逸钟任副主任委员。秘书由中国建筑科学研究院和中国水利水电科学研究院派出。

11月25日　学会与中国建筑学会在北京召开部分省市学会工作座谈会，研究如何实现学会工作革命化问题，10个省市学会负责人出席。

◉ 1966年
3月16日　学会科普委员会组织编辑《道路工程名词浅释》，由陕西省土建学会负责；编辑《港务工程名词浅释》，由天津市水运工程学会负责。

6月10日　鉴于"文化大革命"开始，学会发出通知，原定于9月份召开的中国土木工程学会第四次全国代表大会及年会延期召开，具体时间另行通知。

7月　学会与中国建筑学会编印《设计工具革新》和《图纸简化》科普资料，由中国建筑工业出版社出版。"文革"开始，学会工作基本停顿。

◉ 1969年
学会秘书处干部下放干校。

◉ 1972年
土木和建筑两个学会联合秘书处开始恢复一部分活动。

中国土木工程学会由原挂靠国家基本建设革命委员会（当时建工部已撤销，合并于国家基本建设革命委员会）改为挂靠交通部（当时交通部系由原铁道部、交通部两个部合并组成）。

1973年

5月　茅以升理事长率中国土木工程学会代表团访问日本，与日本日中土木技术交流协会原口忠次郎会长签订了双边交流协议。每年双方互派团组进行技术考察和交流活动。

1975年

交通部分为铁道部、交通部两个部。学会随之挂靠到铁道部。当时学会的国内活动仍处于停顿状态，只是参加一些外事活动和国际学术活动。

1977年

10月　铁道部科技委岳国璋来国家基本建设委员会，与中国建筑学会马克勤商讨中国土木工程学会归属问题，提出铁道部准备成立中国铁道学会，中国土木工程学会希望仍挂靠国家基本建设委员会。

1978年

5月　国际预应力协会前主席格威克和副主席林同炎应学会邀请来华访问。

6月30日　"文化大革命"期间，除在国际上，根据工作需要以中国土木工程学会名义开展一定活动外，对内已停止活动。为了贯彻落实全国科学大会精神，积极开展学会活动，铁道部会同交通部以（78）铁学字916号文，向全国科协提交关于恢复中国土木工程学会活动的报告。

7月28日　全国科协以（78）科协发学字045号文，复函铁道部，同意恢复中国土木工程学会活动。

8月1日　由于"文化大革命"造成的组织瘫痪、人员变动，无法恢复三届理事会的原有组织。因此，酝酿建立党组和第三届临时常务理事会，以便对恢复工作作出具体安排。经多次协商，学会仍挂靠铁道部。

8月8日 铁道部以（78）铁人字1135号文通知中国土木工程学会挂靠在铁道部。为便于工作和精简机构，学会秘书处与中国铁道学会秘书处合署办公，内设综合、学术、科普、学报四个组。

10月11～27日 应学会邀请，以日本水道协会小林重一为团长的日本上下水道技术代表团一行8人来华进行技术交流。茅以升理事长接见了代表团。

12月28日 中国土木工程学会第三届临时常务理事会第一次会议在北京召开，会议由茅以升理事长主持。

此后，全国各省、自治区、直辖市相继恢复和成立了学会组织，上海、天津、辽宁、陕西、山东、广东、江苏等省市成立土木工程学会，其他一些省、自治区、直辖市成立土木建筑学会。

● 1979年

2月27日 学会隧道分科学会成立。在四川峨眉山市召开了第一次会议，62个单位的95名代表参加。会议选出37名理事，理事长刘圣化，秘书长高渠清。

3月5～10日 以俞调梅（团长）、卢肇钧、孙家炽三人组成的学会代表团出席国际土力学及基础工程协会在墨西哥召开的学术讨论会和执委会议。

4月16日 召开分科学会秘书长会议，研究《土木工程学报》复刊和组稿问题，计划于10月1日前复刊的第1期出版（学报于1954年3月创刊，至1966年停刊）。

4月24日～5月10日 美国土木工程师学会代表团访华，团长布莱西主席等一行15人，在北京举行了技术报告会和座谈会。王震副总理会见了代表团。

4月 以刘建章副理事长为团长的中国土木工程学会代表团，应日本日中经济协会邀请访问日本，并就1979年度中日土木工程6个技术交流项目进行商谈。

4月 以王序森为团长的学会代表团一行6人出席在英国召开的国际桩基会议。

5月2～10日 应学会邀请，国际隧道协会秘书长杜福访华，就学会加入该组织问题交换了意见。

6月16～17日 国际隧道协会在美国亚特兰大举行第五届年会，通过了中国土木工程学会加入该组织，成为正式会员国。学会隧道学会理事长刘圣化等6人出席了会议。

6月26～28日 中国土木工程学会桥梁及结构工程学会成立，并在九江市召开第一次学术讨论会，到会理事33人，代表104人。推选李国豪任理事长，王序森等8人为副理事长。

9月12～27日　学会李国豪副理事长等一行4人赴瑞士苏黎世出席国际桥协常设委员会会议及庆祝成立50周年纪念活动。

● 1980年

5月14～16日　召开《土木工程学报》复刊后编委会第一次会议，编委会由34人组成，推选戴竟为主任委员，卢肇钧、杜拱辰、梁武韬为副主任委员。

5月19～26日　杜拱辰等5人出席在罗马尼亚召开的国际预应力协会管理委员会及学术讨论会，并办理有关入会问题。中国土木工程学会推荐何广乾为该协会（成员国管理委员会）的副主席。

9月16日　以张琳为团长的学会代表团出席在维也纳召开的国际桥梁及结构工程协会第十一届大会。

9月22日～10月1日　国际桥协主席瑟利曼及夫人应学会邀请访华。

11月10～14日　美国土木工程师学会计算机应用技术委员会访华团一行8人来华访问，并作技术报告与座谈。为推动我国计算机应用的发展，学会决定筹建计算机在土木工程中应用学组。

12月13～19日　在杭州召开第一届全国预应力混凝土学术交流会，到会代表228人，收到论文383篇。12月16日召开混凝土及预应力混凝土学会一届二次理事会议，增选15名理事，补选黄大能为副理事长。

● 1981年

5月17日　鉴于学会自1978年恢复活动后，国内外业务日益增多，土木专业涉及面很广，合署办公确有困难，铁道部致函中国科协提出改变中国土木工程学会挂靠单位的建议。

6月15～19日　学会派陈宗基、卢肇钧等一行8人出席在斯德哥尔摩举行的国际土力学及基础工程学会第十届大会。有49个国家和地区的1500多代表参加，会议论文集收入论文553篇，我国选送11篇。

6月16～22日　应学会邀请，美国惠特尼公司张馥葵博士来华进行桥梁工程技术讲座。张博士是当时世界最大跨度悬索桥的主要设计人。

6月25日～7月1日　隧道学会第二届年会在上海举行,到会代表169人,补选高渠清、李景沅为副理事长。

8月　学会派清华大学钱稼茹赴美林同炎公司工作进修高层建筑设计两年。

10月26～31日　第一届全国混凝土学术交流会在苏州召开,参会代表153人,论文195篇。

● 1982年

1月18日　学会在北京人民大会堂举行春节座谈会。由茅以升理事长主持,在京土木工程界专家学者80余人出席。对学会的作用与活动提出了积极的建议。

8月2～6日　由中国土木工程学会、中国建筑学会、中国力学学会、香港大学(张佑启)共同举办国际学术讨论会,到会中外代表336人,宣读论文200篇,会议由何广乾主持。

9月13～19日　中国土木工程学会与美国土木工程师学会共同组织的中美桥梁及结构工程学术讨论会在北京召开。来自10个国家和地区的260位代表出席。其中中国198人,美国35人,其他国家和地区27人。宣读论文112篇。会议由李国豪主持。这是学会第一次主办国际学术会议,对推动国际学术交流起到积极的作用。

11月18日　隧道分科学会召开在京理事工作会议,就发起在中国主办国际隧道学术会议进行了讨论。推荐高渠清为国际隧道协会执委候选人。

● 1983年

5月6日　学会原港务工程(专业)委员会申请恢复活动,挂靠交通部科技局。

5月6～30日　以高渠清为团长的学会代表团一行5人出席国际隧道协会第九次年会。学会隧道学会副理事长高渠清当选为国际隧协执行委员。会议同意于1984年在中国召开执委会议。

5月21日～6月17日　应加拿大土木工程学会邀请,中国土木工程学会代表团赵锡纯等一行5人访问加拿大。两会就合作事宜签订了技术合作协定,加拿大国际开发署赞助两学会的合作活动,将为中国工程师赴加研修提供助学金以及开展双边互惠考察访问活动。

6月11日　劳动人事部发文[劳人编(1983)82号]批准中国土木工程学会办事

机构定员编制14人。

10月20日　根据学会与日本大阪府土木部的合作协议，派赴大阪学习的研修生，经考核录取宋连生、蒋树屏、孟建新3人。

11月12～18日　根据1983年中法科学技术混合委员会商定的学术交流项目，中国土木工程学会与法国国立路桥学校在北京举行中法隧道及地下工程讨论会。参加会议的有：法方代表6人，中方代表11人，列席64人。

12月31日　中国科协致函（科协学发字093号文）城乡建设环境保护部，协商中国土木工程学会挂靠城建部问题。

● 1984年

1月19日　城乡建设环境保护部以9840城办字第15号文函复中国科协，同意中国土木工程学会挂靠城建部。

1月25日　中国科协以（84）科协发学字021号文，正式致函城乡建设环境保护部和铁道部：关于改变中国土木工程学会挂靠单位的问题，同意学会挂靠城乡建设环境保护部，做好移交工作。

2月16日　城建部成立由肖桐、戴念慈副部长领导的学会接收筹备工作领导小组。

2月22日　中国科协召集中国土木工程学会秘书处移交工作会议。出席会议的主要领导有：中国科协田夫书记，城建部副部长肖桐、戴念慈，铁道部副部长谭葆宪，中国土木工程学会理事长茅以升。

2月24日　中国科协学会部发文，同意中国土木工程学会港务工程委员会恢复活动，更名为港口工程专业委员会，挂靠在交通部科技局。石衡担任主任委员。

4月27日　城乡建设环境保护部办公厅发出关于中国土木工程学会挂靠城建部的通知。正式成立学会接收筹备工作领导小组，由肖桐、戴念慈、阎子祥、许溶烈、张哲民、叶维钧、阮忠敬、叶耀先、李承刚、顾康乐、过祖源、吴世鹤、刘云鹤、陶逸钟、汪受衷、何广乾、杜拱辰组成。

5月7日　中国科协学会部批复，同意将学会隧道学会更名为隧道及地下工程学会。

5月28日～6月2日　学会计算机应用学会在浙江鄞县召开第二届年会。到会218人，交流论文168篇，并研究1985年在中国召开第二届土木工程计算机应用国际学术讨论会的有关问题。

5月28日　由铁道部、城建部领导出席的秘书处交接签字仪式在城建部举行。

6月1日　学会新秘书处正式办公，办公地点暂设在中国建筑科学研究院内。同年10月迁至城建部大楼北附楼办公。

6月　在北京科学会堂召开学会第三届临时常务理事会议。茅以升理事长主持会议，副理事长、学会党组组长彭敏出席，听取了关于学会挂靠关系转移城建部及有关问题的工作报告。

10月8～22日　应法国国立路桥学校邀请，中国土木工程学会代表团一行6人赴法访问，主要进行科技考察活动。

10月22～25日　由中国土木工程学会和国际隧道协会共同主办的国际隧道与地下工程学术讨论会在北京举行。12个国家的33名专家和38名中国专家出席会议，其中包括国际隧协主席莱姆利、前主席哥诺及中外隧道工程方面的知名专家。这是学会自1979年加入国际隧协以来第一次在中国举行的学术会议。会议期间，国际隧协还召开了全体执委会议。

12月1～6日　学会港口工程专业委员会和中国海洋工程学会、中国水利学会港工航道专业委员会联合在福州召开第三届全国海岸工程学术讨论会。124个单位的302名代表出席，会议共收论文250篇。

12月2～4日　中国土木工程学会第四届理事（扩大）会议在北京举行。大会由李国豪主持，茅以升致开幕词，会议听取和审议了1978年12月学会恢复活动以来第三届临时常务理事会的工作报告，关于学会挂靠城建部后工作情况的报告，讨论修订学会章程，选举产生第四届理事会领导机构。通过全体代表讨论，确定了第四届理事会任务和工作部署。

● 1985年

3月16日　应学会邀请，著名土力学专家、国际土力学与基础工程协会主席德麦罗夫妇来华讲学。

5月20日～6月6日　应加拿大土木工程学会和美国土木工程师学会的邀请，以肖桐副理事长为团长的中国土木工程学会代表团一行4人先后访问了加拿大和美国。

5月　由学会和中国建筑学会联合创办的城乡建设刊授大学发文，自今年起改由城建部和两会合办。

6月5～9日　由中国土木工程学会主办、加拿大土木工程学会和美国土木工程师学会支持的第二届土木工程计算机应用国际会议在杭州举行。会议交流了近年来各国计算机辅助设计和微型计算机在土木工程中的应用，宣读论文85篇。我国代表230名和外国代表65名出席了会议。

6月　加拿大土木工程学会主席莫札教授分别在北京和杭州，代表加拿大土木工程学会授予学会名誉理事长茅以升教授（6月15日）、理事长李国豪教授（6月6日）荣誉会员证书，赞颂他们为中加两国土木工程界的科技交流与合作作出的贡献。

8月11～16日　国际土力学及基础工程协会第十一届大会在美国旧金山举行。中国土木工程学会代表团（卢肇钧、王钟琦为召集人）一行20人出席会议，并向大会选送论文9篇。

9月1～5日　学会隧道及地下工程学会副理事长、国际隧协执委高渠清教授出席在捷克举行的国际隧协第十一届年会，并出席国际隧协执委会议和会员国代表大会，高渠清教授继续当选为国际隧协执委。

9月14日～10月1日　应葡萄牙著名土木工程师爱德加·卡拉多佐教授的邀请，以学会常务理事何广乾教授为团长的中国土木工程学会代表团一行4人访问葡萄牙，葡萄牙总统接见了代表团。代表团除在葡参观访问外，还到马德拉岛和中国澳门参观工程。

9月16～19日　秘书处分别召开学术、出版、咨询工作座谈会和分科学会（专业委员会）秘书长会议。

9月28日～10月11日　英国土木工程师学会前主席巴特利和秘书长麦肯齐夫妇4人访华。学会肖桐副理事长出面会见，双方就建立中英两学会之间的技术交流与合作关系取得了一致意见。

10月14～18日　中国土木工程学会与法国国立路桥学校共同主持在北京举行的中法预应力混凝土学术讨论会。以法国国立路桥学校国际部负责人曼达加伦为团长的法国代表团一行6人出席会议。中国参加会议的正式代表17人，列席代表25人。会议共宣读论文37篇，其中法方19篇、中方18篇。

11月5～8日　学会给水排水专业委员会在山东泰安市举行成立大会。推选委员58名，并选举产生了专业委员会的领导成员。聘请顾康乐、陶荷楷、过祖源为技术顾问。

11月23～26日　学会桥梁及结构工程学会在无锡市召开第六届全国桥梁学术会议。会议期间进行了换届工作，新的理事会由55人组成，会议选举产生了理事会的领导成员。

11月28日～12月13日　应日中经济协会邀请，以学会理事长李国豪为团长的中国土木工程学会代表团一行6人赴日访问。先后会晤了日本建设省政务次官丰藏一、日中经济协会理事长井上猛，并与日中经济协会建设部会长富凯一就双方多年来的技术交流活动作了总结，对今后合作问题交换了意见。

● 1986年

1月6日　学会第一、第二、第三届理事长，第四届名誉理事长，著名科学家茅以升从事科研、教育、科普工作65周年及90寿辰庆贺会在北京全国政协礼堂举行。

3月3～5日　学会和中国建筑学会联合在重庆市召开1986年地方学会工作会议。出席会议的有28个省、自治区、直辖市的土木、建筑、土建学会的领导和代表，学会分科学会、专业委员会的代表，共88人。

4月2～3日　学会在北京召开四届三次常务理事会议。理事长李国豪，副理事长肖桐以及常务理事、名誉理事等26人出席会议。会议就以下事项作出了决定：学会1986年的工作应围绕国家"七五"计划要点，更好地组织广大土木工程科技工作者为科技进步、经济振兴和社会发展作出贡献；成立1986年年会组织委员会和学术委员会，负责年会的筹备工作（学会自1953年以来先后举行过两次大型综合性年会，故这届年会定名为"中国土木学会第三届年会"，今后举行年会均按此顺序称呼）；原则同意学会与美国土木工程师学会、英国结构工程师学会、巴基斯坦工程师学会签订合作与交流协议书（草稿）的内容；批准中国建筑科学研究院等71个单位为学会首批团体会员；通过学会组织、学术、咨询、出版、教育和科普六个工作委员会组成名单；通过第四届《土木工程学报》编委会名单；聘请同济大学范立础为本届理事会兼职副秘书长。

4月24日　应学会邀请，美国土木工程师学会会长罗伯特·贝率代表团一行12人访华。国务委员方毅、学会名誉理事长茅以升、理事长李国豪、副理事长肖桐等会见代表团。5月30日双方签署了合作协议书。

6月28日　学会在北京召开四届四次常务理事会议。会议作出如下决议：根据科协三大的新章程和即将试行的全国性学会组织通则，做好学会章程的修订工作；发展多层次会员，着手拟定通讯会员和荣誉会员条例；着手研究协调全国学会与地方学会会员的条件与层次划分原则，为全国学会的会员登记与统计工作做好准备；强调按学科建立学会二级学术组织，尽量避免组织重复、力量分散，要发挥学会跨部门和横向联系的特点；通过学会各分科学会和专业委员会统一对外的英文名称。重申中国科协全国性学会组织通则第十三条关于分科学会、专业委员会的名称前不能直接冠以"中国""中华""全国"等字样的规定，请学会各级学术组织严格遵守；原则通过表彰从事土木工程工作50周年的老专家名单，并决定在这一年年会上表彰一批从事土木工程建设有突出贡献的中青年科技工作者。

7月20日～8月3日　应英国结构工程师学会的邀请，以学会秘书长李承刚为团长的中国土木学会代表团一行5人访问英国。此次访英的目的是：与英国结构工程师学会进一步会谈关于加强两学会之间的技术交流，并签订合作协议书；考察英国土木结构工程建设经验，了解其技术水平及发展趋势。

8月19～24日　由学会、中国地理学会、中国水利学会、中国铁道学会、水利部松辽委员会联合举办的第三届全国冻土学术会议在哈尔滨召开。会议就我国北方和青藏高原等寒冷地区冻土的特性，房屋、道路、桥梁、隧道等工程冻害的防治措施等问题进行了广泛的探讨。出席会议代表共155人。国际冻土学会主席裴伟和美、加、日等国的10位专家应邀出席了会议。

9月1～5日　深基础工程国际会议在北京举行，16个国家和地区的代表304人（其中外国代表118人）出席会议。这次会议是由美国深基础工程协会与中国土木工程学会、中国建筑学会、城建部综合勘察研究院共同发起，并由综合勘察研究院组办。

10月19～24日　由学会港口工程专业委员会、中国海洋学会、中国水利学会港工航道专业委员会和天津市水运工程学会联合在天津召开第四届全国海岸工程学术讨论会，144个单位的374名代表出席会议。会议收到论文480多篇。

11月12～16日　以"大城市交通工程建设"为主题的中国土木工程学会第三届年会在上海举行。

11月15日　学会在上海召开四届五次常务理事会议。会议就以下事项进行了决议；审议通过第三届年会优秀论文7篇；决定1988年第四届年会的主题为"土木工程建设的成就与展望"；同意秘书处为庆贺和表彰从事土木工程工作50周年的老专家活动所做的准备工作；确定中国土木工程学会会徽的式样；同意组织工作委员会提出的关于加强三级学术组织管理的若干规定。

● 1987年

3月25～27日　学会和中国建筑学会联合在广西南宁召开1987年地方学会工作会议。参加这次会议的有中国土木工程学会、中国建筑学会以及27个省、自治区、直辖市地方学会的领导和代表共53人。

4月6～9日　学会城市煤气专业委员会应邀派员出席在爱尔兰都柏林举行的国际燃气联盟1987年春季理事会议。

5月11～15日　由学会教育工作委员会发起，在武汉工业大学召开全国高校土木（土建）系系主任座谈会。这是在土木工程教学领域中组织的一次横向联系的工作会议，参加的高校达94所，收到书面发言、经验总结、教学计划等资料190件和教材35种。会议期间还举办了教材与毕业设计展览。会议集中讨论了如何提高工民建专业的教学质量问题。与会代表对学会为促进高校土木系横向合作所做的工作表示赞赏。

5月12日～6月1日　应美国土木工程师学会和加拿大土木工程学会邀请，以学会理事长李国豪为团长的中国土木工程学会代表团一行6人访问了美国、加拿大。与美国土木工程师学会就加强两学会之间的技术交流和具体合作事项进行了讨论；访问加拿大主要是应邀出席纪念加拿大土木工程学会成立100周年大会和1987年年会。

6月14～25日　应英国土木工程师学会邀请，中国土木工程学会代表团一行5人访问了英国，商谈两学会之间学术交流与科技合作事项，同时考察英国重大土木工程项目的建设经验、先进技术和发展水平。

7月8日　学会在北京饭店隆重举行庆贺会，表彰城乡建设、铁道、交通、冶金、水电等近20个部门从事土木工程工作50周年的300多位老专家。谷牧、严济慈、钱学森，以及各有关部门的负责人叶如棠、陈绳武、孙永福、王展意、肖桐、储传亨、周干峙、子刚、阎子祥等到会祝贺。学会副理事长肖桐在会上讲话。

7月10～11日　学会四届六次常务理事会议在北京召开。理事长李国豪，副理事长肖桐、子刚出席会议。会议议决了以下事项：原则通过学会章程（修改草案），决定公布实施；鉴于学会二级学术组织名称的历史原因和学会管理工作的需要，同意将五个专业委员会的名称统一改称为分科学会；分科学会下属三级学术组织的名称统称委员会，此决定待报中国科协同意后实行；增聘汪森华为学会专职副秘书长；决定学会第四届年会于1988年11月下旬在北京举行，年会的主题为"土木工程建设与科学技术的成就与展望"，并基本同意学术工作委员会提出的学术活动方案；决定在第四届年会上表彰一批优秀中青年土木工程科技工作者；为扩大学会在大学生中的影响、促进高等教育工作，决定设立中国土木工程学会高校优秀毕业生奖；为进一步办好《土木工程学报》，要求编委会采取措施，增加工程建设论文报道量，并适当开辟工程信息栏目。

9月15～18日　学会计算机应用分科学会在安徽屯溪市召开第三届全国土木工程计算机应用学术讨论会，这是该分科学会三年举办一次的系列性年会。有160名代表出席会议，其中多数是中青年科技工作者，显示了计算机应用技术的活力。会议共收到论文120余篇。

9月23～25日　学会城市公共交通专业委员会在湖北武汉市召开第二届年会。年会总结了过去几年城市公共交通的建设实践，探讨了城市发展中的公共交通理论问题，对城市轻轨客运交通的发展前景予以广泛关注。

10月5～9日　根据中法科技合作混合委员会科技交流项目的安排，由中国土木工程学会和法国国立路桥学校联合组织的中法港口建设学术讨论会在北京举行。26名中国专家和以法国国立路桥学校为首的港口工程代表团的13名外国专家出席会议。会议分8个专题，共交流论文38篇。

10月5～18日　应学会邀请，日中经济协会建设部会代表团一行12人来我国访问。团长尾之内由纪夫为日中经济协会建设部会的新任会长、前日本建设省事务次官，其他成员均为日本建设业有重要影响的社团、企业的负责人。代表团在华期间开展了技术交流和考察活动，并就双方合作事项进行会谈。

10月11～14日　学会混凝土及预应力混凝土分科学会在广西柳州市召开现代预应力混凝土结构及高强混凝土学术讨论会。来自9个部委所属的60多个单位的101名专家学者、工程技术人员参加讨论会。会议收到论文81篇。

10月27～30日　由中国土木工程学会与中国建筑科学研究院联合主办、国际薄壳与空间结构协会（IASS）与中国科学技术协会支持的国际体育建筑空间结构学术讨论会在北京举行。来自21个国家的83名外国专家和120名中国专家出席会议。其中包括国际薄壳与空间结构协会主席平井善胜，副主席麦德瓦道夫斯基、卢里及其他执委等知名专家。会议收到论文80篇，在会前出版了论文集。

11月5～8日　由学会市政工程专业委员会主办的第一届全国城市桥梁学术讨论会在四川重庆市召开。这是我国城市桥梁工程界的一次盛会，来自城建、交通等部门的278名从事桥梁工程建设的科技工作者参加会议。会议共收到论文135篇。

11月24～29日　由学会土力学及基础工程分科学会主办的第五届土力学及基础工程学术会议在福建厦门市召开。全国有关部门100多个单位的300多名代表参加大会，收到论文276篇。

11月28～30日　学会在安徽芜湖市召开团体会员工作会议。会议集中讨论了《发展团体会员暂行规定》和团体会员的作用、功能等问题。

学会理事长、著名桥梁专家、上海同济大学名誉校长李国豪教授因在静力学和桥梁建设方面作出的杰出贡献，荣获国际桥梁及结构工程协会授予的国际桥梁及结构工程奖。

● 1988年

3月10～22日　应巴基斯坦工程师学会邀请，以学会副理事长肖桐为团长的中国土木工程学会代表团一行5人访问巴基斯坦，出席巴基斯坦工程师学会成立40周年活动和第三十届年会，并以建筑工程的质量管理为题举行双边学术讨论会。双方还就两学会的合作事项进行会谈，取得了一致意见。

3月29～31日　由学会和中国建筑学会联合主持的地方学会工作会议在福建福州市召开，布置全国性学会会员的登记和发证工作，交流学会工作的改革经验。

5月30日～6月3日　由学会桥梁及结构工程分科学会主办的第八届全国桥梁工程学术会议在广州市召开。来自全国75个单位的120名桥梁工程专家出席会议。会议收到论文80余篇，其中66篇收入论文集。

6月12～15日　国际隧道协会第十四届年会在西班牙首都马德里举行。学会隧道及地下工程分科学会副理事长、国际隧协执委高渠清教授出席会议。会议期间，国际隧协选举产生了新的执委会，高渠清教授再次当选执行委员。

8月11～15日　由中国土木工程学会与国际土力学及基础工程协会共同主办的国

际区域性土工程问题学术讨论会在北京举行。国际土协主席布鲁姆斯教授、副主席兼亚洲土协主席维斯曼教授、秘书长帕雷博士，以及18个国家和地区的60位外宾与150位中国专家出席会议。会议出版的论文集共收入中外专家的论文130篇。

8月～9月　学会再次对300多位从事土木工程工作50周年的老专家（第二批）进行表彰和颁发荣誉证书。

10月8～12日　学会隧道及地下工程分科学会第五届年会暨地下铁道专业委员会第七次学术交流会在南京召开。出席会议代表289人，收到论文146篇。年会评出优秀论文12篇。

11月2～4日　学会城市公共交通分科学会规划学术会议在广西柳州市召开。代表们对当前城市公共交通的规划与管理、如何借鉴国际先进经验发展城市公共交通等问题进行认真讨论，并提出了许多建议。

11月4日　学会防护工程分科学会成立大会暨第一届理事会议在福州市举行。学会理事长李国豪教授出席会议，秘书长李承刚到会宣读了学会成立防护工程学会的决定。

11月21日　中国土木工程学会第五届理事（扩大）会议在北京举行。出席会议的有第四、第五届理事，各有关部门负责人和特邀代表近150人。第五届理事会议通过差额选举，产生了由25人组成的第五届常务理事会。

会议期间共表彰80名优秀中青年土木工程科技工作者、77名为学会工作做出优异成绩的学会工作积极分子，并向一批土木工程界的老专家和关心支持学会工作的老领导授予荣誉会员证书。

11月22～24日　以"土木工程建设与科学技术的成就与展望"为主题的中国土木工程学会第四届年会在北京举行。学会第四届、第五届理事和论文作者近200人，以及加拿大、英国、巴基斯坦的10名专家应邀出席了年会。建设部副部长周干峙到会并讲话。选录71篇论文，出版了年会论文集。

● 1989年

1月23日　学会常务副理事长许溶烈会见日中经济协会理事长诸口昭一先生，双方就双边交流合作意向书草案的内容作了解释，并表示要为今后的交流合作继续作出努力。

3月4～7日　学会土力学及基础工程分科学会与日本土力学及基础工程学会联合在北京举办软弱地基处理讨论会。来自全国各地的110名专家参加了讨论会。有13位中日专家在会上作专题报告，由于报告的专题性、针对性强，受到与会专家的欢迎。

3月7日　《中国土木工程指南》第一次编写工作会议在北京召开，通过近半年酝酿准备，会议决定正式进入编纂阶段，并推举李国豪为名誉主编，许溶烈任主编，李承刚、蓝天、江见鲸任副主编，并组成22人的编委会。

5月3日　秘书处在京召开由建设部拟订的《建设事业改革与发展纲要七十条》（征求意见稿）座谈会。副理事长程庆国和在京部分常务理事、理事等10多人出席。专家们对文件中一些重大问题发表了看法、提出了建议。

7月11～15日　由学会举办的国际给水排水学术会议在北京举行。会议得到6个国际学术团体的支持，共有13个国家和地区的260名中外专家出席会议。会议论文集共收入论文171篇，其中包括16个其他国家和地区的论文88篇，反映了当前国内外给水排水技术的先进水平。国际水技术展览会同时在北京图书馆举行，有25个中外厂商参展，3000多人次参观展览。

7月～8月　中国土木工程学会高校优秀毕业生奖1989年评选工作在23所高校的土木类专业应届毕业生中进行，共评选出8名优秀毕业生。

9月25日～10月3日　应国际预协的邀请，学会常务理事何广乾等2人赴新加坡出席国际预应力协会理事会议暨国际预应力混凝土学术报告会。理事会议对1991年在中国召开的预应力混凝土现代应用国际学术讨论会的筹备工作提出了希望与建议。

10月23～26日　学会计算机应用分科学会第四届年会在福建厦门市召开。有关工业部门及高校的专家学者共67人出席会议，提交论文90多篇，其中55篇收入论文集。

11月12日　中国土木工程学会创始人和领导人，著名桥梁专家、教育家、社会活动家茅以升因病在北京逝世，终年94岁。11月27日下午，江泽民、李鹏、万里等党和国家领导人同首都各界人士500多人向茅以升同志遗体告别。

11月13日　学会五届二次常务理事会议在北京举行。李国豪理事长，许溶烈、程庆国副理事长和常务理事及有关人员共27人出席会议。会议对下列事项进行了决议：审议通过《中国土木工程学会章程（修改草案）》，自即日起公布实施；审议通过《中国土木工程学会分科学会组织条例》；决定增设奖励工作委员会，并确定7个工作委员会的主任委员人选；听取秘书处关于第五届年会筹备情况汇报。决定年会于1990年5月4～6日在天津举行；决定五届二次理事会议在5月3日召开；同意秘书处提出的学会荣誉会员的授予范围和推举程序；决定将"提高工程质量的政策与措施研究"列为学会开展的综合性、宏观性、决策性研究课题；同意设立中国土木工程学会优秀论文奖；同意成立全国自然科学名词审定委员会、土木工程学名词审定分委会；提议着手筹措中国土木工程学会基金；决定撤销技术咨询中心预应力技术开发咨询部，其业务划归混凝土及预应力混凝土学会管理。

11月13日　公布实施《中国土木工程学会章程》。本章程是在1987年10月四届六次常务理事会通过公布实施的章程基础上，根据中国科协有关规定，结合学会实际情况进行修订的。

11月13日　公布实施《中国土木工程学会分科学会组织条例》。

● 1990年

1月12～25日　应日中经济协会邀请，以常务理事、秘书长李承刚为团长的中国土木工程学会代表团一行3人访问了日本。此行是为执行中日双边合作协议1989年度计划，就双边关系和1990年、1991年这两年的交流项目交换意见而出访的。

1月24日　由学会提出的"提高工程质量的政策与措施研究"课题，被同意列入中国科协1991年决策科学论证与资料软科学研究计划。许溶烈副理事长分别于1月6日、24日邀请有关工业部门主管建设管理方面的领导和专家就课题工作交换意见，并着手制订研究工作计划。

3月30日　学会五届三次常务理事会议在北京召开。理事长李国豪，副理事长许溶烈、子刚、程庆国以及常务理事15人出席会议。会议决议下列事项：研究五届二次理事会议议程，决定由李承刚秘书长作工作报告；通过五届理事会7个工作委员会的组成名单，共聘请78位同志担任本届各工作委员会委员；审议并通过经分科学会提名、对学会工作作出贡献的18位老专家为学会荣誉会员；同意全国政协委员，香港知名人士，合和实业有限公司董事、总经理胡应湘先生为学会荣誉会员；决定从当年起设立中国土木工程学会优秀论文奖和扩大评选高校毕业生奖；请副理事长程庆国组建学会基金小组，起草基金筹措条例。

4月17～20日　学会桥梁及结构工程分科学会第九届全国桥梁学术会议在杭州召开，共有236名代表出席会议。会议的中心议题是桥梁的规划、设计与施工以及结构理论的新进展。会议共征集论文114篇。会议期间，桥梁及结构工程分科学会进行了换届，由68人组成第三届理事会，到会理事选举产生了理事会的领导成员。

5月3日　学会五届二次理事会在天津召开，理事长李国豪，副理事长许溶烈、子刚、程庆国和理事及有关人员共80多人出席会议。会上向19位老专家颁发了荣誉会员证书。

5月4～6日　以"交流和研讨大城市交通工程建设问题"为主题的中国土木工程学会第五届年会在天津举行。各地、各部门从事交通工程建设、道路桥梁建设的专家学者和管理干部共225人出席会议。加拿大土木工程学会主席S·BOWERS应邀参加了年会。会议由副理事长许溶烈主持，理事长李国豪致开幕词，建设部副部长周干峙到会讲话。这次年会共征集论文近200篇，其中91篇汇编出版了论文集。

5月8～12日　由中国土木工程学会、加拿大土木工程学会和中国建筑科学研究院联合主办的第三届发展中国家混凝土国际学术讨论会在北京举行。这是继巴基斯坦和印度召开第一届、第二届会议之后在我国举办相同主题的系列性学术会议。有24位外宾和101位中国专家出席会议。会议论文集共收入论文86篇，其中外国学者论文32篇。

5月22～25日　由学会土力学及基础工程分科学会等7个学术团体联合举办的第三届全国土动力学学术会议在上海召开。会议的主题是土动力学在工程中应用。会议总结交流了近年来我国在土动力学研究与工程应用方面的主要成果。参加会议代表157名，提交学术论文189篇，其中133篇被选入论文集。

6月4～9日　学会常务理事、国际预协副主席何广乾出席在联邦德国汉堡召开的国际预应力协会理事会议暨第十一届学术大会。何广乾在理事会上汇报了将于1991年9月在中国北京由学会和国际预协联合召开预应力混凝土现代应用国际学术讨论会的筹备工作情况。

6月30日～7月1日　学会和中国建筑学会联合主持的地方学会工作会议在北京召开，全国28个省、自治区、直辖市的土木工程和土木建筑学会的秘书长及有关同志共70多人出席了会议。

7月11～13日　学会混凝土及预应力混凝土分科学会第三届理事会暨学术交流会在北京召开，全国64个单位的95名代表出席会议。混凝土及预应力混凝土分科学会第三届理事会由79人组成，经到会理事选举，产生了第三届理事会的领导成员。

8月7～14日　学会防护工程分科学会第一届、第二次理事会议暨第二次学术年会在山西五台山召开，77名理事、专家和代表出席会议。会议论文集共收入论文56篇，评出优秀论文17篇。

9月3～7日　由中国土木工程学会与国际隧道协会联合主办、西南交通大学与学会隧道及地下工程分科学会承办的国际隧道协会第十六届年会暨隧道与地下工程国际学术报告会在成都市召开。国际隧协主席柯克兰德，副主席、执行委员和来自28个其他国家和地区的170余位隧道工程专家，以及中国的310位代表出席会议。本次会议以"隧道与地下工程的现状与未来"为主题，研讨了铁路、公路、水工隧道及地下空间利用方面的建设经验和科技成果。会议选用论文152篇，编辑出版了三卷论文集。

9月8日　学会隧道及地下工程分科学会第三届理事会议在成都市召开，部分二届理事和三届理事共80余人出席会议。第三届理事会由68位理事组成，到会理事通过选举产生了第三届理事会的领导成员。

10月17～19日　学会在河北承德市召开学术会议组织管理经验座谈会。11个分科学会以及部分地方土建学会的秘书长和代表23人出席会议。会议讨论了《中国土木工程学会学术会议组织管理条例（草案）》。

10月31日～11月3日　由学会教育工作委员会发起的第二届全国高等学校土木系系主任工作研讨会在南京举行，有来自153所院校的178名代表出席会议。会议收到交流论文90篇，展出图书教材资料176种。

11月11～15日　应美国混凝土学会（ACI）邀请，学会秘书长李承刚等2人出席该会在美国费城举行的1990年秋季年会，考察该学会开展年会活动的经验，出席国际圆桌会议，商谈建立双边交流合作关系等问题。

12月3日　学会五届四次常务理事会议在北京举行。会议由许溶烈常务理事长主持，会议议决了以下事项：原则同意李承刚秘书长所作的秘书处工作报告和1991年工作的建议；讨论《中国土木工程学会科学发展基金工作条例》，会议认为各常务理事所在单位应作为筹措基金的发起单位；通过自然科学名词审定委员会土木工程分委会的组成名单，同意学会常务理事蓝天研究员担任主任委员；原则通过《中国土木工程学会团体会员条例》；原则通过《中国土木工程学会学术会议组织管理条例》，决定于1991年1月1日起实施；原则通过《中国土木工程学会优秀论文评选条例》，决定评选工作每两年举行一次；会议对学会教育工作委员会近年开展的高校土木系系主任教学工作研讨、专业课程设置研讨、优秀毕业生奖评选等一系列活动所做的大量卓有成效的工作给予充分肯定和赞赏。

12月13日　学会成立由31名专家组成的《土木工程学名词》审定分委员会，并召开第一次工作会议。会议讨论了审定工作计划，同时确定了15名专业名词编审负责人。

● 1991年

1月1日　《中国土木工程学会学术会议组织管理条例》《中国土木工程学会团体会员条例》《中国土木工程学会优秀论文奖评审条例》公布实施。

1月5日　茅以升科技教育基金管委会成立暨颁奖大会在北京举行。该基金设奖项目中的桥梁大奖和岩土力学大奖委托学会组织评选，均为两年一次，每次一人。

1月　学会正式开展"提高工程质量的政策与措施研究"课题，计划两年完成。参加这一课题的有建设部建设监理司、铁道部建设司、冶金部建设司、航空航天部建设司、中国统配煤矿总公司基建局以及北京市科协等部门及工程建设单位的专家。课题成立四个分课题研究组开展工作。

3月5~7日　学会港口工程分科学会和天津港务局联合在塘沽召开沿海港口城市规划与港口建设关系学术研讨会，有40位代表出席。

3月15日　由学会组织专家组成的评选推荐小组，在分科学会提名的基础上，经过认真审议，以无记名投票方式选出5名专家，作为学会向中国科协推荐的中国科学院学部委员候选人。

5月23~27日　中国科协第四次全国代表大会在北京举行。学会选派的许溶烈、陈震、陈惠玲当选为中国科协第四届全国委员会委员。学会秘书处学术工作部主任徐渭获中国科协先进工作者奖。由学会推荐的总参工程兵部科研三所任辉启获中国科协第二届青年科技奖。

5月31日　学会五届五次常务理事会议在北京召开。李国豪理事长，子刚、程庆国副理事长以及常务理事共17人出席。这次会议的中心议题是传达与研究贯彻中国科协第四次全国代表大会精神。会议还表决了以下事项：决定于1993年召开中国土木工程学会第六次会员代表大会暨第六届年会，确定以提高工程质量的政策与措施为第六届年会的主题；研究民政部关于社团登记的有关问题，会议认为学会及所属组织的管理与活动应遵守社团条例，增强社团意识；讨论决定为赵州桥竖立纪念碑，并同意接受美国土木工程师学会向赵州桥赠送国际土木工程历史古迹铜牌事宜。

6月18～22日　第六届全国土力学及基础工程学术会议在上海召开，共有370余位代表出席会议，交流论文206篇。会议期间还举办岩土工程测试仪的设备展览。学会秘书处学术部对会议进行质量评估，与会代表评价良好。

6月20～23日　学会和中国建筑学会联合在北京召开地方学会工作会议，共有55人出席。会议由学会常务副理事长许溶烈主持。会议主要传达与贯彻中国科协四大精神，交流学会工作经验，协调与部署工作。

7月18日　通过全体理事选举，张朝贵任学会秘书长，李承刚不再兼任学会秘书长职务。

9月3～6日　中国土木工程学会与国际预应力协会联合在北京举办国际预应力混凝土现代应用学术讨论会。127篇论文编入会议论文集。这些论文充分反映了当时世界预应力混凝土技术现代应用的最新成就。

9月4日　学会为赵州桥敬立的"世界著名古石桥"石碑在当地揭幕。美国土木工程师学会选定赵州桥为第12个国际历史土木工程里程碑的铜牌赠送仪式同时在当地举行。学会、河北省、石家庄地区、赵县等有关方面负责人和美国土木工程师学会代表团团长格威克教授和威尔森教授以及当地群众共200余人出席了仪式。

9月27日～10月10日　应学会邀请，以日中经济协会建设部会长尾之内由纪夫为团长的代表团一行10人来华访问。双方就多年来的合作进行总结，并对今后的交流活动事项进行会谈，取得了一致意见。

10月26日　学会五届六次常务理事会议在北京召开，常务理事14人出席，李国豪理事长主持会议。会议研究了召开第六次会员代表大会的组织方案；决定成立5人筹备领导小组，负责提出换届改选的组织办法。

11月1～4日　学会城市公共交通学会第四届理事会议暨1991年年会在江苏无锡市召开，到会理事选举产生第四届理事会的领导成员。年会收到交流学术论文26篇。

12月3～5日　由学会市政工程分科学会和上海市土木工程学会联合举办的第三次全国城市桥梁学术会议在上海召开。出席会议的有来自22个省、自治区、直辖市的150个单位的250名代表。会议总结交流了各类桥梁工程的科研、设计与施工经验；参观了正在施工的杨浦大桥和建成通车的南浦大桥。会议出版的论文集共选入论文76篇。

12月20～21日　学会秘书处召开分科学会工作经验交流座谈会。11个分科学会的秘书长和代表出席会议，交流1991年的工作经验，讨论通过了《中国土木工程学会分科学会所属（专业）委员会组织管理的规定》。

● 1992年

1月1日　《中国土木工程学会分科学会所属（专业）委员会组织管理的规定》公布实施。

2月10日　国家民政部向中国土木工程学会颁发社团登记证书（民政部崔乃夫签署社证字第0055号）。

2月12日　中国土木工程学会优秀论文奖评审委员会召开会议，评出首届中国土木工程学会优秀论文奖获奖论文11篇。其中，一等奖2篇、二等奖3篇、三等奖6篇。颁奖活动定在第六届年会上进行。

3月19日　学会五届七次常务理事会议在北京召开。李国豪理事长、许溶烈常务副理事长主持会议。会议讨论并决定了以下事项：决定1993年3月在北京召开中国土木工程学会第六次会员代表大会暨第六届年会，会期4天，分两段进行；同意筹备领导小组提出的理事会换届改选组织方案，确定第六届理事会理事150名左右、常务理事30名左右；同意在第六次全国代表大会上表彰学会先进工作者，请分科学会、地方学会、团体会员单位推荐；根据对学会的前身中国工程师学会的发展史料进行分析与论证，会议确认1912年为中国土木工程学会的创始年；时逢80周年，决定编辑《中国土木工程学会八十周年纪念专集：1912—1992》，并在第六次会员代表大会期间开展纪念活动。

5月14～17日　学会隧道及地下工程分科学会第七届年会暨北京地铁西单车站工程学术讨论会在北京召开，出席会议的有学会理事、论文作者及有关方面代表，共421人。会议收到论文145篇，其中101篇收入论文集。

6月4～6日　学会和中国建筑学会联合在杭州召开1992年地方学会工作会议，来自全国26个省、自治区、直辖市的土木工程、土木建筑和建筑学会46名代表出席。

6月9～10日　学会计算机应用分科学会理事长朱伯芳代表学会出席在美国达拉斯召开的国际土木工程计算机应用学会筹备会议。经会议讨论，决定成立国际土木与结构工程计算机应用学会。

7月21～23日　由中国土木工程学会、中国建筑业联合会深基础协会与台湾地工技术研究发展基金会联合主办的地基基础技术交流会在北京举行。这是海峡两岸岩土工程界首次组织的技术交流活动，共有78位代表出席。来自台湾地区的18位专家介绍了台湾在深基础及地铁建设方面的技术成果，大陆专家报告了深基础工程的实践经验及其成就。

8月28日　学会召开《中国土木工程指南》编辑工作总结会议。该指南是由学会组织100多位土木工程各专业领域的学科带头人、知名专家学者集体撰写而成的一部实用性强、具有较高学术权威性的科技专著，被列为国家新闻出版署审定的国家级重点图书。全书共分14篇，系统阐述了土木工程各专业领域的设计要求、基本方法及理论依据。李国豪担任本书名誉主编，许溶烈担任主编，由科学出版社出版。

8月30日～9月4日　学会防护工程分科学会第二届理事会暨第三次年会在山东烟台市召开。出席会议的有第一届、第二届理事会的理事，特邀代表和论文作者，共80名。理事会审议通过了第一届常务理事会工作报告；通过了第二届理事会成员（共64名）；选举产生了第二届理事会的领导成员。

10月20～23日　由学会主办的全国城市防洪学术会议在成都市举行。来自全国30个城市的85名代表出席了会议，建设部谭庆琏副部长到会并讲话。会议征集到论文96篇，反映了我国城市防洪的技术水平。会议还就加强城市防洪工作向政府主管部门提出了建议。

11月2～5日　由中国土木工程学会桥梁及结构工程分科学会、中国公路学会桥梁委员会、中国铁道学会桥梁委员会联合主办的1992年全国桥梁结构学术大会在武汉市举行。大会收到交流论文225篇，反映了我国近几年来桥梁建设和科学技术方面的成就。

12月5～12日　应学会邀请，国际桥梁及结构协会秘书长戈兰先生及夫人来北京参观访问，检查落实将于1993年在北京召开的国际土木工程中的计算机知识系统讨论会的准备工作情况。学会和清华大学土木系有关领导和专家会见了外宾。

12月26日　学会所属北京中土建设技术开发公司在北京市海淀区工商局正式注册并领取营业执照（注册号：08430170）。

12月　受中国科协委托，由学会负责编写的《中国科学技术专家传略》（工程技术编：土木建筑卷）完成组稿和编审工作。

● 1993年

2月12日　由学会组织完成的"提高工程质量的政策与措施研究"课题在京召开总结会，共有79位专家参加。该课题于1992年底完成，历时两年，通过了经中国科协委托由建设部科技司组织的鉴定。编辑出版了《提高工程质量的政策与措施研究》和《中国土木工程学会第六届年会论文集》。

2月20日　学会五届八次常务理事会议在北京召开。李国豪理事长主持会议，许溶烈、子刚、程庆国副理事长及常务理事等19人出席了会议。会议讨论并决定了以下事项：原则同意《中国土木工程学会第五届理事会工作报告讨论稿》；原则同意《中国土木工程学会章程（修改草案）》，根据本次会议提出的意见作补充修改后，提交第六次全国会员代表大会审议；决定第六届理事会理事、副理事长和秘书长推荐人选，同意为台湾及港澳地区保留理事名额；通过《中国土木工程学会科技发展基金条例草案》，同意基金筹集采用捐赠与借助两种方式，并定名为"詹天佑土木工程科技发展基金"；同意设立"建筑市场与招投标研究会"为学会下属专业学术组织，专业活动可逐步向工程经济与工程管理方面拓宽。

4月　由学会主编的《中国土木工程指南》正式出版发行。这是学会组织各分会近百名专家，历时两年编写的具有指导性和实用性的大型工程专著。

4月7日　近百名科技工作者汇聚上海科学会堂，庆贺学会理事长、著名桥梁专家李国豪教授80华诞，许溶烈、程庆国副理事长和张朝贵秘书长到会祝贺。

5月12日　由国际桥梁及结构工程协会（IABSE）发起主办，学会和清华大学共同承办的土木工程中的专家系统国际研讨会在清华大学召开。这是作为IABSE的第68次学术会议，共有22个国家和地区的学者到会，其中外国来宾65人。会议主旨是把人工智能、知识工程中的最新科研成果与传统的土木工程科学结合起来，特别强调在工程设计、诊断和管理中的实际应用。

5月25日　中国土木工程学会第六次代表大会暨纪念学会创建80周年大会在北京召开。出席开幕式的有时任中央政治局候补委员、书记处书记温家宝，中国科协名誉主席严济慈、主席朱光亚，建设部李振东副部长，铁道部孙永福副部长，交通部李居昌副部长等领导人。温家宝同志发表重要讲话。来自全国的200位专家出席大会。编印了《中国土木工程学会八十周年纪念文集：1912—1992》。

6月2～4日　学会与中国建筑学会联合在广州召开1993年地方学会工作会议。来自全国24个省、自治区、直辖市的46名代表参加会议。会议传达了学会第六次全国会员代表大会的情况。

8月30日　经中国科学技术发展基金会批准（8月25日科技基金秘字002号文），在中国土木工程学会原有专项基金的基础上，正式更名并建立"詹天佑土木工程科技发展基金"，同时组成以侯捷为顾问、李国豪为名誉主席、许溶烈为主席的基金管理委员会。当日召开基金管委会第一次会议，通过基金管理条例。基金管委会办公室（设在学会秘书处）负责日常工作，决定张朝贵兼任秘书长、徐渭任副秘书长。

10月26～29日　受建设部委托，由学会主办的国际计算机辅助工程设计研讨会在北京召开，来自10多个国家和地区的80位专家参加会议。会议收到交流论文99篇，内容包括工程领域的专家系统、CAD技术应用等。

11月　学会教育工作委员会在天津组织召开第三届全国高校土木系系主任教学工作研讨会。有120多所土木建筑类高校的200多位代表出席会议，同时组织了评选优秀毕业生活动。

12月25日　学会六届二次常务理事会议在北京召开。会议听取了秘书处工作报告；审议并基本同意学会第六届各工作委员会组成人员名单，同意《通讯会员条例》并由秘书处组织实施；同意申办2000年北京举办国际桥协第十六届大会议案，由程庆国、项海帆等提出申办可行性报告；原则同意接纳项目法施工研究会为学会专业学术组织。

⬤ 1994年

4月15～18日　学会和中国建筑学会联合在郑州召开1994年全国地方学会工作会议。来自24个省、自治区、直辖市的土建学会的负责人及秘书长参加会议。

5月5～14日　以加拿大土木工程学会主席克劳德·詹森为团长的4人代表团访问中国。学会秘书长张朝贵等与代表团进行会谈，双方相互介绍学会工作状况，并对交流的主要活动取得共识。

5月23日　学会六届三次常务理事会议在北京召开。

6月17日　美国土木工程师学会《今日建设》编辑葛瑞门访问学会。

7月　学会第二届（1992～1993年度）优秀论文奖评选揭晓。19篇论文获一、二、三等奖，由詹天佑土木工程基金分别颁发奖金。

7月12～16日　学会主办的1994年国际给水排水学术讨论会及展览会在北京举行。会议收到论文近200篇，收入论文集131篇。出席会议的有来自日本、韩国、美国、意大利、加拿大、澳大利亚、法国、德国、泰国、瑞典等国的代表60人，中国代表85人。

7月25～30日　由学会和中国建筑学会联合举办的1994年全国青少年土建科技夏令营活动在建设部礼堂开营。建设部、北京市的领导出席开营式。参加活动的营员共174人。

10月20～24日　学会与台湾地工技术研究发展基金会共同主办的海峡两岸土力学及基础工程（地工技术）学术研讨会在西安召开。70位台湾专家和190位大陆学者出席会议，建设部部长侯捷向会议发了贺词。会议论文集共收入论文93篇，就土的性质、边坡稳定、深基础、地基处理及隧道与地下工程五个方面交流了研究成果与实践理念。

12月2～3日　中国—加拿大可持续发展与工程环境研讨会在北京举行。会议由学会罗祥麟副秘书长、孙树义研究员和加方C. D. Johoson教授轮流担任执行主席。

12月20～22日　学会桥梁及结构工程分会在汕头召开第十一届全国桥梁学术会议，共有230人出席会议。会议主题为悬索桥结构，收到交流论文84篇。会议期间还召开了桥梁及结构工程分会第四届理事会议，选举产生新一届理事长、副理事长。

12月27日　学会六届四次常务理事会议在北京举行。会议讨论并决定以下事项：审议通过张朝贵秘书长所作的工作报告；决定于1995年11月在上海召开中国土木工程学会第七届年会暨茅以升诞辰100周年纪念会；会议期间召开六届二次理事会会议。

学会自1991年以来，先后有五位同志分别当选为中国科学院院士、中国工程院院士：卢肇钧（学会荣誉会员）、孙钧（学会副理事长）、程庆国（学会副理事长）为中科院院士；钱七虎（学会防护工程分会副理事长）、钱易为中国工程院院士。当选为首批院士的还有：学会名誉理事长、中国科学院院士李国豪，学会荣誉会员吴中伟，学会土力学及基础工程分会理事长周镜等土木工程界的知名专家学者。

1995年

4月20～23日 应韩国土木学会邀请，以学会副秘书长罗祥麟为团长的学会代表团一行3人访问韩国，出席韩国土木学会第43届年会及学术报告会。

5月20～24日 学会和中国建筑学会在成都联合召开1995年地方学会工作会议。来自25个省、自治区、直辖市的29个地方学会的70多名代表出席会议。

5月31日～6月11日 应加拿大土木工程学会邀请，由学会派出的以中国民航机场建设工程公司李其钧总经理为团长的一行5人参加1995年加拿大土木工程学会年会，并就工程环境和可持续发展问题开展了研讨。

8月29日～9月2日 由学会土力学及基础工程分会联合组织的第十届亚洲土力学与基础工程国际会议在北京召开，有117篇论文收入论文集，来自26个国家和地区的中外专家学者和科技人员300余人参加会议。建设部部长侯捷、中国科协副主席庄逢甘在开幕式上致贺词。国际土协主席、秘书长、国际土协亚洲地区前任副主席参加会议并主持召开了国际土协亚洲组织代表会议。

11月7日 学会六届二次理事会会议在上海举行。这次会议与学会第七届年会暨茅以升诞辰100周年纪念会同时召开。

11月7日 詹天佑土木工程科技发展基金管委会会议在上海召开。基金管委会主席许溶烈等13人出席会议。会议研究了基金工作的发展与计划。

11月7～10日 由学会主办、上海市土木工程学会及同济大学协办的中国土木工程学会第七届年会暨茅以升诞辰100周年纪念会在上海举行。本次年会的主题为城市交通工程建设。出席本次会议的有学会理事、常务理事，来自全国二十几个省、市的论文作者、科技工作者、获奖者代表等150余人。会议出版论文集，共收录我国城市交通建设方面的论文74篇。

11月12～14日 应中国科协邀请，澳大利亚工程师学会会长梅尔博士、副会长麦德利先生访问我国，并于12日访问学会。双方介绍了各自的学术活动情况，并签署了"中国土木工程学会与澳大利亚工程师学会合作协议书"。

12月2～15日 应学会邀请，以加拿大土木工程学会国际委员会主席詹森教授为团长的5人代表团访问了广州、上海、西安、北京，并举行可持续发展与工程环境研讨会。我国专家学者100多人参加会议。

12月5～9日 由学会土力学及基础工程分会地基处理学术委员会主办的第四届

全国地基处理学术讨论会在广东肇庆举行。有268人出席大会，交流了18个专题，收到论文128篇。

● 1996年

1月18～27日　应学会邀请，以日本住宅都市整备公团理事立石真为团长的日本日中经济会协会住宅访华团一行8人先后访问北京、广州等城市。学会秘书长张朝贵等会见了访华团。

1月20日　学会秘书长张朝贵接待以英国结构工程师学会会长萨波森、秘书长多格尔为首的访华团一行5人。双方回顾了自1986年签订两会合作协议以来互相交流访问的情况，探讨1996年合作事宜。

3月22日　美国土木工程师学会国际部主任沙尼士博士和邵南先生访问学会，双方就近年来两会交流情况进行了回顾，并就美国土木工程师学会在北京建立国际小组等问题进行探讨。

4月7～14日　应学会邀请，以加拿大土木工程学会国际事务委员会主任、可持续发展委员会主席克劳德·詹森教授为团长的代表团一行3人来华访问。研究编写《中国土木工程学会土木工程可持续发展指南》，讨论今后三年合作计划并签订了协议。

4月20～24日　受学会委派，以中国铁路工程总公司副总经理轩辕啸雯为团长的隧道及地下工程学会代表团一行3人，参加在美国华盛顿召开的国际隧道协会（ITA）第22届年会（北美隧道1996年会）。

4月23～25日　由学会主办的亚洲及太平洋薄壳空间结构学术会议在北京举行。来自中国、日本、韩国、澳大利亚、美国等16个国家的150多名学者参加会议。有95篇论文收入论文集。学会副理事长程庆国、国际薄壳及空间结构学会主席麦德瓦道斯基与学会空间结构委员会主任委员何广乾到会致辞。

5月27日　应学会邀请，日本国际建设技术协会研究第二部部长中山隆访问学会。许溶烈理事长等会见了客人，双方起草了合作意向书，并讨论了1996年度的合作计划。这是根据1996年4月日方提议，将日中经济协会与学会开展长达30余年的日中土木工程双边合作协议，改由日本国际建设技术协会与学会继续进行合作的第一次双边会谈。日本国际建设技术协会设立于1956年，得到日本建设省、运输省的支持。

7月16日　学会六届六次常务理事会议在北京召开。出席会议的常务理事及代表共18人，会议作出如下决议：原则同意第八届年会筹备工作，建议重点组织3~4篇高水平综合性论文作为年会的主要报告；原则同意第七届理事会的建议方案；关于开展中加合作项目"中国土木工程学会土木工程可持续发展指南"，建议继续与加方商谈，争取更多经费支持；原则同意学会高校优秀毕业生奖评选条例；原则同意清华大学土木工程系提出的成立中国土木工程学生分会的建议。

8月18~21日　学会团体会员工作会议在浙江建德市举行。

10月13~16日　学会隧道及地下工程分会第九届年会暨学术讨论会在北京举行，出席代表200余人。铁道部副部长孙永福、学会理事长许溶烈出席会议并讲话。会议收到论文120余篇，其中86篇收入论文集。

10月21日~11月5日　应美国土木工程师学会邀请，学会组织以云南省建设厅程润春为团长的中国建筑企业技术交流代表团一行15人赴美考察访问。双方就城市建设、建筑设计、建筑材料、施工技术和施工管理等问题进行了座谈交流。

10月22~25日　由学会隧道及地下工程分会、中国岩土力学与工程学会、同济大学主办的"96国际岩土锚固工程技术研讨会"在柳州召开。这是第一次由我国承办的锚固与灌浆技术国际研讨会。海内外岩土工程界的200余名专家学者参加了会议，收到交流论文60余篇。

10月30日~11月3日　由学会教育工作委员会组织的全国第四届高校土木系系主任工作研讨会在郑州举行。全国120多所院校180名土建类专业系主任出席会议。建设部副部长毛如柏作重要讲话。

11月4~7日　全国建筑给水排水年会暨中日学术交流会在烟台市召开。120人参加大会，收到论文28篇。

11月6~11日　学会混凝土及预应力混凝土分会在昆明市召开第九届全国混凝土及预应力混凝土学术交流会，184名代表出席会议。会议出版的论文集收入论文84篇。

11月18~21日　学会桥梁及结构工程分会第十二届全国桥梁学术大会在广州举行，到会代表370人。会议收到论文132篇。会议期间召开了理事会会议。

12月1日　应学会邀请，以詹森博士为团长的加拿大土木工程学会可持续发展访华团一行4人，先后到上海、无锡、苏州、南京及北京等城市进行讲学和访问。

12月3～6日　受学会隧道与地下工程分会地下铁道专业委员会委托，由广州地铁总公司承办的第十一届地铁工程学术交流会在广州召开。到会代表345人，发表论文206篇，有200篇收入论文集。

12月20日　詹天佑先生诞辰135周年座谈会在北京科技会堂举行。座谈会由中国土木工程学会与詹天佑土木工程基金管委会联合召开。建设部部长侯捷为纪念会题词："工程师的先驱，建设者的楷模"。

● 1997年

1月7日　学会六届七次常务理事会议在交通部水运规划设计院召开。19名常务理事及代表出席会议。会议作出如下决议：原则同意学会第七次全国会员代表大会和第八届年会各项筹备工作内容，以及七届理事分配名额推荐方案；研究设立"詹天佑土木工程大奖"，提出方案。

2月28日　学会《土木工程学报》第六届编委会第一次会议在北方交通大学召开。编委会由36人组成，主任委员是陈肇元教授。

4月7～11日　学会与中国建筑学会1997年全国地方学会工作会议在昆明市举行。有26个学会的61名代表参加会议。

4月12～17日　受学会委派，以隧道及地下工程分会秘书长秦淞君为团长的代表团一行3人参加在奥地利维也纳召开的国际隧协（ITA）第23届年会。有47个国家和地区的1048名代表参加会议。

8月5日　学会六届八次常务理事会议在北京召开。会议由许溶烈理事长主持。同意秘书处提出学会第七次全国会员代表大会暨第八届年会因社团整顿延期至1998年上半年举行的建议。

9月29日～10月11日　应日本国际建设技术协会邀请，由学会组织的城市防洪与港口工程考察团一行8人对日本都市洪水防灾与港口工程进行了考察。

10月10～14日　学会桥梁及结构工程分会空间结构委员会在开封市举行第八届空间结构学术会议。128个单位的216名代表出席会议。会议收到论文118篇。

11月29日～12月9日　根据中加土木工程学会的合作协议，加拿大土木工程可持续发展代表团一行4人来华，先后访问了杭州、武汉、长沙，并分别到浙江大学、武汉城建学院和湖南大学作了学术报告。

12月11～14日　由中国工程院土木、水利建筑工程学部和学会防护工程分会、隧道与地下工程分会联合举办的城市地下空间学术研讨会在成都召开。会议主题是"21世纪是地下空间的世纪"。70多名代表出席会议，会议收到论文41篇。

12月　第三届中国土木工程学会优秀论文奖评选揭晓。共评出一等奖1篇、二等奖6篇、三等奖8篇。

● 1998年

1月16日　学会秘书长张朝贵会见英国土木工程师学会工程部主任阿姆鲍格先生。双方回顾了自1986年签署合作协议以来开展的学术交流活动，并商讨对合作协议进行修改。

2月17日　学会六届九次常务理事会议在北京召开，18名常务理事出席会议。会议讨论并决定以下事项：学会第七次全国会员代表大会暨第八届年会定于1998年3月31日～4月3日在清华大学召开；原则同意有关表彰、奖励及荣誉会员方案和名单；原则同意设立"詹天佑土木工程大奖"方案及评选条例；原则同意再版修订《中国土木工程指南》一书的工作计划，由学会出版工作委员会负责组织工作。

3月17～20日　学会与中国建筑学会在珠海联合召开1998年地方学会工作会议，32个学会的代表参加会议。

3月31日～4月3日　学会第七次全国会员代表大会暨第八届年会在清华大学召开。建设部原部长侯捷、铁道部副部长蔡庆华、交通部副部长李居昌、清华大学常务副校长杨家庆、中国科协书记处书记徐善衍、学会理事长许溶烈、建设部总工程师姚兵、土木工程界老专家张维院士以及来自全国各地的代表200多人出席会议。会议选举产生第七届常务理事41人。会议产生新的学会领导人：理事长侯捷，副理事长李居昌、蔡庆华、程庆国、姚兵、陈肇元、项海帆，秘书长张朝贵。推举李国豪为名誉理事长，聘请许溶烈为顾问。会议同时召开了第八届学术年会，主题为"21世纪的土木工程"。共有82篇论文收入论文集。

3月31日　詹天佑土木工程科技发展基金管委会第四次会议在北京召开。

4月1日　学会七届一次常务理事会议在清华大学召开。会议由侯捷理事长主持，常务理事30人出席会议。讨论决定了以下事项：将《第六届理事会工作报告》

和《中国土木工程学会章程》决议草案提交代表大会讨论通过；根据修订的学会章程设立名誉理事的有关规定，决定孙钧等22位同志为第七届名誉理事；由秘书处起草制订学会《资深会员组织管理条例》《学生会员组织管理条例》《团体会员组织管理条例》《海外及港澳台地区会员组织管理条例》，提交下次常务理事会审定；原则同意设立"中国土木工程詹天佑大奖"方案。

4月4日　受全国科学技术名词审定委员会委托，学会出版工作委员会在北京召开土木工程科技名词审定分委员会会议，组织专家审定《土木工程科技名词》。该书收纳土木工程14个专业的近5000个中文基础名词。

4月25～30日　应国际隧道协会邀请，学会派出以隧道及地下工程分会理事长轩辕啸雯为团长的代表团一行3人赴巴西圣保罗参加国际隧协第二十四届年会。年会的主题是"隧道与都市"。

5月17日　应学会邀请，以加拿大土木工程学会主席马布·哈桑为团长的代表团一行5人抵京，与学会共同举办"中—加基础设施可持续发展学术研讨会"。中、加双方代表33人参加会议。

5月18～20日　学会隧道及地下工程分会地下铁道专业委员会第十二届地下铁道学术交流会在上海举行。有16个城市的192名代表与会，收到交流论文102篇，其中86篇收入论文集。

5月23～29日　国际预应力混凝土协会（FIP）第13次国际会议、国际结构混凝土协会（FIB）成立会议在荷兰阿姆斯特丹召开。学会混凝土及预应力分会副理事长陶学康等出席会议。

6月22～26日　学会市政工程分会举办的1998年全国市政工程学术会议在宁波召开。有92篇论文编入论文集。

8月5日　通过全体理事选举，唐美树接任学会秘书长。

8月27～30日　第二届国际非饱和土会议在北京科学技术会堂召开。这次会议由学会与国际土力学及岩土工程协会联合召开，有来自24个国家和地区的岩土工程专家学者126人参加会议。

9月7～19日　应日本国际建设技术协会邀请，以上海市建筑科学研究院陆善后总工程师为团长的中国土木工程学会混凝土外加剂代表团一行8人对日本混凝土外加剂的研究、生产与应用进行专题考察。

9月10日　应学会邀请，以克劳德·詹森教授为团长的加拿大土木工程学会可持续发展代表团一行5人来华讲学。

10月14日　学会常务副理事长姚兵、秘书长唐美树等会见日本土木学会会长冈田宏先生。双方探讨了今后两会开展合作交流的可行性。

10月27～28日　学会在北京召开专业分会及工作委员会工作会议。会议修订各项组织管理条例及工程大奖实施办法，为召开七届二次常务理事会议作准备。

11月2～4日　学会防护工程分会第六次学术年会在昆明举行。来自全国防护工程领域的110名代表参加会议。

11月26～29日　第四届全国预应力学术交流会在贵阳市举行。310多位预应力专家参加会议。会上评出并表彰41个预应力工程优秀项目。收到论文200余篇，编辑成《世纪之交的预应力新技术》一书。

12月23日　学会七届二次常务理事会议在北京召开。会议由常务副理事长姚兵主持，常务理事26人出席会议。秘书长唐美树汇报了1998年工作总结和1999年工作要点以及学会工作改革设想。

12月27日～1999年1月2日　学会詹天佑土木工程科技发展基金管委会和香港工程师学会土木部联合在北京举办"首届香港青年北京土建科技冬令营"。学会组织接待了刘正光、张仁康、张子敬率领的香港青年学生及工程师一行48人。双方商定，此后每年共同组织一次夏令营或冬令营，轮流在内地和香港各举行一次。

● 1999年

4月20～22日　学会和中国建筑学会1999年地方学会工作会议在济南市召开，有来自25个省、自治区、直辖市的28个学会的代表参加会议。

5月12～14日　第十届混凝土及预应力混凝土学术交流会在九江市召开。到会代表共140人，收到论文70余篇。

5月12日　学会常务副理事长姚兵、秘书长唐美树等会见了以日本土木学会会长田宏为首的4人访华团。双方签署了《中国土木工程学会与日本土木工程学会合作协议书》。

5月27～29日　由学会教育工作委员会主办、同济大学土木工程学院承办的第五届全国高校土木工程系（院）主任工作会议暨教学改革研讨会在同济大学召开。来自全国各地130多个单位的230多名代表到会。此会每三年举行一次。

5月28日 应国际隧协（ITA）邀请，学会派出隧道与地下工程分会副理事长王建宇等3人赴挪威奥斯陆参加国际隧协成立25周年庆祝大会暨25届年会以及1999年学术讨论会。来自世界各地的600余名代表参加会议，交流论文164篇。

6月25～26日 学会建筑市场与招投标分会和香港工程学会建造部共同举办的1999年内地与香港工程招投标交流研讨会在深圳举行。来自内地与香港的80多名代表参加会议，收到论文45篇。

7月25日 学会七届三次常务理事会议在北京召开。经讨论审议，决定如下事项：同意于2000年结合年会召开七届二次理事大会，责成秘书处做好大会筹备工作；加强对南京工苑建设监理公司的管理，同意增补该公司总经理张玉信为学会理事；同意学会给水排水分会更名为水工业分会；原则同意学会与日本土木学会签订的合作协议。

10月13日 以英国土木工程师学会副主席约翰·伯长硕为团长的土木工程代表团一行9人访问学会。

10月30日 詹天佑土木工程科技发展基金管委会会议在香港召开。会议对一年来基金工作及今后的重点活动计划进行讨论。会议决定聘请香港工务局局长李承仕为基金管委会顾问，路政署署长刘正光为委员，天津市政研究院院长林金妹为司库。

10月28日 首届中国土木工程詹天佑大奖评审会议在中国科技会堂召开。投票评出21项获奖工程。

10月29日～11月4日 应香港工程师学会土木部邀请，中国土木工程学会暨詹天佑土木工程科技发展基金管委会代表团，以学会顾问、基金管委会主席许溶烈为团长的一行10人赴港考察。香港特别行政区工务局局长李承仕会见了代表团。

12月6～8日 香港特别行政区工务局局长李承仕先生一行7人来京访问，建设部俞正声部长，叶如棠、郑一军副部长会见代表团。学会顾问、詹天佑土木工程科技发展基金管委会主席许溶烈向李承仕先生颁发了基金管委会顾问聘书。

12月21～24日 学会隧道与地下工程分会地下铁道专业委员会第十三届学术交流会在深圳召开。来自全国18个城市地铁和城市轨道交通行业的近300名代表参加会议。会议征集到论文168篇。

12月30日　经中国科协批准，学会加入水环境联合会（WEF）。这是以美国为主的水污染控制和水环境保护的国际性学术组织。学会常务理事聂梅生为该会理事会成员。

● 2000年

1月3日　九届全国政协常委、人口资源环境委员会主任、建设部原部长、学会第七届理事长侯捷同志，因病医治无效在北京逝世，享年70岁。

1月5日　由学会主编、科学出版社出版的《中国土木工程指南（第二版）》面市。当日召开编委会议并举行了首发式。

1月20日　学会七届四次常务理事会议在北京召开。会议由常务副理事长姚兵主持。会议议定如下事项：决定第九届学术年会暨第七届第二次理事会于2000年5月30日至6月1日在杭州召开；赞同詹天佑土木工程科技发展基金管委会1999年工作总结及"中国土木工程詹天佑大奖"的评选工作，决定在本年5月召开的第九届学术年会上颁奖；同意设立国际交流与合作工作委员会，聘请刘西拉担任该工作委员会主任。

1月31日　按照国家《社会团体登记管理条例》要求，民政部向学会颁发了重新登记的社团证书。

3月1～5日　应学会邀请，以日本国际建设技术协会理事长壬光弘明先生为首的代表团一行3人访问我会。学会常务副理事长姚兵、秘书长唐美树等会见代表团，就今后如何加强技术交流与合作进行了会谈。

3月1～5日　应学会邀请，以日本国际建设技术协会理事长壬光弘明先生为首的代表团一行3人访问我会。学会常务副理事长姚兵、秘书长唐美树等会见代表团，就今后如何加强技术交流与合作进行了会谈。

3月23～26日　应学会邀请，美国土木工程师学会主席戴伦·汉普顿及夫人、秘书长詹姆斯·戴维斯等一行4人访问我会，续签了2000～2003年双边合作协议。

3月31日　学会第四届优秀土木工程论文奖评选揭晓，共选出一等奖2篇、二等奖5篇、三等奖15篇。

5月　第二届詹天佑土木工程科技发展基金管委会产生：主席许溶烈，副主席9人，委员16人，秘书长唐美树，专职副秘书长徐渭，司库林金妹。

5月28日～6月1日　在学会国际合作与交流工作委员会支持下，国际建造理事会

（CIB）在杭州举行新千年第一次理事会。CIB主席、副主席以及来自15个国家的各国理事22人参加会议，中国理事刘西拉教授出席会议。

5月30日～6月1日　中国土木工程学会第九届年会、七二次理事会议暨中国土木工程詹天佑大奖颁奖大会在杭州举行。本届年会主题是"工程安全与耐久性"，论文集收入论文88篇。九江长江大桥等21项工程获首届中国土木工程詹天佑大奖。

5月31日　应学会邀请，香港特区工务局路政署副署长、香港工程师学会副会长刘正光先生，香港工程师学会土木部主席陈志超等一行16人赴杭州，参加学会第九届学术年会暨中国土木工程詹天佑大奖颁奖大会，并签署了中国土木工程学会与香港工程师学会土木部交流与合作议定书。

6月13～15日　学会与中国建筑学会联合在长沙市召开地方学会工作会议，有24个地方学会的32名代表出席会议。

6月22日　英国土木工程师学会副理事长道格拉斯等3人访问学会。双方回顾了自1986年首签协议开展交流项目的成果，并就双边交流的有关事宜进行了交谈。

7月13日　学会城市公共交通分会以团体会员身份加入国际公共交通联合会（UITP）。

9月13～17日　学会桥梁及结构工程分会空间结构委员会第九届空间结构学术会议在浙江省萧山市举行。来自141个单位的265名代表参加了会议。会议收到论文127篇。

10月17～20日　学会市政工程分会2000年学术年会在西安市召开。来自全国24个省市的132名代表出席会议。

10月31日～11月3日　第六届全国地基处理学术讨论会暨第二届全国基坑工程学术讨论会在温州市举行。来自全国的200多名代表参加会议，共有162篇论文收入论文集。

11月1日　英国土木工程师学会副主席Douglas Oakervee先生访问我会。由学会国际交流与合作工作委员会主任刘西拉教授接待，双方就面向21世纪扩大中英土木工程界年轻工程师的交流进行了讨论。

11月5～7日　学会桥梁及结构工程分会第十四届全国桥梁学术会议在南京召开。全国桥梁工程界近300名工程技术专家参加会议。学会名誉理事长李国豪、交通部总工程师凤懋润、秘书长唐美树参加会议并讲话。分会理事长范立础为大会致辞。

11月20日~12月8日　应美国土木工程师学会邀请，学会派出市政工程考察团一行10人赴美考察。

11月22日　应学会邀请，加拿大土木工程学会对华联系人陈海铎先生访问学会，与学会秘书长唐美树等进行了双边会谈。

12月　学会2000年度土木工程高校优秀毕业生奖评选揭晓，来自18个院校的20名学生获奖。

12月13~16日　学会2000年团体会员工作会议在广州召开。53个团体会员单位的80多名代表参加会议。

12月26~31日　由学会及詹天佑土木工程科技发展基金管委会与香港工程师学会土木部共同举办的香港青年土木建筑科技冬令营在南京开营。香港青年土建工程师和大学生代表团一行45人参加活动，在上海与同济大学土木工程学院学生交流座谈。

2001年

1月1~11日　由学会隧道及地下工程分会与台湾隧道协会、台湾大学土木工程系等共同举办的"第二届海峡两岸隧道与地下工程学术与技术研讨会"在台湾省台北市召开。175名代表参加会议。中国大陆22人代表团参加会议。

1月19日　学会七届五次常务理事会议在北京召开。会议由常务副理事长姚兵主持。会议议定如下事项：原则通过《中国土木工程学会团体会员条例（修改稿）》；同意组织工作委员会提出的"关于发展资深会员的意见"，第一批资深会员将从常务理事中产生。

2月22日　根据科技部部署撰写《关于"九五"期间我国若干领域科技进展》研究报告的要求，由学会主编的《"九五"期间我国土木工程科技重大进展一览》编撰完成并报科技部。

2月28日　学会按中国科协要求，组织撰写"21世纪学科发展丛书·土木工程"。完成《国计民生的基础设施》书稿，全书共18万字。

3月8日　国家科技奖励办公室举行社会力量设奖颁发证书仪式暨新闻发布会。詹天佑土木工程科技奖（土木工程大奖）获科技部首批核准登记。基金管委会副秘书长徐渭出席并领取证书。

3月20～23日　学会派出7人代表团赴马耳他参加国际桥梁与结构工程协会（IABSE）大会，并申办上海2004年国际桥协年会及学术交流会。学会副理事长项海帆院士当选国际桥协副主席。

4月9～11日　学会与中国建筑学会2001年地方学会工作会议在黄山市召开。来自29个省、自治区、直辖市的38位代表参加会议。

4月27日　学会与詹天佑土木工程科技发展基金管委会为纪念詹天佑诞辰140周年在北京科技会堂举行座谈会。

4月27日　2001年度詹天佑土木工程科技发展基金管委会工作会议在北京科技会堂召开。会议听取并讨论通过了2000年基金管委会工作报告、2000年基金财务工作报告和关于詹天佑土木工程大奖工作总结报告。

5月16日　科技部在北京召开"九五"期间我国11个领域科学技术重大进展发布会。会议由副部长邓楠主持。学会副秘书长刘西拉教授简要发布了"九五"期间我国土木领域的重大进展。

6月10～13日　以学会隧道和地下工程分会理事长轩辕啸雯为团长的一行6人代表团赴意大利米兰参加国际隧协第27届年会。

6月19日　学会标准及出版工作委员会成立会议在北京举行。委员会由12人组成。

8月1～4日　第十一届全国混凝土及预应力混凝土学术交流会在贵阳市召开。到会代表222人，共收到论文100篇。

11月15日　经建设部党组研究，建议原建设部副部长、全国政协委员谭庆琏担任学会理事长。经会议选举，147位理事全票通过。

11月20～23日　学会与日本国际建设技术协会共同主办，隧道与地下工程分会协办的中日隧道（盾构）技术研讨会在北京科技会堂举行。到会中方代表34人、日方代表16人。

● 2002年

2月1日　学会七届七次常务理事会议在北京召开。会议通过了学会法人代表变更决定，谭庆琏任学会法人代表，报民政部备案。

3月19日　詹天佑土木工程大奖指导委员会及评委会负责人会议在北京召开。经提名、遴选、申报程序，确定金茂大厦、虎门大桥等19项工程获第二届詹天佑土木工程大奖。

3月28～30日　学会与中国建筑学会2002年地方学会工作会议在广州市召开，来自全国27个省、自治区、直辖市的30个地方学会的理事长与秘书长60余人参加了会议。

4月11～14日　以台湾大学陈振川先生为首的台湾土木工程专家6人来北京参加由中国工程院、中国科学院和中国科协联合举办的中国近现代科学技术回顾与展望学术研讨会，并于12日访问学会。双方表示，希望研究今后交流的形式和方法，以进一步扩大海峡两岸土木工程专家学者的民间交流。

4月30日　第五届中国土木工程学会优秀论文奖评选揭晓，共评出一等奖1篇、二等奖5篇、三等奖15篇。

5月22日　中国科学技术发展基金会科技奖颁奖大会在人民大会堂举行。学会詹天佑土木工程科技奖第二届工程大奖19项获奖工程的19位代表参加了这次联合颁奖活动。

6月20～21日　由学会和德国海瑞克公司主办、学会隧道及地下工程分会协办的中德隧道（盾构）技术研讨会在北京科技会堂召开。学会谭庆琏理事长、德国驻中国大使J.B. Groger先生的代表、德国海瑞克公司总裁Martin Herren Knecht先生分别致辞。

8月1～3日　学会与香港工程师学会土木部在北京联合举行了21世纪土木工程的创新与可持续发展国际学术会议。来自世界各国的140多位专家参加了这次会议。学会谭庆琏理事长在开幕式上讲话。香港工程师学会主席刘正光博士在开幕式上致辞。

8月23日　学会七届八次常务理事会在北京召开。参加会议的有理事长谭庆琏、常务副理事长姚兵、副理事长蔡庆华等31名常务理事。经讨论审议，决定如下事项：同意第八次全国会员代表大会、第十届学术年会、学会成立90周年庆祝及颁奖大会的筹备方案；第八次全国会员代表大会代表及第八届理事会理事名额应作进一步调整，适当增加现任领导和中青年理事的比例；要求企业理事单位应给予学会必要的支持；学会章程修改草案再一次发给常务理事征求意见；关于表彰从事土木工程50周年老专家的工作，由于涉及面广，为了更加深入、具体地做好这项工作，特决定推迟于2003年进行；同意成立住宅建设分会，为住宅工程建设及房屋的科技进步服务，筹备方案将报建设部、中国科协、民政部审批。

10月13～15日　学会隧道及地下工程分会第十二届年会在重庆召开。来自中国、日本、瑞士、加拿大等国家和地区的200多个单位的420名专家参加了会议。本届年会的主题是"21世纪的隧道及地下工程"。

10月30日～11月14日　学会理事长谭庆琏一行4人应美国土木工程师学会的邀请，参加庆祝美国土木工程师学会成立150周年的纪念活动，同时顺访了加拿大土木工程学会和香港工程师学会。

11月17～19日　由学会、中国土工合成材料工程协会和中国环境科学学会联合主办的第一届全国环境岩土工程与土工合成材料技术研讨会成功召开。

11月26日　学会建会90周年庆典及第二届詹天佑土木工程大奖颁奖大会、第八次全国会员代表大会暨第十届学术年会在北京召开。学会名誉理事长、两院院士李国豪，建设部部长汪光焘，中国科协副主席陆延昌，建设部原副部长、学会理事长谭庆琏，铁道部副部长、学会副理事长蔡庆华，交通部副部长胡希捷，交通部原副部长、学会副理事长李居昌，詹天佑土木工程科技发展基金管委会主席许溶烈等有关部门领导出席了庆典大会。选举产生了由153名理事组成的第八届理事会和由58名理事组成的常务理事会。谭庆琏当选新一届理事长，蔡庆华、胡希捷、徐培福、范立础、袁驷当选副理事长，张雁为秘书长。会议编印出版了《中国土木工程学会九十周年纪念专集：1912～2002》。

11月28～29日　学会第十届学术年会在北京召开，以"土木工程与高新技术"为主题，就21世纪土木工程科学技术的创新与发展进行了学术交流。来自全国土木工程领域的专家学者200余人参加了为期两天的学术会议。共交流论文99篇，并编辑出版了《中国土木工程学会第十届年土力学及岩土工程学术会议论文集》。

12月2～5日　学会桥梁及结构工程分会空间结构委员会主办的第十届空间结构学术会议在北京召开，本次会议也是空间结构委员会成立20周年的纪念大会，参会代表共191人，收入论文126篇。

12月25～31日　学会和香港工程师学会土木部联合主办的"2002年香港、内地青年土建科技冬令营"在西安、洛阳等地举办。39名香港青年工程师及大学生参加了本次活动。

2003年

1月 《土木工程学报》改版为每月一期。

3月4日 学会张雁秘书长随中国科协代表团参加香港工程师学会28周年年会，并于3月6日签署香港大学土木工程系本科生2003年北京暑期实习安排谅解备忘录。

3月10日 日本国际建设技术协会荒牧英城理事长拜访学会，双方就进一步加强在土木工程领域的技术交流交换了意见。

4月11~20日 学会代表团一行22人赴荷兰阿姆斯特丹参加国际隧道协会第29届年会及会后的现场考察活动。

6月 学会与清华大学合作完成了"建筑物耐久性、使用年限与安全评估"课题并通过部级鉴定。

6月 学会与清华大学组织编制的技术指导性规程——《混凝土结构耐久性设计与施工指南》报送建设部领导小组和专家小组审查和鉴定，并获得通过。经中国土木工程学会研究认定，本指南作为中国土木工程学会技术标准。完成了学会第八届理事会工作委员会的组建。组建住宅工程指导工作委员会。本届理事会实行了收取理事会费制度，这些单位为学会提供了大力的支持，使学会的经济实力得到了增强，为搞好学会的工作提供了经济保证。完成了院士申报推荐及中国科协学科带头人、科技专家的推荐工作。向中国科协推荐中国工程院院士候选人2人，其中土力学分会理事长张在明顺利当选。推荐学科带头人77人（15个专业），推荐科技专家264人（19个专业）。

7月 学会接待首批香港大学土木系学生来内地实习。

8月15日 《土木工程学报》第六届编委会换届及第七届编委会第一次工作会议在北京举行。第七届学报编委会由67人组成，徐培福任主任委员。

11月 学会向中国科协推选了光华工程奖和光华青年奖候选人各一名。

11月18~24日 学会派出以中国市政工程华北设计院副院长李建勋为团长的7人代表团赴韩国汉城参加第十一届国际环境产业博览会。

12月 在各专业分会的支持下，学会完成了中国科协《学科发展蓝皮书2003卷》土木工程学科2002年重大进展的编写工作。

12月2日 由学会组织评选的优秀土木工程高校毕业生奖揭晓，经对全国土木院校的申请进行评选，共有17名优秀学生获奖。

12月5日　第三届詹天佑土木工程大奖颁奖大会在昆明隆重举行，谭庆琏理事长、蔡庆华副理事长出席并颁奖。北京东方广场等22项工程获奖。当天，詹天佑土木工程科技发展基金管委会三届一次会议在昆明举行。管委会主席谭庆琏主持会议。会议通过了基金管委会工作报告，确定了第三届管委会成员，编发了基金工作10年大事记。

12月6日　学会与云南省建设厅和昆明市人民政府共同主办的中国巴士快速交通发展战略研讨会在昆明隆重举行，就优先发展公共交通提出了倡议。谭庆琏理事长出席会议。学会城市公共交通分会承办了本次会议。

● **2004年**

2月　按中国科协统一部署，学会按计划编写完成《2020年的中国科学和技术》土木工程部分，包括12个专题近13万字的研究报告。

2月24日　韩国中央日报社代表团一行3人访问学会，学会张雁秘书长等接待了客人。双方就环境工程领域今后的进一步交流合作达成共识。

4月14日　应学会邀请，日本土木工程学会副会长、高知工科大学教授草柳俊先生一行4人访问学会。学会副理事长、清华大学教授袁驷与草柳先生一行4人参加了会晤。双方就学会工作、学术刊物、工程管理以及工程教育等方面的问题进行了广泛的交流和探讨。

5月　《混凝土结构耐久性设计与施工指南》由中国建筑工业出版社出版发行。该指南除收入中国土木工程学会标准（CCES 01—2004）外，还收入混凝土耐久性设计与施工论文汇编及土建结构的安全性与耐久性——现状、问题与对策综合报告。

5月20日　加拿大土木工程学会可持续发展委员会主任、国际事务委员会秘书布莱恩·伯勒尔及中国项目主任陈海铎先生来访，与学会张雁秘书长等就恢复开展可持续发展课题的合作研究进行了探讨。

5月20日　中国科学技术发展基金会所属专项基金科技奖颁奖大会在人民大会堂举行，2003年第三届詹天佑土木工程大奖获奖工程的部分代表出席了大会并领奖。

5月21～28日　学会隧道及地下工程分会郭陕云理事长等一行17人的中国土木工程学会代表团参加了在新加坡举办的国际隧协2004年会员国大会和第30届隧道年会。

6月　学会受全国科学技术名词审定委员会的委托，组织编写的《土木工程名词》完成了编制及审定工作，经全国名词委员会批准公布实施。书中含土木工程专业16大类，共收词3828条。

6月26~27日　学会2004年专业分会、地方学会、团体会员工作会议在杭州召开，来自学会各成员单位的130余名代表参加会议。

8月　由学会组织评选的第六届中国土木工程学会优秀论文奖揭晓，有22篇论文获奖。

8月　学会召开了以"住宅建设创新与发展"为主题的论坛，会议交流了住宅小区建设过程中开展科学研究、实验和推广先进科技、材料、设备，推进住宅建设科技新突破等成果，以及节水、可再生能源利用等实践经验。

8月2日　谭庆琏理事长接待了英国土木工程师学会主席柯家威以及秘书长等3人，双方就两学会的交流与合作进行了交谈。

8月10日　由学会主办的改性沥青与SMA路面应用技术交流会在大连召开，来自全国28个省、自治区、直辖市的不同科研院所的将近200名代表参加了会议。

8月28日　首届詹天佑土木工程大奖优秀住宅小区提名奖颁奖大会在北京召开，有20个住宅小区获得表彰。来自全国17个省市的200多人出席了会议。颁奖会上还作出了创建全国优秀示范小区的决定。

9月20日　应国际燃气联盟的邀请，以学会城市煤气分会曹开朗理事长为团长的一行4人赴挪威奥斯陆市参加2004年国际燃气联盟（IGU）理事会议。

9月22~24日　国际桥梁及结构工程协会（IABSE）2004年学术大会在上海召开。大会由中国土木工程学会及其桥梁与结构工程分会、同济大学承办。本次会议主题为"大都市人居环境及基础设施"。学会谭庆琏理事长及国际桥协、上海市和主办单位的领导出席了大会开幕式并致辞。600余位代表（国外代表近500人）出席会议，是近年IABSE大会参加人数最多的一届。这也是该组织成立75年来首次在中国举行学术大会。会议征集到来自52个国家和地区的509篇论文摘要，录用了231篇论文并出版英文论文集。

10月10~11日　由学会隧道工程分会地下铁道专业委员会主办，成都市城市轨道交通发展有限公司、西南交通大学、铁道第二勘察设计院共同承办的全国第十五届地下铁道学术交流会在成都召开，来自全国20多个城市的200余名代表参会。

10月14日　应日本国际建设技术协会的邀请，学会派出以建设部科技发展促进中心顾问何宗华为团长的一行7人考察团，参加ITS（智能交通）世界会议。

10月29日 加拿大土木工程学会主席博尔贝伊女士、秘书长郎热利耶、国际事务委员会秘书伯勒尔以及加拿大土木工程学会中国项目主任陈海铎先生，来学会与副理事长袁驷、秘书长张雁以及副秘书长罗祥麟等就进一步开展两学会的交流与合作活动进行会谈，并签署联合工作协议。

11月3日 第二届世界工程师大会在沪隆重举行，学会牵头承办了"交通与超大城市的可持续发展"分会场。来自世界20多个国家的代表共240余人参加了会议。谭庆琏理事长致辞。

11月3日 应学会邀请，韩国土木工程师学会会长、韩国工程院副院长、汉阳大学副校长金修三，国际关系委员会委员、工科大学副教授李相逸等一行与学会秘书长张雁就今后两学会的交流活动进行了会晤。

11月3~4日 学会负责组织的中国科协第五届青年学术年会建筑与土木工程技术学术交流会（第八分会场）在上海同济大学举行。

11月3~5日 全国土木工程研究生学术论坛暨院士报告会在上海举行。学会副理事长、清华大学教授袁驷在会上作了讲话。

11月27~29日 学会第十一届学术年会暨隧道及地下工程分会第十三届年会在北京友谊宾馆举行。来自全国土木工程界的400名院士、专家及科技工作者出席了会议。

12月18~20日 由学会、广州市建设委员会和广州大学联合主办的首届全国防震减灾工程学术研讨会在广州召开。来自全国防震减灾领域的200多位专家参加了会议。

12月21日 《土木工程学报》创刊50周年纪念会暨七届二次编委会议在北京中国建筑科学研究院召开。建设部副部长黄卫、学会理事长谭庆琏、中国科协学会部部长马阳、中国建筑科学研究院党委书记袁振隆等领导出席会议，表示祝贺并讲话。

12月25~31日 由学会和香港工程师学会土木部联合主办的2004年香港青年土建科技冬令营先后在杭州、南京两地举行。29名香港青年工程师及土木专业大学生参加了本次活动。

12月 由学会组织评选的优秀土木工程高校毕业生奖揭晓，经对全国土木院校的申请进行评选，共有19名优秀学生获奖。

2005年

2月 学会编写出版了《自密实混凝土设计与施工指南》CCES 02—2004。

2月23日 著名桥梁工程与力学专家、教育家、第七届全国政协常委、上海市第六届政协主席、中国科学院院士、中国工程院院士、同济大学名誉校长、中国土木工程学会名誉理事长李国豪同志，因病医治无效，在上海逝世，享年91岁。建设部汪光焘部长、中国土木工程学会谭庆琏理事长3月10日专程赴沪出席了追悼仪式。

3月15～19日 学会城市公共交通分会在上海举办了世界客车亚洲展览会。

3月19日 学会第八届理事会第二次会议暨第四届詹天佑土木工程大奖颁奖大会在北京召开。建设部汪光焘部长出席并讲话。19项工程91个单位荣获第四届詹天佑土木工程大奖。

3月30～31日 城市公共安全与应急体系高层论坛在京召开。论坛由全国政协人口资源环境委员会、中国土木工程学会等联合主办，会议的主题为"预防、应急、减灾，共筑公共安全体系，应对突发事件，确保城市安全"，与会代表共400余人。

4月6日 为了筹备2007年国际深基础学术研讨会，美国深基础学会前主席R.D.肖特先生、主席布雷特曼先生以及秘书长康普顿先生，与学会秘书长张雁、中国建筑科学研究院地基所副所长杨斌等召开了第一次筹备会。

4月16～17日 由全国政协人口资源环境委员会、中国土木工程学会、中国市长协会、建设部城建司、上海市建设和交通委员会联合举办的中国巴士快速交通行动大会在上海市举行。这是在2003年昆明会议（中国巴士快速交通发展战略研讨会）基础上的第二届会议。会议通过了由13个城市签署的《BRT城市联盟合作协议》。

4月30日 学会向中国科协推荐院士候选人4名。其中陈祖煜同志当选中国科学院院士，梁文灏同志当选中国工程院院士。

5月 为配合国家可持续发展战略的研究，中国土木工程学会与加拿大土木工程学会提出成立土木工程可持续发展工作组。工作组将在双方学会的领导下，继续有计划、有步骤、讲实效地进行可持续发展研究。

5月 为进一步管理、服务好各专业分会和专业委员会工作，使学会的工作有章可循、规范有序，学会秘书处对现有的专业分会及专业委员会基本情况进行了调查、备案，组织编制了《中国土木工程学会专业分会及其专业委员会工作手册》。

5月7～12日 国际隧道协会（ITA）在土耳其伊斯坦布尔召开了第31届会员国大

会和主题为"地下空间的利用——过去与未来"的2005世界隧道大会。学会隧道及地下工程分会理事长郭陕云等7人出席。学会隧道及地下工程分会副秘书长、北京交通大学刘维宁教授当选为本届执委会委员（任期2005～2008年）。这是自中国土木工程学会隧道分会原理事长高渠清教授任执行委员（任期1984～1990年）以来，中国代表第二次进入执委会。

5月27日　中国工程院土木、水利与建筑工程学部，中国土木工程学会，中国建筑学会在中国科技会堂联合主办了工程科技论坛——我国大型建筑工程设计的发展方向，从建筑风格、建筑理念、建筑科学的角度对我国大型建筑的设计发展方向进行探讨。有10位专家学者在论坛上作了演讲，近20位院士参加了论坛。报告会由工程院陈肇元院士和学会谭庆琏理事长主持。

6月7日　应学会邀请，英国结构工程师学会前主席赖·斯科拉克及秘书长凯斯·伊顿等一行3人拜会学会。学会理事长谭庆琏、外事工作委员会主任刘西拉、秘书长张雁等接待了代表团。

6月18～19日　2005全国地铁与地下工程技术风险管理研讨会在北京国谊宾馆召开。研讨会旨在贯彻建设部等九部委《关于进一步加强地铁安全管理工作的意见》的精神，切实加强地铁与地下工程建设风险管理。研讨会由学会、建设部质量安全与行业发展司、北京市建设委员会共同主办，108名代表参加了会议。会议期间还成立了隧道及地下工程风险管理专业委员会。

8月29～31日　由学会市政工程分会、隧道及地下工程分会及日本早稻田大学联合举办的中日第三届盾构技术研讨会在日本早稻田大学召开，70多位来自中国的专家学者与140多位日本专家参加了本次会议。

9月4日　2005詹天佑大奖优秀住宅小区金奖颁奖大会在人民大会堂召开。谭庆琏理事长、建设部原副部长李振东、秘书长张雁等有关领导出席。获奖单位代表共230多人参加了会议。

9月7～9日　由中国土木工程学会隧道及地下工程分会和上海国际展览中心有限公司共同主办的2005中国国际隧道与地下空间展览会暨学术交流会在上海国际展览中心成功举行。

10月　学会组织专家编写的《混凝土结构耐久性设计与施工指南（2005年修订版）》，由中国建筑工业出版社出版。同月，学会向中国科协推荐光华工程科技奖候选人6名。

10月15~16日　由学会土力学及岩土工程分会与日本地盘工学会共同发起，同济大学地下建筑与工程系承办，上海市土木工程学会土力学与岩土工程专业委员会、上海市力学学会岩土力学专业委员会及华东建筑设计研究院协办的第二届中日岩土工程研讨会在上海召开。来自日本、中国内地、中国香港的160多位专家参加了会议。

10月26~28日　应美国土木工程师学会邀请，学会外事工作委员会主任、常务理事刘西拉教授代表学会参加了美国土木工程师学会（ASCE）2005年会活动。刘教授在会上作了题为"中国建设的成就与面临的挑战"的报告。

11月　第五届中国科协先进学会及先进学会单项奖评选表彰活动揭晓，学会被评为"国内学术交流先进学会"。同月，学会组织评选土木工程优秀毕业生奖，表彰了优秀土木工程高校毕业生20名。

12月　在各专业分会的积极配合下，学会组织完成了中国科协《学科发展蓝皮书2004卷》土木工程部分。同月，学会完成了建设部委托编写的《1995—2005中国土木工程建设技术发展研究报告》初稿。

12月3~5日　学会与中国工程院土木、水利与建筑工程学部，建设部质量安全与行业发展司，云南大学等联合，在云南举办了第二届全国防震减灾工程学术研讨会。学会理事长谭庆琏出席并在开幕式上讲话，与会专家学者70余人。会议期间成立了中国土木工程学会防震减灾工程技术委员会（筹委会）。

12月22~24日　由学会隧道及地下工程分会地铁专业委员会主办、沈阳市地铁建设指挥部承办的城市轨道交通技术推广委员会（筹委会）成立大会暨地铁专业委员会第五届年会在沈阳市隆重举行。会议还通过了中国土木工程学会城市轨道交通技术推广委员会行动纲领。

● 2006年

1月　学会向中国科协推荐青年科技奖候选人3名。

1月5日　学会土力学及岩土工程分会与日本地盘工学会签署合作协议。学会副理事长袁驷、秘书长张雁、国际部主任张俊清，分会副理事长陈祖煜、副理事长兼秘书长张建民出席签字仪式。

1月7日　第五届詹天佑土木工程大奖颁奖大会在北京人民大会堂河南厅举行。获本届工程大奖的22项工程的106个主要参建单位的250位代表出席大会。

3月　在詹天佑土木工程科技发展专项基金基础上，在北京市民政局登记注册成立了独立法人资格的"北京詹天佑土木工程科学技术发展基金会"（京民基许准成字〔2006〕14号），业务主管单位是北京市科学技术协会。

3月18日　由学会，中国工程院土木、水利与建筑工程学部主办的首期"土木工程院士、专家系列讲座"在清华大学成功举办。此次讲座由中国科学院陈祖煜院士作了题为"工程建设中的滑坡灾害和防治"的报告，学会副理事长袁驷主持。

3月28~29日　由中国土木工程学会、日本国际建设技术协会和日本土木学会联合主办的中日大城市圈交通高层论坛在上海举行。中日百余位专家学者相聚一堂商讨大城市圈交通问题。

4月　学会与英国土木工程师学会、美国土木工程师学会和加拿大土木工程学会就工程界可持续发展问题签署了议定书。

4月22日　"土木工程院士、专家系列讲座"在北京交通大学科学会堂举办，此次讲座由北京交通大学教授、中国工程院院士王梦恕作了题为"二十一世纪是我国地下空间作为资源大开发的世纪"的报告。

4月22~27日　国际隧道协会（ITA）在韩国首尔召开了第三十二届会员国大会，同时，组织了主题为"地下空间安全"2006世界隧道年会。学会隧道及地下工程分会理事长郭陕云率团参加。中国代表团共83人，是本届年会的最大代表团。郭陕云理事长和刘维宁副秘书长还分别代表中国参加了第三十二届会员国大会、ITA执委会议。

5月12日　美国土木工程师学会交通与发展分会主席伊娃乐娜拉姆女士等拜会学会。学会市政工程分会副理事长、北京市市政工程设计研究总院院长刘桂生等接待了主席一行。

5月16~17日　由中国土木工程学会、中国铁道学会、茅以升科技教育基金委员会、西南交通大学主办的第二届中国交通土建工程学术交流会在成都举行。建设部原副部长、中国土木工程学会理事长谭庆琏，铁道部副部长、中国工程院院士孙永福等领导出席会议。

6月　学会与日本国际建设技术协会续签了五年的合作交流协议。

6月4~8日　第二届国际结构混凝土大会在意大利那不勒斯召开。学会混凝土及预应力混凝土分会副理事长陶学康、秘书长冯大斌等10多位工程技术专家赴会。会议安排了大会报告及20个专题报告。

6月15~17日　由中国建筑设计研究院、中国建筑科学研究院、中国土木工程学会和《建筑结构》杂志联合主办的首届全国建筑结构技术交流会在北京举行。来自全国各地结构设计专业的专家学者以及中青年骨干共450多人参加了大会。

7月　建设部工程质量安全监督与行业发展司委托学会组织编写的《工程建设技术发展研究报告》正式出版发行。本书全面总结了我国在土木工程各领域所取得的进展和成就，客观地展示了我国工程建设技术领域的最新研究成果。

7月　学会完成了中国科协《中国城市承载力及其危机管理研究》中的子课题"城市交通发展及其产业政策研究"任务。

8月　《土木工程学报》再次入选美国《工程索引》核心期刊（Ei Compendex）。至此，该刊已被列为中文核心期刊、中国科技核心期刊、中国科学引文数据库核心期刊和Ei核心期刊。

9月22日　"土木工程院士、专家系列讲座"在北京交通大学科学会堂举办。此次讲座由北京交通大学教授、中国工程院院士施仲衡作了题为"中国城市轨道交通的可持续发展"的报告。

9月　第七届中国土木工程学会优秀论文奖评选揭晓，共评选出特等奖1篇、一等奖2篇、二等奖5篇、三等奖15篇、鼓励奖47篇。

10月13~14日　由建设部和学会支持、学会城市轨道交通技术推广委员会主办的首届城市轨道交通关键技术论坛（第17届地铁学术交流会）在南京举行。建设部副部长黄卫、学会理事长谭庆琏、中国工程院院士施仲衡、建设部质量司司长徐波、南京市副市长陆冰等领导到会并作了重要讲话。

10月15日　应美国土木工程师学会邀请，学会谭庆琏理事长率代表团一行5人出席了在美国芝加哥召开的美国土木工程师学会2006年年会，并在10月19日下午参加了有30多个协议国的领导人出席的国际圆桌会议。

10月22~23日　由学会教育工作委员会主办、西南交通大学土木工程学院承办的第八届全国高校土木工程系（学院）主任（院长）工作研讨会在西南交通大学举行，全国高等学校土木工程专业教学指导委员会会议和中国土木工程学会教育工作委员会会议也同期举行。

11月8日　学会第十二届年会、隧道及地下工程分会第十四届年会暨茅以升诞辰110周年大会在同济大学召开，来自全国各地以及日本的351位专家学者参加了会议。跨江跨海隧道关键技术、盾构机械、隧道工程的风险管理、城市地下空间的开发利用成为热点议题。

11月20~29日　应日本国际建设技术协会邀请，学会派出以广州大学土木工程学院院长周云为团长的抗震防灾考察团一行5人赴日本考察。

11月24日　学会城市公共交通分会七届四次理事会暨年会（中国巴士快速交通营运实践大会）在山东省济南市举行。学会谭庆琏理事长、张雁秘书长，建设部城建司兰荣处长，济南市杨鲁豫副市长等领导，以及来自全国60多个城市的260多位公交企业代表参会。会议期间，还召开了建设部"巴士快速交通技术运营研究"和"巴士快速交通自动导航系统"两项课题开题会，这两项课题由学会申报，被批准列入"建设部2006年科学技术项目计划"。

12月　学会完成《2006—2007土木工程学科发展报告》的研究编写工作。

12月8日　学会秘书长工作会议在北京新大都饭店召开，张雁秘书长主持会议，学会所属专业分会、专业委员会以及工作委员会的40多位秘书长及代表参加了会议。

12月25~31日　由中国土木工程学会和香港工程师学会土木部组织的2006香港青年土木建筑科技冬令营在北京举行。香港青年工程师44人参加了冬令营。学会和香港工程师学会就双边学术交流、联合主办双边学术会议、资料交换以及举办科技夏（冬）令营等方面签订了中国土木工程学会与香港工程师学会土木部交流与合作议定书。谭庆琏理事长与香港工程师学会原会长刘正光博士出席了签字仪式。

● 2007年

1月28日　第六届中国土木工程詹天佑奖在京隆重举行颁奖典礼，27项工程荣获詹天佑大奖。建设部部长汪光焘给大会发来贺信，建设部副部长黄卫，中国土木工程学会理事长谭庆琏、副理事长胡希捷，中国科协书记处书记冯长根等领导，以及140个获奖单位的代表和来自全国各省市的土木建筑科技工作者800余人参加了颁奖典礼。

2月3日　由学会牵头承担的"十一五"国家科技支撑计划重点项目"新型城市

轨道交通技术"之"城市轨道交通技术发展和创新体系研究与示范"课题实施方案研讨会在建设部召开，课题负责人张雁秘书长与课题第二负责人冯爱军秘书长主持会议，与会代表共40余人。

3月　《2006—2007土木工程学科发展报告》由中国科学技术出版社出版发行。

3月　学会完成第十届中国青年科技奖候选人推荐工作，向中国科协推荐3名候选人。

3月27日　加拿大土木工程学会国际事务委员会中国项目主任陈海铎博士来访学会，就中加两会合作进行的土木工程可持续发展交流合作事宜作更进一步的探讨和协商。

4月18~20日　由学会隧道及地下工程分会与中国公路学会筑路机械分会联合主办的2007中国隧道高峰论坛在西安召开。大会主题是"隧道设计、施工、维护及安全评估的最新技术和趋势"。

5月4日　学会隧道及地下工程分会理事长郭陕云率中国代表团一行共83人参加了国际隧道协会在捷克布拉格召开的第三十三届会员国大会暨2007年世界隧道年会。

5月16日　为纪念中国土木工程学会与加拿大土木工程学会合作计划实施25周年，在上海举行了中加土木工程学会合作纪念会。学会理事长谭庆琏和加拿大土木工程学会理事长罗扎泊代表中加双方分别致辞，高度评价了该合作计划的丰硕成果，并对两组织的进一步合作提出希望。

5月16~18日　由学会桥梁与结构工程分会等单位协办的"2007年基础设施全寿命集成设计与管养国际会议"在上海召开，学会谭庆琏理事长参加会议并发表讲话。来自国内外80多位专家学者参加了会议。

5月22日　由学会、同济大学、长安责任保险股份有限公司（筹）共同主办的工程风险管理与保险论坛暨中国土木工程学会院士专家论坛在上海同济大学举行。

6月8日　"土木工程院士、专家系列讲座"在北京交通大学举办，中国工程院钱七虎院士主讲了题为"构建资源节约型、环境友好型社会中的地下空间利用"的报告。讲座由中国土木工程学会张雁秘书长主持。

7月　学会主编的《建筑基坑支护技术规程》DB11/4892007作为北京市地方标准，由北京市建设委员会、北京市质量技术监督局联合发布，自2008年1月1日实施。

7月6日　"土木工程院士、专家系列讲座"在北京交通大学举办，中国工程院郑颖人院士主讲了题为"极限分析有限元及其在岩土工程中的应用"的报告。

7月19～21日　中国土木工程学会咨询工作委员会在北京召开了奥运工程创新施工技术研讨会，450多名代表参加了会议。

7月27日　由学会与同济大学等单位共同承担的《地下空间建设风险控制机制研究》课题顺利通过了由建设部工程质量安全监督与行业发展司、标准定额司联合组织的专家评审。

8月　学会秘书处翻译了由美国土木工程师学会提供的《2025年的土木工程》。

8月8日　学会与越南土木工程协会签订了合作协议。

8月19～20日　由学会隧道及地下工程分会、中国岩石力学与工程学会地下工程与地下空间分会与台湾隧道协会共同主办的第六届海峡两岸隧道与地下工程技术研讨会在昆明举行。

9月10～13日　学会派出以袁驷副理事长为团长的代表团参加了在希腊雅典召开的国际地下空间联合研究中心第十一届国际学术大会，会议主题为"地下空间——拓展的领域"。来自22个国家的300余名学者、专家参加了会议。

9月21日　"土木工程院士、专家系列讲座"在中国科学院研究生院举办，中国工程院院士杨秀敏作了题为"高技术战争条件下的防护工程"的报告。

9月25日　学会工程质量分会成立大会暨第一届理事会在北京召开。

9月26日　由铁道部、交通部、建设部、浙江省人民政府联合主办，学会等单位支持的钱塘江大桥通车70周年纪念大会在杭州成功举行，成思危、刘延东向大会发来贺电、贺信；何鲁丽、韩启德、徐匡迪、汪光焘、万钢、项海帆等领导与专家为钱塘江大桥通车70周年题词赐作；孙永福、黄卫、陈加元、邵鸿、谭庆琏、周海涛、何栋材等500多人参加大会。

9月27日　由学会，茅以升科技教育基金会，中国工程院土木、水利与建筑工程学部主办的纪念钱塘江大桥通车70周年学术交流会在杭州成功举行，来自全国桥梁界的专家学者、工程技术人员约200余人参加了会议。

10月　学会完成了中国科学院、中国工程院院士候选人推荐工作。经学会推荐的两名候选人中，黄卫当选为中国工程院院士。

10月9日　由学会承担的建设部"奥运工程建设管理与技术创新总结分析研究"课题专家指导委员会第一次会议在北京举行。

10月12～13日　由学会城市轨道交通技术推广委员会主办的2007中国城市轨道交通关键技术论坛在广州隆重召开。建设部副部长黄卫、学会理事长谭庆琏、中国工程院院士施仲衡等领导到会并作了重要讲话。会议发布了首批"32项建设部城市轨道交通专项技术推广项目"。共约200人参加了此次会议。

10月16～23日　应世界客车联盟邀请，学会谭理事长率团赴比利时出席了第19届世界客车博览会并访问德国福伊特公司，考察了巴黎和慕尼黑的城市公共交通基础设施和运营情况。

12月　学会完成了2007年度土木工程高校优秀毕业生评选活动，有20名土木工程专业、8名管理专业应届毕业生获奖。

12月　由学会、同济大学等单位负责编制的《地铁及地下工程建设风险管理指南》由建设部批准正式颁发试行。

● 2008年

1月1日　《土木工程学报》正式启用网上稿件采编系统软件，实现了作者在线投稿、实时查稿、专家在线审稿等流程。并改为每月月初出刊。

1月9日　第十届中国青年科技奖揭晓，经学会推荐的3名候选人中，江苏省建筑科学研究院刘加平教授级高工获奖。

1月15日　学会被中国科协授予"第六届中国科协先进学会奖"。

3月　学会向中国科协推荐了4个候选"创新研究群体"，其中：哈尔滨工业大学任南琪教授团队通过科协评审，上报到国家自然科学基金委员会，并获得450万元资助。

3月18日　第七届中国土木工程詹天佑奖颁奖典礼在北京举行，黄卫、谭庆琏、蔡庆华、胡希捷、宋南平与国家科技奖励工作办公室领导，住房和城乡建设部、铁道部、交通运输部、水利部相关司局领导以及30个获奖项目的158个获奖单位的代表和全国各省市的土木建筑科技工作者共800余人参加了颁奖典礼。

4月　学会承担住房和城乡建设部课题"加强工程建设基础性研究"。

4月　学会与英国土木工程师学会续签了合作协议。

4月19～20日　由中国工程院与住房和城乡建设部联合举办，学会等单位支持的工程科技论坛第70场暨学术研讨会——房屋建筑物质量与安全管理制度的发展与创新在北京召开，200多名代表参加了此次会议。

4月21日 以David G. Mongan主席为首的美国工程师学会高级代表团一行5人拜会学会。学会理事长谭庆琏、秘书长张雁会见代表团。双方就两国土木工程建设基本状况、交通建设发展情况以及交通建设融资方式方法等问题进行交流，并就两会合作交流事宜作了进一步的探讨和协商。

5月 为了支援抗震救灾，学会给中国科协、住房和城乡建设部等相关部门报送了"汶川地震抢险救灾中应注意的问题""城镇燃气设施震后应急及恢复重建的参考建议""关于汶川地震灾后工作的若干建议和反思""四川汶川5月12日特大地震后的思考"等四份建议，为抗震救灾与灾后重建工作贡献一份力量。

5月15日 加拿大土木工程学会国际事务委员会主任陈海铎博士、副主任兼秘书长布莱恩·伯莱尔先生来访学会，双方就两会合作进行的土木工程可持续发展交流合作项目第二阶段工作及联合主办废弃物工程与处理国际会议等事宜进行了探讨与协商。

5月28日 学会与中国工程院土木、水利与建筑工程学部联合召开"工程科技论坛——四川地震灾后重建中的工程建设问题"。会议邀请8位院士、专家针对灾后重建中的重大工程建设问题作了大会报告，参会代表共100余位。

6月 学会承担中国科协2008年度土木工程学科发展报告的编制。

6月26日 以理事长山川朝生为首的日本国际建设技术协会高级代表团一行8人拜访学会，就双方进一步合作等事宜进行了磋商，并签订了新的中日土木工程建设交流合作意向书。

6月28~29日 由中国工程院土木、水利与建筑工程学部，国家自然科学基金委员会工程与材料科学部，中国土木工程学会和中国建筑学会主办，清华大学土木系承办的汶川地震建筑震害分析与重建研讨会在中国工程院举行。来自全国建筑结构及抗震领域的相关科研单位、高等院校、设计单位、政府部门的共200多位专家参加了会议。

6月30日~7月4日 由学会土力学及岩土工程分会、中国岩石力学与工程学会、中国地质学会工程地质专业委员会和香港工程师学会岩土分会共同主办的第十届国际滑坡与工程边坡会议在西安举行。来自世界各地的专家学者、政府官员以及企业界的代表约450人参加了会议。

8月　学会、中国建筑工业出版社联合向地震灾区赠送由学会组织编写的《村镇建设与灾后重建技术》1000册，为参与地震灾区重建工作的部门和单位以及技术人员提供参考。

8月1日　2008年度中国土木工程学会优秀毕业生评选揭晓，共有25名同学荣获此项称号。

9月17～18日　由学会，中国工程院土木、水利与建筑工程学部，北京市"2008"工程建设指挥部，河南省土木建筑学会等单位联合承办的第十届中国科协年会第27分会场——奥运工程与土木工程科技创新研讨会暨詹天佑奖创新技术交流会，在河南郑州召开，来自全国土木工程界的知名专家学者及科技工作者约200人参加会议。

9月17～19日　学会协办在郑州举行的第十届中国科协年会2008防灾减灾论坛。

9月17～19日　学会桥梁及结构工程分会理事长项海帆获得国际桥协2008年Anton Tedesko大奖，这是我国学者在国际上首次获得这一殊荣。

9月19～25日　由隧道及地下工程分会郭陕云理事长为团长的学会代表团赴印度阿格拉，参加了国际隧道与地下空间协会（ITA）主办的2008年世界隧道大会暨三十四届会员国大会，共有来自51个国家和地区的1200余名专家参加了以"更加环保与安全的地下装备"为主题的本届盛会。在会员国大会上，中国土木工程学会理事、市政工程分会秘书长白云同志全票当选为ITA的新一届执行委员会委员，任期到2011年。中国代表团在会上进行了富有成效的宣传工作，扩大了我国在国际隧道领域的影响。

9月26日　学会被住房和城乡建设部授予"抗震救灾先进集体"荣誉称号，秘书长张雁被授予"抗震救灾先进个人"荣誉称号。

11月13日　由《土木工程学报》主办、湖南大学土木工程学院承办的学报理事会一届二次会议在长沙召开。共有20余家理事单位参加了此次会议。

11月16日　学会第一届、第二届、第三届理事会及第三届临时常务理事会理事长茅以升先生当选中国科协50周年"五个10"活动的"传播科技活动的优秀人物"。

11月21日　"土木工程院士、专家系列讲座"在北京交通大学举行，清华大学聂建国教授作了题为"钢混凝土组合结构及工程应用"的报告，参加人数200余位。

11月23日　中国科协同上海交大出版社在人民大会堂联合举办"中国学会史丛

书"首发式及出版座谈会。《中国土木工程学会史》是入选丛书的首批16卷之一。

12月　国际土协（ISSMGE）理事长致函亚洲各学会，宣布中国土木工程学会土力学与岩土工程分会理事长陈祖煜当选2009～2013年度国际土协副主席（亚洲区）。

12月8日　中国科学院为学会第一届、第二届、第三届及第三届临时常务理事会理事长茅以升先生颁发中国科学院院士、资深院士牌。

12月25~31日　学会与香港工程师学会土木部成功举办了第九届香港与内地青年土木建筑科技夏（冬）令营活动，34位香港青年工程师来到湖北武汉，进行参观考察、技术交流等活动。

12月28日　国家"十一五"科技支撑计划重点项目"新型城市轨道交通技术"课题一"城市轨道交通技术发展和创新体系研究与示范"子课题五"城市轨道交通建设综合造价控制研究与示范"验收评审会在北京交通大学召开，共约30余人参加了会议。

12月29日　学会成立《土木工程学报》杂志社有限公司。

● 2009年

1月　学会推选的5篇论文获第六届中国科协期刊优秀学术论文奖，其中一等奖2篇、二等奖2篇、三等奖1篇。

1月9日　学会组织评选的第八届优秀论文奖揭晓，共推评出特等奖1篇、一等奖2篇、二等奖7篇、三等奖15篇、鼓励奖35篇。

1月16日　由学会承担的住房和城乡建设部专项课题"奥运工程建设技术创新总结分析研究"通过由住房和城乡建设部工程质量安全监管司组织的专家验收。

2月　学会组织开展了院士候选人的推评工作。

3月9~16日　在台北市举行的第十届公共交通国际联会（UITP）亚太区会议上，学会公交分会理事长李文辉先生当选国际公共交通联会（UITP）亚太区副主席。

3月10～19日　由陈祖煜院士任团长的学会土力学及岩土工程分会代表团对美国进行学术访问和交流，受到加州大学伯克利分校土木与环境工程系、美国土木工程师学会岩土工程分会、夏威夷大学工学院等单位，以及以石根华博士为代表的旅美华人学者的热烈欢迎。学会土力学及岩土工程分会与美国土木工程师学会岩土工程分会签订了合作协议。

3月26日　中国土木工程詹天佑奖十周年庆典暨第八届颁奖典礼在国家大剧院举行。住房和城乡建设部副部长陈大卫，铁道部副部长彭开宙、总工程师何华武，交通运输部副部长冯正霖，水利部副部长鄂竟平，中国科协书记苑郑民，国家科技奖励工作办公室胡晓军副主任，住房和城乡建设部、铁道部、交通运输部、水利部等相关司局领导出席了大会，31项获奖工程的262个获奖单位的代表和来自全国各省市的土木建筑科技工作者共1000余人参加了颁奖典礼。

4月　《2008—2009土木工程学科发展报告》由中国科学技术出版社出版发行。

4月　学会承担的住房和城乡建设部"加强工程技术基础性研究的报告"的研究课题，通过住房和城乡建设部工程质量安全监管司组织的专家验收。

5月7日　《土木工程学报》被授予"中国科协示范精品科技期刊"称号。

5月23～28日　以学会张雁秘书长、隧道及地下工程分会郭陕云理事长为首的中国土木工程学会代表团共55人赴匈牙利参加在布达佩斯举办的2009年世界隧道大会。大会以"为了保护城市和环境的隧道工程的安全"为主题，与会代表来自40个国家，共1100余人。我国代表大会交流4篇，海报交流1篇，论文发表9篇。

6月21～23日　由学会牵头承担的"十一五"国家科技支撑计划重点项目"新型城市轨道交通技术"课题一"城市轨道交通技术发展和创新体系研究与示范"，在武夷山市召开课题成果研讨会。

6月24日　中国内地、中国香港、加拿大2010年废弃物处理与工程国际会议合作签约仪式在学会举行。学会张雁秘书长、国际部主任张凌，加拿大土木工程学会香港分会张慕圣会长，香港工程师学会朱沛坤副会长，同济大学土木工程学会陈世鸣书记、肖建庄教授等参加了签约仪式。

6月25～26日　由学会和同济大学主编的国家标准《城市轨道交通地下工程建设风险管理规范》启动会暨第一次编制工作会议在北京召开。

6月31日　由学会组织编写的《奥运工程建设创新技术指南》正式出版发行。本书从混凝土结构创新技术，专项施工技术，幕墙工程技术与信息化施工技术，建筑节能与环保技术，节水与水资源综合利用技术，建筑智能、体育工艺专项与安全疏散技术等六个方面全面系统地总结了奥运工程建设中所采用的先进与创新技术，对进一步引导和推动我国城市建设的发展和工程技术水平的提高有很好的指导与促进作用。

7月2日　由学会承担的住房和城乡建设部专项课题——"《建设工程抗御地震灾害管理条例》相关问题研究"课题初步成果研讨会在北京举行，课题组成员20多人参加了会议。

7月2～3日　由学会承担的住房和城乡建设部专项课题——"城市地下轨道交通工程抗震设防研究"课题研讨会在北京召开。课题组成员10余人参加了会议。

7月31日　学会申请成立的分支机构防震减灾工程技术推广委员会、工程风险与保险研究分会获民政部批准。前者挂靠在广州大学，后者挂靠在同济大学。

8月　学会咨询工作委员会承担的住房和城乡建设部"建筑技术政策框架体系研究"课题，正式通过了住房和城乡建设部工程质量安全监管司组织的专家验收。

8月　学会住宅指导工作委员会组织开展了2009中国土木工程詹天佑奖优秀住宅小区金奖评选工作，有22个项目获得金奖，其中有2个项目被推荐参加中国土木工程詹天佑奖评选。

8月　学会向中国科协推荐了第十一届中国青年科技奖候选人、光华工程科技奖（工程奖、青年奖）候选人。

9月　学会组织推荐人选参加了中国科协首届全国科学博客大赛，其中一人获奖。

9月1日　由学会与北京城建设计研究总院共同主编的国家标准《城市轨道交通建设项目管理规范》启动会在北京召开。住房和城乡建设部标准定额司、学会领导及编制组成员共30余人参加了会议。

9月2～6日　由学会、香港工程师学会土木部联合主办的"2009内地青年土木工程师夏令营"在香港成功举办。学会秘书长助理杨群率领内地青年工程师一行45人赴香港进行了为期5天的交流参观活动。

9月6～9日　在泰国曼谷举行的国际桥协（IABSE）年会上，学会桥梁及结构工程分会副理事长、同济大学教授葛耀君当选为IABSE副主席，任期为2009～2013年。

10月　学会建立了土木工程创新人才库，第一批共入选专家400余名。以此为基础，共推荐200多位学会专家进入中国科协高层次人才库。

10月5～9日　学会土力学及岩土工程分会理事长、中国科学院院士陈祖煜，土力学及岩土工程分会秘书长张建民教授率领中国代表团70人参加了在埃及亚历山大召开的第十七届国际土力学及岩土工程会议，这是我国历届参会代表最多的一次，学会向会议选送了11篇论文。在会上，陈祖煜院士正式当选为国际土力学及岩土工程学会副主席，负责国际土力学及岩土工程学会亚洲区的工作。

11月11日　学会理事长谭庆琏、秘书长张雁、副秘书长王麟书做客人民网科技频道，网络直播解读我国土木工程的强国征程，并与网友进行了在线交流。

11月30日　学会获得推荐国家科技奖励评审专家资格。学会曾于2008年经国家科技部批准获得推荐国家科技奖励项目资格，可推荐国家最高科学技术奖、国家自然科学奖、国家技术发明奖、国家科学技术进步奖、国际科学技术合作奖。

12月1日　受全国科学技术名词审定委员会委托，学会成立了第二届土木工程名词审定委员会。

12月2~3日　国家标准《城市轨道交通建设项目管理规范》编制工作会议在重庆召开，会议由重庆市轨道交通总公司和成都市地铁有限责任公司联合承办。来自北京、上海、南京、广州、深圳、天津、重庆、成都、武汉、西安等城市轨道交通行业参编单位的30余位专家参加了会议。

12月24日　"土木工程院士、专家系列讲座"在北京交通大学举办。本次讲座邀请我国著名建筑节能专家、中国工程院院士、清华大学江亿教授讲解"我国建筑节能现状、问题及解决途径"。100余名专家学者及科研人员参加了讲座。

● 2010年

1月11日　学会副理事长、同济大学范立础院士担纲研究的"大跨、高墩桥梁抗震设计关键技术"项目成果荣获国家科技进步一等奖。在汶川大地震中，采用此项技术的四川雅泸高速公路上30余座桥梁完好无损。项目研发的大吨位双曲面全钢减隔震支座突破了我国大型桥梁减隔震技术的应用瓶颈。

3月　学会承担的住房和城乡建设部专项课题"加强工程技术基础性研究的报告"研究成果——《土木工程技术理论发展报告》，由中国建筑工业出版社出版。

3月　学会在其承担的"十一五"国家科技支撑计划重点项目研究成果基础上，陆续出版了"新型城市轨道交通技术丛书"，包括《城市轨道交通可持续发展研究及工程示范》《城市轨道交通投融资模式研究》《城市轨道交通建设综合造价控制》《城市轨道交通建设项目管理指南》。该套丛书既是对城市轨道交通行业当前规划、建设、运营、投融资以及控制系统方面的先进经验和关键技术的总结提炼，同时也为日后的轨道交通建设指出了一条发展思路。

3月14日　学会在北京组织召开会议，对"十一五"国家科技支撑计划课题"城市轨道交通技术发展与创新体系研究与示范"中子课题"城市轨道交通运营管理模式研究与示范"课题组编制的《城市轨道交通运营管理指南（送审稿）》进行验收评审，来自北京、上海、广州、深圳、香港等地的专家以及课题组成员近20人参加了会议。

3月27日　住房和城乡建设部建筑节能与科技司在北京主持召开了由学会牵头承担完成的"城市轨道交通技术发展和创新体系研究与示范"课题验收会，来自北京、上海、深圳等地的专家，科技部、住房和城乡建设部相关司局的领导，以及课题组成员40余人参加了会议。

3月28日　第九届中国土木工程詹天佑奖颁奖典礼在北京举行，30项获奖工程、191家获奖单位的代表和来自全国各省市的土木建筑科技工作者800多人参加了颁奖典礼。

3月30日　经科技部、住房和城乡建设部批准，由学会、鸿与智工业媒体集团联合主办的"2010中国国际轨道交通技术展览会"新闻发布会在京举行，近50家媒体及部分展商代表出席了发布会。

4月1~2日　由学会与同济大学共同主编的国家标准《城市轨道交通地下工程建设风险管理规范》通过住房和城乡建设部标准定额司组织的专家审查。

4月16~18日　学会工程风险与保险研究分会成立大会暨首届工程风险与保险研究学术研讨会在上海举行。来自全国各地的专家学者100余名代表出席开幕式并参加学术研讨会。

4月29日　"土木工程院士、专家系列讲座"在北京工业大学成功举办，近200人到场聆听。我国著名空间结构专家、中国建筑科学研究院蓝天研究员以"当代大跨度空间结构的发展"为主题作了精彩的报告。本次讲座首次与筑龙网合作尝试网上直播，收到了很好的效果。

5月14~20日　国际隧道与地下空间协会（ITA）在加拿大温哥华召开第36届会员国代表大会及2010年世界隧道大会。学会常务理事、隧道及地下工程分会理事长郭陕云同志率代表团111人出席会议。我国代表共发表论文17篇。在ITA会员国代表大会上，选举产生了国际隧道协会新一届的主席团及执委会成员，其中学会市政工程分会秘书长、原ITA执委、同济大学教授白云同志当选为ITA副主席，主管发展成员国以及协调成员国关系，任期为2010～2013年。会上，ITA主席团应中国的提议正式表决同意成立地震灾害研究防治工作组，组长为西南交通大学仇文革教授，这是第一个以中国专家为组长的工作组。

5月16～21日　学会组织的以土力学及岩土工程分会副理事长兼秘书长、清华大学张建民教授为团长，"城市轨道交通地下工程抗震设防"课题组专家为团员的5人代表团赴日本进行轨道交通地下工程抗震减灾技术调研与考察。

6月6日　国际桥梁与结构工程协会（IABSE）中国团组在上海召开了中国会员代表大会，与会代表共38人。会议宣布了新一届（2010～2014年）团组成员、团组理事和副理事等名单，葛耀君教授为中国团组主席，交通运输部前总工凤懋润、中国建筑科学研究院研究员肖从真等为理事。学会张雁秘书长参加会议，并代表学会致辞。各与会代表就会费缴纳、中国会员发展和作用发挥等方面进行了深入的讨论，并提出了宝贵的意见和建议。

8月　由学会组织广州市地下铁道总公司等单位编写的学会标准——《城市轨道交通运营管理指南》CCES 01—2010由中国建筑工业出版社出版发行。

8月　为庆祝学会百年华诞，继承和弘扬我国土木工程建设者爱国、创新、自力更生、艰苦奋斗的精神，学会在全国土木工程建设行业内组织开展了"百年百项杰出土木工程"推评活动，采取单位、部门推荐或申报，公众网上投票，专家评选相结合的方式进行评选。申报工程为1900～2010年期间，由我国工程技术人员在我国境内自主建设完成、在土木工程领域产生过重大影响、具有较高的社会知名度和影响力、具有一定历史和社会意义的大型土木工程。

8月2～10日　"土木工程院士、专家系列讲座"暨全国研究生暑期学校开学典礼在东南大学举行。讲座邀请了17位院士、专家，就桥梁、材料、隧道与地下工程、空间结构、高速铁路等土木工程相关领域的发展现状与未来方向进行了多场高水平讲座。学会秘书长张雁研究员，东南大学副校长兼研究生院院长王保平教授，中国工程院吕志涛院士、孙伟院士、江苏省建筑科学研究院有限公司董事长缪昌文教授级高工等出席了开学典礼。

9月13日　"土木工程院士、专家系列讲座"在北京交通大学成功举办。原九届全国政协常委、中国土木工程学会外事工作委员会主任、上海交通大学刘西拉教授以"中国土木工程师的责任：善于学习，勇于超越"为主题进行了精彩的报告，300

余位代表参加。

9月16~17日　学会在北京组织召开了国家标准《城市轨道交通建设项目管理规范》第三次编制工作会议。会议由学会和深圳市地铁有限公司联合承办，来自北京、上海、南京、广州、深圳、天津、重庆、成都、武汉、沈阳、西安、福州等城市的轨道交通行业参编单位的40余位专家参加了会议。

9月22~24日　学会代表团参加了国际桥梁及结构工程协会在意大利威尼斯召开的第34届年会。年会开幕式上颁发了国际桥协2009杰出结构大奖，由学会推荐的国家游泳中心项目成为2009年度该奖项唯一获奖项目，国际桥协主席康伯特先生向我国代表颁发了荣誉证书。会议期间，学会代表团与本届国际桥协主席康伯特先生和下届国际桥协主席波波维奇先生进行了友好会晤，并商定于2010年12月在北京举行国家游泳中心获奖揭牌仪式。

10月10~12日　宏微观岩土力学与岩土技术国际研讨会在上海举行，该会议由国际土力学及岩土工程学会（ISSMGE）TC35委员会（现为TC105委员会）和中国土木工程学会土力学及岩土工程分会联合主办，由同济大学和日本山口大学联合承办。来自美国、英国、日本、加拿大、澳大利亚、西班牙、韩国等十余个国家和地区的180余名专家学者参会。

10月13~15日　由学会，加拿大工程师学会，香港工程师学会，中国工程院土木、水利与建筑工程学部和同济大学主办的第二届工程废弃物资源化与应用研究国际会议暨第二届中国再生混凝土研究与应用学术交流会（ICWEM2010）在上海举行。来自中国、加拿大、日本、美国、澳大利亚、捷克、巴西、德国、西班牙、新加坡、马来西亚、伊朗等国家的代表150余人出席会议，其中外方专家40余人。

10月19~24日　学会外事工作委员会主任、上海交通大学刘西拉教授代表学会谭庆琏理事长出席美国土木工程师学会（ASCE）140届年会，并以"与自然和谐发展"为题进行了精彩演讲。

10月23~24日　由学会教育工作委员会主办、中南大学承办的第十届全国高校土木工程学院（系）院长（主任）工作研讨会在长沙市举行。研讨会的主题为"中国土木工程高等教育教学改革的研究与实践"，来自全国近200所设置土木工程学院（系）的高校校长、院长和专家400多人参加了会议。会上还对2010年度中国土木工程学会高校优秀毕业生奖进行了表彰，共有30名同学获得表彰（其中土木工程专业

21名、工程管理专业9名）。

11月 学会常务理事、桥梁与结构工程分会理事长、中国工程院院士项海帆荣获美国土木工程师学会2010年Robert H Scanlan奖，这是美国土木工程师学会首次将个人最高荣誉奖颁发给中国公民。

11月5～6日 由中国工程院土木、水利与建筑工程学部支持的中国土木工程学会第十四届年会暨隧道及地下工程分会第十六届年会在长沙市举行。年会主题为"我国隧道及地下工程的新理念与新技术"，420余人出席了大会。

11月9～10日 学会专业分会及专业委员会秘书长工作会议在上海召开。会上，各专业分会及专业委员会负责同志相继介绍了2010年工作情况和2011年工作计划，围绕组织建设、国际交流、学术活动的开展、业务的开拓、工作中存在的问题等方面进行了交流和探讨。

12月 由学会推荐的中国中铁股份有限公司总工程师刘辉、上海同济大学教授吕西林、中国建筑工程总公司总经理肖绪文、江苏省建筑科学研究院有限公司董事长缪昌文荣获"全国优秀科技工作者"荣誉称号。

12月 第九届中国土木工程学会优秀论文奖评选结果揭晓，共评出一等奖5篇、二等奖5篇、三等奖17篇、鼓励奖29篇。

12月3日 2010年度国际桥梁及结构工程协会杰出结构大奖揭牌仪式在"水立方"内隆重举行。由学会推荐的第八届中国土木工程詹天佑奖获奖工程国家游泳中心项目是国际桥梁及结构工程协会杰出结构大奖2010年唯一获奖项目。揭牌仪式由国际桥梁及结构工程协会和中国土木工程学会主办，北京市国有资产经营有限责任公司等单位承办。来自国际桥梁及结构工程协会、住房和城乡建设部、科技部、北京市政府、中国建筑工程总公司的领导与嘉宾，以及"水立方"项目的建设者们参加了揭牌仪式。揭牌仪式上，国际桥梁及结构工程协会主席波波维奇、住房和城乡建设部副部长郭允冲、学会理事长谭庆琏等分别致辞；获奖项目代表中建国际（深圳）设计顾问有限公司总工程师傅学怡介绍了国家游泳中心项目情况。

12月25～30日 由学会、香港工程师学会土木部联合主办的2010香港内地青年土木工程科技冬令营成功举办。团员们还拜访了中国科学技术协会，与中国科学技术协会国际联络部、学术学会部、科普部的领导和工作人员进行了交流。

12月30日 由学会和中国工程院土木、水利与建筑工程学部主办，江苏省住房和城乡建设厅与江苏省土木建筑学会承办的"土木工程院士、专家系列讲座"在南京举办。本次讲座邀请中国工程院周丰峻院士、邹德慈院士分别作了题为"大跨度洞室与大跨度网架结构以及地铁公共安全技术发展""路网、交通与城市规划"的学术报告，200多位土木工程科技工作者聆听了讲座。

● 2011年

1月21~22日　由学会与北京城建设计研究总院有限责任公司共同主编的国家标准《城市轨道交通建设项目管理规范》通过了住房和城乡建设部标准定额司组织的专家审查。

1月25日　北京詹天佑土木工程科学技术发展基金会一届五次理事会暨二届一次理事会在北京召开，会议选举产生了基金会第二届理事会，谭庆琏任名誉理事长，张雁任理事长兼秘书长。

3月　学会向中国科协推荐了候选"创新研究群体"。大连理工大学李宏男教授团队，通过科协评审，上报到国家自然科学基金委员会，并获得600万元资助。

3月　学会完成中国科学院院士、中国工程院院士候选人推荐工作。其中，经学会推荐，缪昌文于2011年12月当选为中国工程院院士。

3月29日　学会城市公共交通分会和国际公共交通联会（UITP）联合主办了全球电巴高峰论坛，会议围绕中外新能源客车的发展前景展开了深入探讨。

4月21日　"土木工程院士、专家系列讲座"在北京工业大学成功举办。讲座邀请我国著名钢结构专家、清华大学郭彦林教授以"现代钢结构稳定性设计理论及大型复杂钢结构施工力学研究与工程应用"为主题进行了精彩的报告。来自设计、施工、科研和大专院校的200余位代表聆听了讲座。

4月26日　詹天佑科学技术发展基金会、中国土木工程学会、欧美同学会在北京人民大会堂联合举办座谈会，纪念我国近代科学技术界的先驱、伟大的爱国主义者詹天佑先生诞辰150周年。全国人大常委会副委员长韩启德，中国科协常务副主席、书记处第一书记邓楠，住房和城乡建设部副部长郭允冲，中国土木工程学会理事长谭庆琏等出席并讲话。

5月　由学会与同济大学共同主编的国家标准《城市轨道交通地下工程建设风险管理规范》GB 50652—2011，由中国建筑工业出版社出版。

5月17日　由学会、重庆建工第三建设有限责任公司会同有关单位编制的行业标准《人工碎卵石复合砂应用技术规程》编制组成立暨第一次工作会议在北京召开。

5月22～25日　2011年世界隧道大会暨第37届年会在芬兰赫尔辛基举行，大会主题为"不破坏环境的公共地下空间"。学会、隧道及地下工程分会率团参会。学会隧道及地下工程分会郭陕云理事长、国际隧道与地下空间协会副主席、同济大学白云教授、学会秘书处有关同志，以及100余名中国代表参加了大会。

5月27日　"土木工程院士、专家系列讲座"在天津大学成功举办。我国著名港口海岸工程专家、交通运输部长江口航道管理局技术顾问原总工程师、学会港口工程分会副理事长范期锦教授级高工以"长江口深水航道治理工程的创新"为题进行了精彩的报告。讲座由学会港口工程分会理事长、中交水运规划设计院吴澎副院长主持，来自设计、施工、科研和大专院校的150余位代表参加了讲座。

6月1～2日　由学会承担的住房和城乡建设部专项课题"《建设工程抗御地震灾害管理条例》相关问题研究"和"城市地下轨道交通抗震设防研究"两课题成果研讨会在北京召开，20余人参加了会议，会议由张雁秘书长主持。与会专家对《城市地下轨道交通工程抗震设防指南（初稿）》和《建设工程抗御地震灾害管理条例》的条文及条文说明进行了详细认真的讨论，提出了进一步修改和补充完善的具体意见。

7月　中国科协高层次人才库建设工作座谈会在京召开。会上，中国科协对完成任务比较好的10个全国学会进行了通报表扬，并颁发了奖牌。中国土木工程学会获此殊荣。

7月5～12日　由学会、教育部学位管理与研究生教育司、江苏省教育厅主办，江苏省土木工程研究生创新与学术交流中心、东南大学土木工程学院、江苏省建筑科学研究院承办的2011年土木工程国际知名专家系列讲座暨全国研究生暑期学校在东南大学成功举办。活动邀请12位国际知名土木工程专家就当前国际土木工程领域的热点、难点问题精辟阐述自己的学术观点和学术成果。来自全国土木工程专业的150余位研究生参加了讲座。

8月　在"十一五"国家科技支撑计划重点项目"新型城市轨道交通技术"的研究基础上，学会及其城市轨道交通技术工作委员会、北京城建设计研究总院等单位合作编写的《城市轨道交通技术发展纲要建议（2010—2015）》，由中国建筑工业出版社出版发行。

8月13日　国际土力学及岩土工程学会主席琼·路易斯·布莱德恩应邀访问北京，并赴兰州参加中国土木工程学会第十一届全国土力学及岩土工程学术会议，作了特邀报告。

8月29日~9月2日　学会与香港工程师学会联合组织开展了内地青年土木工程师赴港交流活动，来自北京市政设计研究总院等6家单位的52名青年工程师参加了活动。在港期间，团员们先后参观考察了香港青沙公路、昂船洲大桥以及在建的港深广高铁、香港吐露港公路扩建工程等项目，拜会了香港工程师学会、香港路政署、香港大学等单位，与香港同仁进行了热烈的交流，团员之间也进行了精彩的交流互动。

9月　学会推荐了第九届光华工程科技奖候选人。其中，聂建国教授于2012年6月荣获了光华工程奖。

9月22日　由《土木工程学报》主办，陕西省土木建筑学会、陕西建工集团总公司协办的《土木工程学报》理事会二届一次会议在西安成功召开。来自全国各地的高等院校和科研单位的20余家理事单位参加了会议。与会代表就如何扩大学报在国内及国际中的影响力、促进理事单位各成员之间的相互交流、发展扩大审稿队伍、缩短审稿周期、扩大期刊传播渠道等问题提出了宝贵的意见和建议。

10月5~12日　学会公交分会代表团一行32人赴瑞典哥德堡参加了国际公共交通联合会（UITP）举办的城市交通管理研讨会。会议期间，代表们同时考察了挪威、丹麦、德国、卢森堡等国家的公共交通。

10月29日~11月1日　由学会水工业分会排水委员会主办的全国排水委员会2011年年会在重庆召开，共有170余家设计院、排水公司、大专院校、生产厂商等单位的300余位代表参会。会议围绕国内外污水处理工程的新技术、新工艺、新设备以及工程实例，城市排水、城市面源污染的控制与处理实例，污水处理厂升级改造案例，国内外污泥处理处置与资源化技术、科研成果、发展趋势及案例，污水处理厂运营管理案例等行业共同关注的热点问题以及其他相关议题进行广泛学术交流和研讨。

11月10~12日　由中国土木工程学会、上海市土木建筑学会和上海隧道工程股份有限公司联合主办的第五届中国国际隧道工程研讨会在上海举行。来自14个国家和地区的600多位专家学者，以及政府与企业界的代表围绕共同关注的"地下交通工程与工程安全"进行了研讨。学会谭庆琏理事长、国际隧协主席LEE In Mo出席会议并在开幕式上发表讲话，来自12个国家的嘉宾作了总计44个大会主题报告。

11月15日　科技部、住房和城乡建设部在北京组织召开"十二五"国家科技支撑计划项目可行性论证暨课题评审会，由学会和华东建筑设计研究院有限公司牵头申报的"十二五"国家科技支撑计划课题"软土地下空间开发工程安全与环境控制关键技术"可行性研究（论证）报告通过了专家组审查。课题研究期限为2012年1月～2015年12月。

12月　由学会与北京城建设计研究总院共同主编的国家标准《城市轨道交通建设项目管理规范》GB 50722—2011，由中国建筑工业出版社出版。

12月　由学会组织的"百年百项杰出土木工程"评选活动揭晓。京张铁路、钱塘江大桥、人民大会堂、南京长江大桥、长江三峡水利枢纽工程等105项工程入选"百年百项杰出土木工程"。

2012年

1月28日　受住房和城乡建设部委托，学会组织专家编写了《市政公用设施抗震设防专项论证技术要点（地下工程篇）》，由住房和城乡建设部正式发布。

3月27日　第十届中国土木工程詹天佑奖颁奖典礼在北京隆重举行。荣获第十届詹天佑奖的获奖单位代表和来自全国各省市的土木建筑科技工作者近600人参加了颁奖典礼。住房和城乡建设部副部长郭允冲，中国科学技术协会副主席、党组副书记程东红，国家科技奖励工作办公室主任邹大挺，中国土木工程学会理事长谭庆琏分别在大会上发表讲话。会上向上海环球金融中心等55项获奖工程颁发了詹天佑奖荣誉奖杯。

4月6日　由学会承担的住房和城乡建设部专项课题"《建设工程抗御地震灾害管理条例》相关问题研究"通过专家验收。该课题研究成果为制订《建设工程抗御地震灾害管理条例》提供了有力的支撑，对完善我国防灾法律法规体系具有积极的作用。

4月13日　"土木工程院士、专家系列讲座"在北京交通大学成功举办。中国水利水电科学研究院水资源研究所所长、中国工程院院士王浩以"基于二元水循环模式的水资源评价理论方法"为题进行了精彩的报告，200余位代表聆听了讲座。

4月26～28日　经科技部、住房和城乡建设部批准，由中国土木工程学会等单位举办的2012中国国际轨道交通技术展览会在北京国家会议中心隆重举行。国际地铁协会主席罗宾赫希博士、中国土木工程学会理事长谭庆琏出席开幕式并分别致辞。

5月18~24日 学会隧道及地下工程分会代表团赴泰国参加了在曼谷召开的国际隧道与地下空间协会（ITA）第38届年会及2012年世界隧道大会。会议的主题是"为了全球社会的隧道及地下空间"。我国代表参加了相关工作组的活动，听取了大会报告。

5月22日 "土木工程院士、专家系列讲座"在北京工业大学成功举办，邀请全国工程勘察设计大师、国家科技进步一等奖获得者、中建国际（深圳）设计顾问公司总工傅学怡研究员以"大型复杂建筑结构设计创新与实践"为题进行了精彩的报告，100余位代表聆听讲座。

6月 学会与英国工程师学会续签了合作协议。

6月1日 "土木工程院士、专家系列讲座"在北京交通大学成功举办。大连理工大学建设工程学部部长、教育部"长江学者奖励计划"特聘教授李宏男以"结构减振控制研究进展及其工程应用"为题进行了精彩的报告，160多位代表参加。

6月2~8日 由国际燃气联盟（IGU）主办的第25届世界天然气大会（WGC2012）在马来西亚吉隆坡召开。学会燃气分会以国际燃气联盟理事身份参加了此次会议及同期召开的展览会。共有3000余名国际同行业者参加了会议。会议期间，我会代表团还与国际燃气联盟理事长、秘书长等领导讨论了学会承办的2013年国际燃气联盟理事会议的有关具体事宜。

6月15日 在中国土木工程学会百年华诞之际，学会第九次全国会员代表大会暨九届一次理事会议在北京胜利召开。中国科学技术协会副主席、党组副书记程东红，住房和城乡建设部副部长郭允冲、铁道部副部长卢春房、交通运输部副部长冯正霖，以及谭庆琏、蔡庆华、胡希捷等八届理事会领导出席了会议，来自建设、铁道、交通、水利以及相关学（协）会约300名代表参加了会议。来自学会专业分会、地方学会、单位会员以及行业管理部门等单位的共计259名代表当选为中国土木工程学会第九届理事会理事。第九届理事会理事长郭允冲代表第九届理事会发表讲话，对第九届理事会的工作进行了部署。会议还对第八届理事会期间学会工作先进集体和先进工作者进行了表彰，共有50个单位和81名个人分别获得了中国土木工程学会"先进集体"和"先进工作者"荣誉称号。

6月15日 学会九届一次常务理事会议在北京召开。学会理事长郭允冲，副理事长卢春房、冯正霖、杨忠诚、袁驷、李永盛、易军、李长进、孟凤朝、刘起涛、王俊，秘书长张雁出席会议，名誉理事长谭庆琏、顾问徐培福列席会议，学会常务理事、秘书处全体人员共79人参加了会议。

7月1~7日　由学会、江苏省教育厅、东南大学主办的2012年土木工程院士知名专家系列讲座暨第三届全国研究生本科生暑期学校在东南大学成功举办。活动邀请了16位国际知名专家就土木工程领域热点、难点问题精辟阐述自己的学术观点和学术成果。来自全国土木工程专业的200余位优秀研究生和本科生参加了讲座。

8月　学会与美国土木工程师学会续签了合作协议。

9月10~11日　由学会与华东建设设计研究院牵头承担的"十二五"国家科技支撑计划项目"城市地下空间开发应用技术集成与示范"之"软土地下空间开发工程安全与环境控制"课题启动会在北京召开。

9月18日　学会在北京召开《土木工程名词（修订）》审定工作会议。

9月19日　第18届国际桥梁与结构工程协会（IABSE）四年一届的轮值大会在韩国首尔举行。IABSE将2012年国际结构工程终身成就奖授予前IABSE副主席、学会桥梁及结构工程分会理事长项海帆院士，以表彰他长期以来作为一名教授和专家在结构工程领域所作出的杰出贡献。1987年，学会理事长、同济大学李国豪教授曾获此殊荣，2012年项海帆院士成为获此殊荣的第二位中国学者。

10月　学会推荐申报的苏通大桥展览馆被中国科协认定为"全国科普教育基地（2012—2016）"。

10月9~12日　中国土木工程学会第十五届年会暨隧道及地下工程分会第十七届年会在昆明成功举办。年会由中国土木工程学会和中国土木工程学会隧道及地下工程分会共同主办，中国铁建十六局集团有限公司承办。年会主题为"可持续发展的隧道及地下空间利用"，共收录论文114篇，发表在隧道及地下工程分会会刊《现代隧道技术》（增刊），会上共交流论文40余篇。

10月20~21日　由住房和城乡建设部高等学校工程管理学科专业指导委员会、学会教育工作委员会主办，华侨大学土木工程学院承办的第六届高等学校工程管理专业院长（系主任）会议在厦门召开，来自住房和城乡建设部、厦门市住建局及全国工程管理相关专业高校的院长、系主任和专家共150多人参加会议，共同研讨交流工程管理专业的改革与发展。

10月26~28日　第十一届全国高校土木工程学院（系）院长（主任）工作研讨会在西安召开，会议由学会教育工作委员会、住房和城乡建设部高等学校土木工程学科专业指导委员主办，西安建筑科技大学承办。全国201所高校土木工程学院（系）院长（主任）、特邀专家约470余名代表参加了会议。

11月　第十届中国土木工程学会优秀论文奖评选结果揭晓，共评出一等奖2篇、二等奖5篇、三等奖13篇、鼓励奖16篇。

11月1~4日　第十四届空间结构学术会议暨庆祝空间结构委员会成立30周年大会在福州召开。来自全国教学、科研、设计和生产等单位的共280多位代表参加会议。

12月　由学会推荐的聂建国教授、朱合华教授、李引擎研究员、胡斌总工程师荣获中国科协授予的"全国优秀科技工作者"称号，其中聂建国教授还获得"十佳全国优秀科技工作者提名奖"。

12月　学会秘书处组织修订《中国土木工程学会专业分会及其专业委员会工作手册》。

12月25~31日　学会与香港工程师学会土木部成功举办2012年香港内地青年土建科技交流营活动，学会接待37名香港青年工程师赴山东交流、研讨。活动期间，学会与香港土木工程师学会土木工程分部续签了合作协议。

12月31日　学会党支部荣获中国科协学会服务中心党委颁发的"2012年度全国学会'党建强会'特色活动组织奖"。

● 2013年

3月　学会完成中国科学院院士、中国工程院院士候选人推荐工作，向中国科协推荐1名中国工程院候选人。

3月　学会与美国土木工程师学会签署"重大基建工程可持续发展国际会议"合作备忘录。

3月29日　第十一届中国土木工程詹天佑奖评审大会在北京召开，经与会专家共同评议，确定32项工程获奖。

4月1~2日　由我会和华东建筑设计研究院有限公司牵头承担的"十二五"国家科技支撑计划项目"城市地下空间开发应用技术集成与示范"中课题二"软土地下空间开发工程安全与环境控制关键技术"的课题工作会议在上海举行。课题负责人、各子课题负责人及课题主要成员到会，与会代表共40余人，分别来自中国土木工程学会、华东建筑设计研究院有限公司、东南大学、天津大学、同济大学等单位。会议由中国土木工程学会张雁秘书长主持。

4月16～19日　中国土木工程学会燃气分会代表团赴美国休斯敦市参加第17届世界液化天然气（LNG17）大会及展览。

4月26日　"土木工程院士、专家系列讲座"在北京交通大学成功举办。教育部"长江学者奖励计划"特聘教授、同济大学土木工程国家重点学科特聘教授、中国土木工程学会理事朱合华教授以"数字地下空间与工程研究及应用进展"为题进行了精彩的报告。讲座由北京交通大学土木建筑工程学院马强副院长主持，200多位代表参加。

5月5日　经科技部、住房和城乡建设部批准，由中国土木工程学会主办的2013中国国际轨道交通技术展览会在上海世博展览馆举行，来自18个国家和地区的近300多家企业参展，参观人数达2万多人。展会期间举办10余场高端峰会论坛。

5月17～18日　2013年土木工程安全与防灾学术论坛在南京召开。

5月10～12日　第七届全国防震减灾工程学术研讨会暨纪念汶川地震五周年学术研讨会在成都召开。

5月31日～6月8日　我会隧道及地下工程分会代表团赴瑞士参加了在日内瓦国际会议中心召开的国际隧道工程协会第39届年会及国际隧协同瑞士隧道学会共同组织的2013年世界隧道大会。

7月1~7日　我会和东南大学联合主办的2013年土木工程院士知名专家系列讲座暨第四届全国研究生暑期学校在南京举办，邀请1位院士、10位知名专家就土木工程领域热点、难点问题精辟阐述自己的学术观点和学术成果，200余人参加。

7月9日，第十一届中国土木工程詹天佑奖颁奖大会在北京隆重举行，与会领导向32项获奖工程颁奖。住房和城乡建设部副部长、学会理事长郭允冲，交通运输部副部长、学会副理事长冯正霖，原建设部副部长、学会名誉理事长谭庆琏，原铁道部副部长蔡庆华，交通运输部原副部长胡希捷等领导出席。

8月17~18日　第十二届海峡两岸隧道与地下工程学术与技术研讨会在西南交通大学峨眉校区隆重举行。住房和城乡建设部原副部长、学会理事长郭允冲出席会议并讲话。来自海峡两岸隧道与地下工程领域的300余名专家参加了会议，其中中国台湾代表团共48人。

9月　由我会派往中国科协参加世界工程组织联合会（WFEO）工作的刘西拉教授，荣获世界工程组织联合会"卓越工程教育奖章"。

9月5~6日　2013中国城市轨道交通关键技术论坛（第二十三届地铁学术交流会）在北京举办，住房和城乡建设部原副部长、学会理事长郭允冲出席会议并讲话。

9月23~25日　由中国土木工程学会，中国工程院土木、水利与建筑工程学部，中国土木工程学会水工业分会给水委员会主办的饮用水安全控制技术会议暨中国土木工程学会水工业分会给水委员会第13届年会在杭州召开。

10月8~12日　我会与香港工程师学会土木工程部联合组织的2013香港内地青年土木工程科技夏令营成功举办。内地青年工程师一行44人赴香港参加了为期5天的交流参观活动。

10月16~17日　2013城市防洪国际论坛在上海召开。

10月22~25日　在住房和城乡建设部外事司的大力支持下，由国际燃气联盟（IGU）主办、我会燃气分会承办、北京市燃气集团有限责任公司协办的IGU 2013年理事会会议在北京顺利召开，来自80多个国家和地区的200余名代表出席会议。

11月10~11日　由中国土木工程学会和华东建筑设计研究院有限公司牵头承担的"软土地下空间开发工程安全与环境控制关键技术"课题成果研讨会在南京召开。此研究课题是"十二五"国家科技支撑计划项目"城市地下空间开发应用技术集成与示范"的第二个课题。项目负责人高文生所长、课题负责人、各研究专题的负责人及课题主要研究参与人员共40多人参加了会议，会议由课题负责人之一的张雁研究员主持。

11月29日，第十三届中国青年科技奖揭晓，经学会推荐的冉千平获奖。

● 2014年

1月9~10日　住房和城乡建设部建筑工程质量标准化技术委员会在南京市组织召开会议，我会参与主编的行业标准《人工碎卵石复合砂应用技术规程》通过专家审查。

5月16~18日　由中国土木工程学会、美国土木工程师学会（ASCE）、上海交通大学共同主办的重大基建工程可持续发展国际会议在上海举行。这是中国土木工程学会和美国土木工程师学会（ASCE）首次联合主办的国际学术会议。

5月26~28日　由中国土木工程学会主办、中铁大桥局港珠澳大桥项目部协办的2014年全国桥梁建设技术创新暨港珠澳大桥桥梁工程施工技术介绍与现场观摩会在珠海市召开。

5月27~29日　我会在大连成功举办了中国土木工程学会第十六届年会暨第二十一届全国桥梁学术会议。本届年会由中国工程院土木、水利与建筑工程学部，中国土木工程学会，中国土木工程学会桥梁及结构工程分会与大连星海湾开发建设管理中心共同主办，住房和城乡建设部原副部长、中国土木工程学会理事长郭允冲出席会议并讲话，来自全国各地桥梁界专家学者500多人参加了会议。

6月27~28日　由中国土木工程学会工程防火技术分会和水工业分会联合主办的全国第一届超高层建筑消防学术会议在北京召开。

7月1~7日　我会和东南大学联合主办的2014年土木工程院士知名专家系列讲座暨第五届全国研究生暑期学校在南京举办，邀请3位院士、29位知名专家从结构与防灾、桥梁与岩土、工程管理三个方面开展知识讲座，200余人参加。

7月22~25日　"十二五"国家科技支撑计划"城市地下空间开发应用技术集成与示范"项目通过中期检查。

10月21日　第十二届中国土木工程詹天佑奖评审大会在北京召开，经与会专家共同评议，确定28项工程获奖。

11月　第十一届中国土木工程学会优秀论文奖评选结果揭晓，共评出一等奖3篇、二等奖5篇、三等奖13篇。

11月14~16日　由中国土木工程学会教育工作委员会、住房和城乡建设部高等学校土木工程学科专业指导委员会主办，同济大学承办的第十二届全国高校土木工程学院（系）院长（主任）工作研讨会在上海举行。学会副理事长刘士杰出席会议并讲话。

11月23~25日　2014中国隧道与地下工程大会（CTUC）暨中国土木工程学会隧道及地下工程分会第十八届年会在杭州召开。学会副理事长刘士杰出席会议并讲话。

12月4日，第十二届中国土木工程詹天佑奖颁奖大会在北京隆重举行，与会领导向28项获奖工程颁奖。住房和城乡建设部副部长王宁，中国科学技术协会副主席程东红，住房和城乡建设部原副部长、学会理事长郭允冲，中国铁路总公司副总经理卢春房，原建设部副部长、学会名誉理事长谭庆琏，原铁道部副部长、学会原副理事长蔡庆华，清华大学副校长、学会副理事长袁驷，原建设部总工程师、学会原理事长许溶烈，国家科技奖励工作办公室主任邹大挺等领导出席。

12月17日　由中国土木工程学会等单位共同编制的《人工碎卵石复合砂应用技术规程》JGJ361—2014于2014年12月17日批准发布，自2015年8月1日起实施。

● 2015年

2月　学会完成中国科学院院士、中国工程院院士候选人推荐工作，向中国科协推荐8名中国工程院候选人。

3月29日　北京詹天佑土木工程科学技术发展基金会二届五次理事会暨三届一次理事会在北京召开，中国土木工程学会、基金会理事、监事及北京市民政局、北京市科协领导出席，会议选举产生了基金会第三届理事会，郭允冲任名誉理事长，刘士杰任理事长，王薇任秘书长。

6月5日　2015年中国土木工程学会标准工作会议在北京召开，标志着中国土木工程学会团体标准（学会标准）编制工作全面启动。

7月1~7日　我会和东南大学联合主办的2015年土木工程院士知名专家系列讲座暨第六届全国研究生暑期学校在南京举办，邀请3位院士、42位知名专家就土木工程领域热点、难点问题介绍自己的学术观点和学术成果，540余人参加。我会王薇副秘书长出席开幕式并讲话。

7月10日　为做好中国土木工程学会标准编制和管理工作，学会标准与出版工作委员会在北京组织召开了2015年第一批学会标准编制工作会议。国务院参事、学会秘书长张玉平出席会议讲话。

7月17~20日　第十二届全国土力学及岩土工程学术大会在上海召开。

8月19~20日　饮用水安全控制技术会议山东泰安召开。

10月14~15日　2015（第二届）城市防洪排涝国际论坛在广州召开。

11月5日　第十三届中国土木工程詹天佑奖评审大会在北京召开，经与会专家共同评议，确定38项工程获奖。

11月19~20日　我会在北京成功举办"互联互通 合作共赢——'一带一路'土木工程国际论坛"（学会2015年学术年会）。本次论坛得到住房和城乡建设部、国务院参事室、中国科学技术协会的指导，由中国土木工程学会和中国国学研究与交流中心共同主办。来自中国、美国、英国、加拿大、柬埔寨、乌兹别克斯坦、蒙古、哥伦比亚、黑山、马其顿、意大利、阿尔及利亚、突尼斯等10多个国家的400多位专家和工程技术人员参会。会议围绕"'一带一路'建设与土木工程的发展机遇"这一主题进行交流研讨，与会的各国学术组织代表共同签署了由我会提出的《国际土木工程科技发展与合作倡议书》。会议对推动我国"一带一路"发展战略的实施、促进各国进行更广泛的工程建设科技交流与合作、促进各国工程建设科技人员的沟通和交流、探讨"一带一路"相关国家工程建设合作方式、促进各国科技的均衡发展具有积极的意义。

● 2016年

1月15日　由中国科协主办的创新城市工作与多学科协同共治研讨会在北京召开，我会参与会议协办工作。住房和城乡建设部原副部长、学会理事长郭允冲应邀参会作主题发言。

1月25~26日　"十二五"国家科技支撑计划课题"软土地下空间开发工程安全与环境控制关键技术"的1项关键技术和4本技术指南验收评审会在上海召开。来自北京、天津、上海、深圳、武汉、郑州等地的专家及课题组成员约40余人参加了会议。

2月26日　学会申报的5名青年科技人才入选中国科协"青年人才托举工程（2015~2017）"，每人每年获得科协15万元资助经费，连续支持3年。

3月3~4日　"十二五"国家科技支撑计划课题"软土地下空间开发工程安全与环境控制关键技术"的6项关键技术验收评审会在北京召开。来自北京、杭州、兰州、上海、福州、天津、武汉等地的专家及课题组成员约30余人参加了会议。

3月10日　学会4本技术指南批准发布。依据由中国土木工程学会与华东建筑设计研究院有限公司负责承担的"十二五"国家科技支撑计划课题"软土地下空间开发工程安全与环境控制关键技术"的研究成果，中国土木工程学会组织有关单位编写了《大直径超长灌注桩设计与施工技术指南》CCES 01—2016、《软土大面积深基坑无支撑支护设计与施工技术指南》CCES 02—2016、《城市软土基坑与隧道工程对邻近建（构）筑物影响评价与控制技术指南》CCES 03—2016、《城市软土基坑与隧道工程信息化施工安全监控技术指南》CCES 04—2016，经我会标准与出版工作委员会组织专家审查通过，于2016年3月10日批准发布，由中国建筑工业出版社出版发行。

3月16日 "十二五"国家科技支撑计划"城市地下空间开发应用技术集成与示范"项目示范工程验收会在北京召开。与会专家认为，根据国家"十二五"科技支撑计划课题任务要求，各课题组（包括学会牵头承担的课题二的4项示范工程）提交的示范工程资料齐全，符合要求，专家组一致同意通过验收。

3月18日 由中国土木工程学会主办，中国绿色建筑委员会、德阳市科学技术协会、德阳市住房和城乡规划建设局、四川建筑职业技术学院协办的"土木工程院士、专家系列讲座——中国科协创新驱动助力工程试点项目"在四川德阳举办。讲座邀请中国工程院肖绪文院士、中国绿色建筑委员会主任王有为研究员分别作了题为"创新驱动发展，科技推进建筑业升级"和"绿色、生态、低碳在建设事业中的实践"的精彩报告，530余人参加。

3月25~30日 由中国土木工程学会、香港工程师学会土木部联合主办，詹天佑土木工程科技发展基金会支持的2016年内地香港青年工程师土木工程科技冬令营成功举办。香港青年土木工程师44人赴东北三省考察了内地的高铁、桥梁、港口、隧道等方面的工程项目。

3月30日 第十三届中国土木工程詹天佑奖颁奖大会在北京隆重举行，与会领导向38项获奖工程颁奖。住房和城乡建设部副部长易军，住房和城乡建设部原副部长、学会理事长郭允冲，中国科学技术协会党组成员、书记处书记吴海鹰，中国铁路总公司副总经理卢春房，国家科技奖励工作办公室主任邹大挺，中国工程院院士任辉启等领导出席。

4月25~26日 由中国土木工程学会和华东建筑设计研究院有限公司牵头承担的"十二五"国家科技支撑计划课题"软土地下空间开发工程安全与环境控制"，在杭州通过了住房和城乡建设部组织的课题验收，并于2016年10月18日在北京通过了科技部组织的项目验收。

5月9~11日 第二十二届全国桥梁学术会议及国际桥协（IABSE）2016广州会议在广州召开。我会刘士杰副理事长出席并致辞，参加大会的代表分别来自29个国家，共1110人。

5月 第十四届中国青年科技奖揭晓，经学会推荐的翟长海获奖。

6月 由学会推荐的葛耀君、洪开荣、郑刚获得中国科协第七届"全国优秀科技工作者"表彰。

7月1~7日 我会和东南大学联合主办的2016年土木工程院士知名专家系列讲座暨第七届全国研究生暑期学校在南京举办，邀请包括4位院士在内的44位知名专家学者讲课，450余人参加。

9月26~27日 我会在北京召开了以"全面提升城市功能"为主题的学术年会。住房和城乡建设部原副部长、中国土木工程学会郭允冲理事长出席大会讲话并作了"大幅度提高城市建设工程建设的质量和水平"大会报告。会议邀请了10多位院士和专家，针对建设理念、绿色建筑、既有建筑改造、绿色施工、结构工程创新、海绵城市建设、轨道交通、桥梁工程、地下空间、城市综合管廊建设、防灾减灾等热点与难点问题进行了报告与交流。来自全国建设、交通、铁路、道桥、隧道、市政等土木工程各个领域的专家学者、学会会员和新闻媒体代表约300人参加了此次会议。年会论文集收录论文38篇。

10月24日 英国土木工程师学会中国区域代表拜访我会。

10月24~27日 2016中国隧道与地下工程大会暨中国土木工程学会隧道及地下工程分会第十九届年会在四川成都召开。住房和城乡建设部原副部长、中国土木工程学会郭允冲理事长出席大会并讲话。

10月27~29日 第九届全国防震减灾工程学术研讨会在合肥召开。

11月10日 2016全装修住宅及内装工业化（国际）论坛在北京召开。

11月17~18日 由学会等联合主办的2016中国城市基础设施建设与管理国际大会在上海召开，住房和城乡建设部原副部长、学会理事长郭允冲出席会议并讲话。

12月 第十二届中国土木工程学会优秀论文奖评选结果揭晓，共评出一等奖3篇、二等奖10篇、三等奖16篇。

12月12~16日 中国土木工程学会和香港工程师学会土木工程部联合组织开展2016年内地与香港青年土木工程师科技交流团，组织我会单位会员青年工程师赴香港进行土木工程科技交流，并续签了两会的合作协议。

12月21日 第十四届中国土木工程詹天佑奖评审大会在北京召开，经与会专家共同评议，确定29项工程获奖。

2017年

2月　学会完成中国科学院院士、中国工程院院士候选人推荐工作。向中国科协推荐5名中国工程院候选人。

4月14日　由中国土木工程学会、北京詹天佑土木工程科学技术发展基金会共同主办的中国土木工程詹天佑奖技术交流会在北京召开。本次技术交流会以"土木工程创新技术"为主题，与第十四届中国土木工程詹天佑奖颁奖大会同期召开，与会领导向29项获奖工程颁奖，近400人参会。会议邀请了第十四届中国土木工程詹天佑奖获奖项目的主要完成专家到会作技术交流报告，报告内容重点涵盖了大型公共建筑新建或改扩建工程，历史文化建筑保护利用工程，铁路、高速公路、轨道交通、水利水电工程等领域的技术难点、创新点、关键技术及新技术应用等。

4月20~21日　2017中国（郑州）城市轨道交通关键技术论坛暨第26届地铁学术交流会在郑州召开。

5月30日~6月4日　中国土木工程学会代表团（学会副理事长刘士杰为团长）赴加拿大温哥华参加加拿大土木工程学会2017年年会，访问加拿大土木工程学会并签署合作协议。

6月9~14日　中国土木工程学会代表团（学会副秘书长李建钢为团长）赴挪威卑尔根参加2017年世界隧道大会暨第43届会员国大会，并访问挪威隧道协会。

7月1~7日　我会和东南大学联合主办的2017年土木工程院士知名专家系列讲座暨第八届全国研究生暑期学校在南京举办，邀请包括4位院士在内的55位知名专家学者讲课，450余人参加。

7月7~10日　由中国科学技术协会学会学术部指导，中国土木工程学会、东南大学主办，东南大学土木工程学院、材料科学与工程学院、交通学院，东南大学城市工程科学技术研究院，国家预应力工程技术研究中心，混凝土及预应力混凝土结构教育部重点实验室承办的首届土木工程海外华人青年学者学术交流与联谊会在南京召开。中国土木工程学会李建钢副秘书长出席会议并讲话。

7月28日　由中国土木工程学会、中国建设报社主办的项目管理（智慧工地应用与创新）典型案例交流及现场观摩会在北京召开。中国土木工程学会副理事长刘士杰出席开幕式并致辞。

8月28日　由中国土木工程学会轨道交通分会等单位联合主办的区域快速轨道交通与城市群协同发展学术论坛暨《市域快速轨道交通设计规范》发布仪式在北京交通大学顺利举行。中国土木工程学会郭允冲理事长出席开幕式并致辞。

9月　学会向中国科协推荐光华工程科技奖候选人2名。

9月19日　由中国科学技术协会、科技部高技术研究发展中心、中国土木工程学会、中国科技产业化促进会担任指导单位，北京城建设计发展集团联合北京交通大学、清华大学、同济大学和西南交通大学共同倡议发起并主办的首届中国城市轨道交通科技创新创业大赛URIC2017启动会在北京举行。中国土木工程学会理事长郭允冲出席会议。

9月22~24日　第四届建筑科学与工程创新论坛在长沙召开。

9月26日　中国土木工程学会标准编制工作会议在北京召开。住房和城乡建设部原副部长、中国土木工程学会理事长郭允冲到会并讲话，100余人参会。

10月16~17日　2017（第三届）城市防洪排涝国际论坛在南京召开。

10月26~27日　由中国土木工程学会主办、同济大学承办的以"智能土木"为主题的中国土木工程学会2017年学术年会在上海举行，来自全国建筑、交通、铁路、道桥、隧道、市政等土木工程各领域的院士、专家学者、科技人员、学会会员、企业代表约500人与会，围绕智能土木时代的新概念、新技术、新战略，交流研讨智能化城镇建设领域最新的科研进展和工程实践。中国工程院院士、同济大学校长钟志华出席大会开幕式并致辞。此次学术年会设有24场特邀报告，以及现场参观上海中心、北横通道隧道建设工地。住房和城乡建设部原副部长、中国土木工程学会理事长郭允冲出席大会开幕式并作大会报告。本次会议共收录62篇具有一定创新和学术应用价值的论文，汇编成2017年学术年会论文集。

11月10日　第十五届中国土木工程詹天佑奖评审大会在北京召开，经与会专家共同评议，确定30项工程获奖。

11月18日　由河南省科协、中国土木工程学会主办，河南省土木建筑学会承办的地下空间开发利用与城市可持续发展高层学术论坛在郑州举办，中国土木工程学会副理事长刘士杰出席开幕式并致辞，以钱七虎院士、王复明院士为首的百余位国内外专家学者汇聚一堂，聚焦城市可持续发展的现实迫切问题，进行了热烈的学术交流。

12月　学会推荐的邢德峰荣获2017年教育部青年科学奖。

● 2018年

3月30日～4月4日　学会与香港工程师学会土木部在成都、西安成功举办2018香港、内地青年土木工程科技交流营活动。

5月26~27日　第二十届中国科协年会分会场特长隧道面临的技术挑战研讨会在杭州市国际博览中心召开。会议由中国科学技术协会、浙江省人民政府主办，中国土木工程学会承办，中国土木工程学会隧道及地下工程分会等单位协办，来自中国工程院、大学、科研机构、企业、社会团体等国内外专家与学者共110余人参会。

5月27日　第二十届中国科协年会闭幕时首发重大科学前沿问题和重大工程技术难题。在中国科协副主席、国际宇航科学院院士李洪对外发布的60个重大科学问题和重大工程技术难题中（涉及公共安全、空天科技、信息科技、医学健康等12个领域），中国土木工程学会推荐的工程技术难题"城市交通基础设施智能协同运营技术"（作者：丁炜、彭崇梅）入选。

6月2日　学会在京召开了第十次全国会员代表大会暨十届一次理事会议、十届一次常务理事会议，会议选举产生了新一届理事会及领导机构，审议通过了制（修）订的《中国土木工程学会分支机构管理办法》等10项工作制度。

6月3日　由中国土木工程学会和北京詹天佑土木工程科学技术发展基金会主办的第十五届中国土木工程詹天佑奖技术交流会在北京召开。来自全国土木工程领域的科技人员代表近500人参会。会议由中国土木工程学会秘书长李明安主持。会议以"土木工程创新技术"为主题，邀请了第十五届中国土木工程詹天佑奖获奖项目的主要完成专家到会作技术交流报告，报告内容重点涵盖了高层建筑、公路桥梁、铁路高层、隧道工程、水电站工程、住宅小区等领域的技术难点、创新点、关键技术及新技术应用等。同期召开第十五届中国土木工程詹天佑奖颁奖大会，与会领导向30项获奖工程颁奖。

6月22日　世界工程组织联合会中国委员会（WFEO~CHINA，简称"中委会"）2018换届工作会议在中国科技会堂举行。我会推荐李明安秘书长担任中委会委员。

7月1~7日　2018年土木工程院士知名专家系列讲座暨第九届全国研究生暑期学校在南京举办，邀请包括3位院士在内的64位知名专家学者讲课，450余人参加。学会秘书长李明安出席开幕式并讲话。

7月7~10日　中国科学技术协会学会学术部指导，学会、东南大学联合主办的第二届土木工程海外华人青年学者学术交流与联谊会在南京召开。学会秘书长李明安出席会议并讲话。

7月23~24日　由住房和城乡建设部、贵州省人民政府和香港特别行政区政府发展局共同主办的2018年内地与香港建筑论坛在贵阳市召开。本届论坛的主题是"融入国家发展大局促进建筑业高质量发展"，共有来自内地、香港的代表近400人参加会议。中国土木工程学会是本届论坛的内地协办单位之一。中国土木工程学会秘书长李明安与香港顾问工程师协会前主席龚永泉共同主持了第二组论坛"建筑科技创新与传承"。

9月14~15日　"改革开放四十年中国隧道科技高峰论坛"在广州南沙举行。本次论坛由中国土木工程学会指导，中国土木工程学会隧道及地下工程分会主办，中铁隧道局集团承办。中国土木工程学会理事长郭允冲出席会议并致辞。

9月16~18日　第五届建筑科学与工程创新论坛在大连召开。学会秘书长李明安出席会议并讲话。

9月18~19日，东南亚隧道工程研讨会在马来西亚吉隆坡召开。会议由中国土木工程学会与马来西亚工程师协会（IEM）联合主办，中国土木工程学会隧道及地下工程分会协办。会议以"重大隧道工程的挑战与战略对策"为主题，共邀请7位中国专家、9位马来西亚及新加坡专家作主旨报告，分享了东南亚各国隧道及地下工程的先进经验和成功案例，共同展望了该领域的未来发展趋势。大会参会人数200余名，并设企业展区。我会理事长郭允冲作书面欢迎词，我会隧道及地下工程分会副理事长严金秀、秘书长洪开荣参加了会议并作主旨报告。

9月20日　中国土木工程学会学术工作委员会2018年度全体委员会议在北京召开。学会秘书长李明安出席会议并讲话。

9月27~28日　由中国土木工程学会主办、中国建筑集团有限公司承办的中国土木工程学会2018年学术年会在天津隆重召开。会议由中国土木工程学会秘书长李明安同志主持。本届大会的主题是"智慧城市与土木工程"。来自全国建设、交通、铁路、道桥、隧道、市政等土木工程各个领域的院士、专家学者、学会会员和新闻媒体的代表近500人参加了此次会议。中国工程院院士何华武、钱七虎、聂建国、丁烈云、王浩、陈湘生，中国科学院院士周成虎，加拿大工程院院士阿卜杜勒·加尼·瑞泽普等20多位国内外院士和专家作了学术报告，内容涉及智慧城市、生态城市、智慧交通、智能高铁、地下空间、轨道交通、城市水资源、城市燃气、数字建造、智慧管理等热点与难点问题。中国土木工程学会理事长郭允冲代表学会领导讲话，并作了题为"全面科学综合规划开发地下空间资源，再造无数个地下城市"的大会报告。

10月29日　中国科协学科创新协同项目"轨道交通协同创新平台建设"项目验收会在北京召开。会议由中国土木工程学会李明安秘书长主持。

10月31日　第十六届中国土木工程詹天佑奖评审大会在北京召开，经与会专家共同评议，确定30项工程获奖。

11月3~5日　中国土木工程学会水工业分会2018年年会暨生态文明引领下的水工业发展战略和创新先进技术高峰论坛在广西南宁召开。中国土木工程学会理事长郭允冲出席开幕式并致辞。500余人参加了此次会议。

11月5~6日　2018中国隧道与地下工程大会暨中国土木工程学会隧道及地下工程分会第二十届年会在安徽滁州召开。来自建设单位、科研院校、企业、厂家的代表以及专家学者、高校师生约1600余人出席了此次大会。中国土木工程学会郭允冲理事长作了题为"全面科学综合规划开发地下空间资源，再造无数个地下城市"的大会特邀报告。

11月26~27日　由我会防护工程分会主办、军事科学院国防工程研究院承办的中国土木工程学会防护工程分会第十五次学术年会暨首届国防工程科技论坛在北京召开。中国土木工程学会理事长郭允冲出席会议并致辞。

12月　第十三届中国土木工程学会优秀论文奖评选结果揭晓，共评出一等奖2篇、二等奖9篇、三等奖17篇。

◉ 2019年

1月19日　北京詹天佑土木工程科学技术发展基金会在北京组织召开三届八次理事会议，经全体与会理事表决，推选郭允冲同志为基金会名誉理事长、李明安同志为基金会理事长。

2月25日~3月1日　由中国土木工程学会和香港工程师学会土木分部联合在香

港成功举办2019内地、香港青年工程师科技交流营。中国土木工程学会理事长郭允冲、秘书长李明安率领内地青年工程师一行22人赴香港进行了为期5天的参观交流活动。

3月　学会完成中国科学院院士、中国工程院院士候选人推荐工作。向中国科协推荐4名中国工程院院士候选人。

3月13日　由我会桥梁分会推荐的"凤凰中心"荣获国际桥梁与结构工程协会（IABSE）2017年杰出结构奖。学会理事长郭允冲出席揭牌仪式并讲话，仪式后郭允冲理事长与国际桥协主席、副主席进行了会谈。

4月12日　由中国土木工程学会、北京詹天佑土木工程科学技术发展基金会共同主办的第十六届中国土木工程詹天佑奖技术交流会在北京召开。本届技术交流会以"土木工程创新技术"为主题，与中国土木工程詹天佑奖二十周年庆典暨第十六届颁奖典礼同期召开，近500人参加了此次会议。会议由中国土木工程学会秘书长、北京詹天佑土木工程科学技术发展基金会理事长李明安同志主持。会议邀请了第十六届中国土木工程詹天佑奖获奖项目的主要完成专家到会作技术交流报告，报告内容重点涵盖了高层建筑、公路桥梁、铁路工程、隧道工程、轨道交通工程等领域的技术难点、创新点、关键技术及新技术应用等。

4月18~21日　由我会桥梁及结构工程分会和中国空气动力学会工业与空气动力学分会主办的第十九届全国结构风工程学术会议暨第五届全国风工程研究生论坛在福建厦门召开。中国土木工程学会理事长郭允冲出席会议并致辞。

4月25日　第二届中国城市轨道交通科技创新创业大赛北京启动会在京举行。中国土木工程学会作为此次大赛的指导单位，学会郭允冲理事长出席了启动会，并在会上发表致辞。

5月3~9日　2019世界隧道大会暨国际隧道与地下空间协会（ITA）第45届会员国大会在意大利那不勒斯召开，中国土木工程学会郭允冲理事长、李明安秘书长，学会隧道及地下工程分会唐忠理事长等100多位中国专家出席了此次会议，学会隧道及地下工程分会副理事长严金秀女士成功当选为ITA主席，任期3年（2019~2022年）。

5月10日　由学会常务理事周绪红院士代表学会与日本土木学会签署了工程结构理论与技术双边合作交流备忘录。

5月30日　韩国土木工程学会理事长一行4人访问我会，学会理事长郭允冲、秘书长李明安等参加。

6月　第十五届中国青年科技奖揭晓，学会推荐的伊廷华获奖。

6月25日　学会党支部组织秘书处人员，在学会理事长郭允冲，党支部书记、秘书长李明安的带领下，到阳早与寒春两位"白求恩"式国际共产主义战士的故居，开展"不忘初心、牢记使命"主题教育活动。

7月1~7日　我会和东南大学联合主办的2019年土木工程院士知名专家系列讲座暨第十届全国研究生暑期学校在南京举办，邀请包括4位院士在内的57位知名专家学者讲课，430余人参加。学会秘书长李明安出席开幕式并讲话。

7月8~10日　我会和东南大学联合主办第三届土木工程海外华人青年学者学术交流与联谊会在南京举行。中国土木工程学会理事长郭允冲到会致辞。

8月27日　第十七届中国土木工程詹天佑奖评审大会在北京召开，经与会专家共同评议，确定31项工程获奖。

8月29~30日　由中国土木工程学会轨道交通分会和中国工程院土木、水利与建筑工程学部主办的2019中国城市轨道交通关键技术论坛——第28届地铁学术交流会暨中国土木工程学会轨道交通分会40周年纪念活动在北京隆重召开。来自全国各地的近500名相关院士、专家及业界领军人物齐聚一堂，共同探讨城市轨道交通发展与创新等相关问题。

9月　学会向中国科协推荐光华工程科技奖候选人3名。

9月21~22日　由中国土木工程学会主办、上海建工集团股份有限公司承办的中国土木工程学会2019年学术年会在上海隆重召开。大会主题是"中国土木工程与可持续发展"。中国土木工程学会理事长郭允冲代表学会领导讲话，原铁道部常务副部长、中国工程院院士孙永福等近20位院士出席会议，16位院士和专家作了学术报告，来自全国建设、交通、铁路、道桥、隧道、市政等土木工程各个领域的院士、专家学者、学会会员和新闻媒体的代表近700人参加了本次会议。会议由中国土木工程学会秘书长、北京詹天佑土木工程科学技术发展基金会理事长李明安同志主持。会议共收到论文投稿203篇，经评审从中选出90篇在理论上或技术上具有一定创新和工程应用价值的论文，汇编成2019年学术年会论文集。

9月27~28日　中国土木工程学会隧道及地下工程分会2019年地铁科技论坛暨中

国土木工程学会隧道及地下工程分会成立四十周年纪念活动在武汉隆重召开。中国土木工程学会理事长郭允冲出席开幕式致辞。

10月　学会向中国科协推荐中国青年科技奖推荐候选人2名。

11月2~3日　由中国土木工程学会隧道及地下工程分会、中国岩石力学与工程学会地下工程分会和台湾隧道协会共同主办的第十八届海峡两岸隧道与地下工程学术及技术研讨会在重庆召开。来自海峡两岸的专家学者300余位代表参加了本次研讨会。中国土木工程学会理事长郭允冲莅临大会开幕式并致辞。

11月28日　为加强学会标准立项管理、确保标准质量，中国土木工程学会标准与出版工作委员会在北京组织召开了中国土木工程学会2019年度标准立项评估会议。会议邀请了9位专家对学会标准进行立项评估。学会理事长郭允冲、秘书长李明安到会指导。

12月16日　为规范标准管理、提高标准质量，学会印发了新修订的《中国土木工程学会标准管理办法》。

12月　学会推荐的大连理工大学伊廷华教授荣获2019年教育部高等学校科学研究优秀成果奖青年科学奖。

● 2020年

5月20日　城市公共交通分会在江苏镇江举办以"理解与尊重同行，共同关爱公交驾驶员"为主题的第二届全国5·20公交驾驶员关爱日系列活动，学会秘书长李明安通过视频出席开幕式并讲话，全国近百家公交企业积极响应。

6月30日　国际隧道与地下空间协会（ITA）召开了第47届会员国大会，经过全体78个会员国投票选举，中国土木工程学会成功获得2024年世界隧道大会承办权。

8月1~5日　我会和东南大学联合主办的2020年土木工程院士知名专家系列讲座暨第十一届全国研究生暑期学校在南京举办，邀请包括4位院士在内的44位知名专家学者开设线上系列学术报告会。学会李明安秘书长通过视频出席开幕式并讲话，来自全国各地70多所高校的优秀学生和工程师620人参加。

8月　学会向中国科协推荐2020年最美科技工作者候选人2名。

8月17~23日　由中国土木工程学会和东南大学主办的第四届土木工程海外华人青年学者学术交流与联谊会在南京召开（线上交流）。

9月11~13日　第一届全国基础设施智慧建造与运维学术论坛在南京举行。本次论坛由中国土木工程学会、中国铁道学会等10个学会及东南大学主办。开幕式由中国土木工程学会李明安秘书长主持。东南大学校长张广军院士、中国铁道学会理事长卢春房院士和中国科学技术协会学会学术部林润华副部长分别致辞。来自全国各地土木、交通、建筑、城市规划、测绘、人工智能、电子信息等领域的400余名专家学者和代表现场参加了本届论坛。此次论坛包括12场大会报告以及76场特邀报告。论坛对所有报告进行了网络直播，浏览量达18.1万，社会各界反响热烈。

9月22日　由中国土木工程学会主办，中国建筑科学研究院有限公司、北京詹天佑土木工程科学技术发展基金会承办的中国土木工程学会2020年学术年会暨第十七届中国土木工程詹天佑奖颁奖大会在北京隆重召开。大会主题是"新基建与土木工程科学发展"。会议由中国土木工程学会秘书长、北京詹天佑土木工程科学技术发展基金会理事长李明安同志主持。来自全国建设、交通、铁路、道桥、隧道、市政等土木工程各个领域的院士、专家学者、学会会员和新闻媒体的代表到会，会议现场参会人数限定为300余人，通过视频直播在线观看的浏览量为517.48万。20多位院士出席会议，其中9位院士和专家作了学术报告。会议聚焦健康建筑、韧性城市、智能交通工程、数字市政工程、现代桥隧工程、地下空间高效开发与利用、综合防灾减灾、智能建造、工程质量大数据监督与智能管控、土木工程科学发展等热点与难点问题，展开交流研讨，院士、专家的报告紧密结合新基建，为推动土木工程科学发展建言献策。本次会议共收到论文投稿110篇，经评审从中选出64篇在理论上或技术上具有一定创新和工程应用价值的论文，汇编成2020年学术年会论文集。会议取得了圆满成功。

9月22日　中国土木工程学会学术与标准工作委员会成立大会暨第一次工作会议在京召开。中国土木工程学会副理事长、中国建筑科学研究院有限公司董事长王俊，中国土木工程学会秘书长李明安出席会议并讲话。

10月　第十六届中国青年科技奖揭晓，经学会推荐的清华大学聂鑫、同济大学张冬梅获奖。

10月27日　为加强学会标准立项管理、确保标准质量，中国土木工程学会学术与标准工作委员会在北京组织召开了中国土木工程学会2020年度标准立项评估会议。

10月31日~11月1日　第六届建筑科学与工程创新论坛在西安召开。中国土木工程学会秘书长李明安出席会议并致辞。

11月22~24日　同济大学和中国土木工程学会混凝土及预应力混凝土分会联合主办了国际结构混凝土协会（FIB）2020年学术大会（线上会议）。此次会议以"现代混凝土结构引领韧性城乡建设"为主题，为国内外高校、混凝土及相关领域的研究单位、设计院和施工企业提供了一个国际化交流平台。

12月　第十四届中国土木工程学会优秀论文奖评选结果揭晓，共评出一等奖2篇、二等奖8篇、三等奖17篇。

12月17日　由中国土木工程学会、同济大学、中国建筑集团有限公司联合主办的首届全国智能建造学术大会在上海成功召开，大会以"数字孪生与智能建造"为主题。来自中国科学院与中国工程院的王景全、何积丰、肖绪文、丁烈云、吴志强、岳清瑞、张喜刚、吕西林等院士，以及中国土木工程学会秘书长李明安、同济大学副校长顾祥林、中国建筑股份有限公司科技与设计管理部副总经理宋中南等出席。400余人参会，在线收看5万余人次。

12月22日　第十八届中国土木工程詹天佑奖评审大会在北京召开，经与会专家共同评议，确定30项工程获奖。

● 2021年

3月　学会完成中国科学院院士、中国工程院院士候选人推荐工作，向中国科协推荐2名中国科学院院士候选人、4名中国工程院候选人。

6月　学会向中国科协推荐"2021年最美科技工作者候选人"2名。

7月16日　住房和城乡建设部召开直属机关"两优一先"表彰大会，中国土木工程学会党支部获得"住房和城乡建设部直属机关先进基层党组织"和1名优秀党员表彰。

7月26~30日　我会和东南大学联合主办的2021年土木工程院士知名专家系列讲座暨第十二届全国研究生暑期学校在南京举办，邀请包括2位院士在内的60位知名专家学者开设线上系列学术报告会。学会李明安秘书长通过视频出席开幕式并讲话。来自全国各地80多所高校的优秀学生和工程师550人参加。

7月28日　学会十届四次理事会议在北京召开，审议通过了《关于中国土木工程学会变动理事长、副理事长的报告》《关于中国土木工程学会2020年工作总结和

2021年工作安排的报告》等七项议案；以无记名投票方式等额选举易军担任中国土木工程学会第十届理事会理事长，尚春明和马泽平担任中国土木工程学会第十届理事会副理事长；以无记名投票方式等额表决变更中国土木工程学会法定代表人，同意尚春明担任中国土木工程学会法定代表人。同期以视频会议方式召开一届五次监事会议，审议通过了《关于变更中国土木工程学会法定代表人的报告》《中国土木工程学会"十四五"规划》《关于设立中国土木工程学会科技进步奖等奖项的提议》。

7月28日　《中国土木工程学会标准体系》编制启动会议在北京召开。

9月27~29日　由中国土木工程学会和长沙市人民政府主办，中国建筑集团有限公司、中国建筑第五工程局有限公司、北京詹天佑土木工程科学技术发展基金会承办的中国土木工程学会2021年学术年会暨第十八届中国土木工程詹天佑奖颁奖大会在湖南长沙隆重召开。本届年会的主题是"城市更新与土木工程高质量发展"，来自住房和城乡建设部、交通运输部、水利部、中国工程院、中国国家铁路集团有限公司等单位的领导，以及全国建筑、交通、铁路、道桥、隧道、市政等土木工程各个领域的院士、专家学者、学会会员和新闻媒体的代表到会，会议现场参会人数限定为1200余人，通过视频直播在线观看的浏览量为150多万。大会开幕式由中国土木工程学会副理事长尚春明主持。本届年会共有13位院士出席，其中9位院士专家作了大会学术报告，年会采取"1+6"模式，设置6个分会场邀请到50余位专家作了分论坛的学术报告。本次年会收到投稿304篇，收录论文185篇，出版论文集。会上，与会领导向第十八届中国土木工程詹天佑奖的30项获奖工程颁奖。

10月　学会印发《城市轨道交通技术发展纲要建议（2021—2025）》。

10月16~17日　第二届全国基础设施智慧建造与运维学术论坛在南京举行。本次论坛由中国科学技术协会科学技术创新部作为指导单位，由中国土木工程学会等10个学会与东南大学共同主办，中国土木工程学会秘书长李明安同志出席会议并致辞。

11月　学会向中国科协推荐光华工程科技奖候选人3名。

11月12日　中国科协学科发展项目"桥梁工程学科发展研究"成果验收会（视频会议）召开。中国土木工程学会尚春明副理事长、李明安秘书长出席会议。

12月8日　第十九届中国土木工程詹天佑奖终审会议在北京召开。经与会专家共同评议，确定42项工程获奖。

12月21日　为落实《中国土木工程学会"十四五"规划》要求、强化学会标准立项管理、确保标准质量水平，中国土木工程学会学术与标准工作委员会组织召开了中国土木工程学会2021年度标准立项评估会议（视频会议）。

12月22日　中国土木工程学会与英国土木工程师学会续签了两会合作协议。

2022年

1月24日　由我会学术与标准工作委员会完成的课题"中国土木工程学会标准体系编制"顺利通过专家验收。

3月　学会向中国科协推荐中国青年科技奖候选人2名。

附 录

附录一 中国土木工程学会组织机构示意图

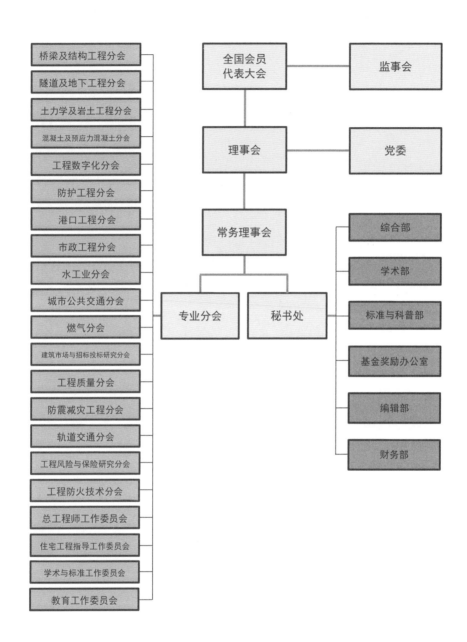

附录二　中国土木工程学会历届理事会及领导机构

换届时间	届次	理事长	副理事长	名誉理事长	顾问	秘书长
1953年9月	第一届	茅以升	王明之、曹方行	—	—	马奔
1956年12月	第二届	茅以升	王明之、曹方行、蔡方荫、张维、陶述曾、赵祖康	—	—	马奔
1962年9月	第三届	茅以升	汪菊潜、谭真、赵祖康、陶述曾、王明之、刘云鹏	—	—	刘云鹏
1978年12月	第三届临时常务理事会	茅以升	刘建章、彭敏、赵祖康、陶述曾、郭建、宁致远、李国豪、赵锡纯、韩力平、张维、高原	—	—	赵锡纯
1984年12月	第四届	李国豪	肖桐、子刚	茅以升	—	李承刚
1988年11月	第五届	李国豪	许溶烈、子刚、程庆国	茅以升	林汉雄	李承刚
1993年5月	第六届	许溶烈	李居昌、孙钧、程庆国	李国豪	侯捷	张朝贵
1998年3月	第七届	侯捷	李居昌、蔡庆华、程庆国、姚兵、陈肇元、项海帆	李国豪	许溶烈	唐美树
2002年11月	第八届	谭庆琏	蔡庆华、胡希捷、徐培福、范立础、袁驷	李国豪	姚兵、李居昌、陈肇元、许溶烈	张雁
2012年6月	第九届	郭允冲	卢春房、冯正霖、杨忠诚、刘士杰、袁驷、李永盛、易军、李长进、孟凤朝、刘起涛、王俊	谭庆琏	蔡庆华、胡希捷、徐培福、范立础	张雁（任期2012~2013年）、杨忠诚（任期2013~2014年）、张玉平（任期2015~2016年）、刘士杰（任期2016~2018年）
2018年6月	第十届	郭允冲（任期2018~2020年）易军（任期2021年至今）	戴东昌、王同军、张宗言、尚春明（任期2021年至今）、王祥明（任期2018~2021年）、马泽平（任期2021年至今）、顾祥林、刘起涛、王俊、李宁、聂建国、徐征	—	—	李明安

附录三 中国土木工程学会前身历届领导一览表

名称	时间	届次	会长	副会长	会员数（人）	团体会员（个）
中华工程师学会	1912年1月	—	詹天佑	—	—	—
	1913年8月	一届	詹天佑	颜德庆、徐文炯	148	—
	1914年11月	二届	詹天佑	吴健、陈幌	249	—
	1915年9月	三届	詹天佑	吴健、颜德庆	265	—
	1916年10月	四届	沈祺	陈西林、邝孙谋	285	—
	1917年10月	五届	詹天佑	—	325	—
	1918年10月	六届	詹天佑	邝孙谋、华南圭	405	—
中国工程师学会	1919年10月	七届	沈祺	俞人凤、华南圭	435	—
	1920年10月	八届	沈祺	陈幌、颜德庆	460	—
	1921年11月	九届	沈祺	陈西林、赵世煊	498	—
	1922年4月	十届	颜德庆	劳之常、王宠佑	—	—
	1923年10月	十一届	颜德庆	赵世煊、孙多钰	—	—
	1924年	十二届	邝孙谋	严智怡、贝寿同	500	—
中国工程学会	1918年8月	一届	陈体诚	张贻志	—	—
	1919年9月	二届	陈体诚	吴承洛	—	—
	1920年8月	三届	陈体诚	吴承洛	—	—
	1921年9月	四届	吴承洛	刘锡祺	—	—
	1922年9月	五届	吴承洛	刘锡祺	250	—
	1923年7月	六届	周明衡	刘锡祺	350	—
	1924年7月	七届	徐佩璜	凌鸿勋	420	—
	1925年9月	八届	徐佩璜	凌鸿勋	680	—
	1926年8月	九届	李垕身	薛次莘	780	—
	1927年9月	十届	徐佩璜	薛次莘	1010	—
	1928年8月	十一届	徐佩璜	周琦	1120	—
	1929年8月	十二届	胡庶华	徐恩曾	1440	—
	1930年8月	十三届	胡庶华	徐佩璜	1730	—

名称	时间	届次	会长	副会长	会员数（人）	团体会员（个）
中国工程师学会	1931年8月	一届	韦以黻	胡庶华	2169	—
	1932年8月	二届	颜德庆	支秉渊	—	—
	1933年8月	三届	萨福均	黄伯樵	—	—
	1934年8月	四届	徐佩璜	恽震	—	—
	1935年8月	五届	颜德庆	沈怡	—	—
	1936年5月	六届	曾养甫	沈怡	2994	17
	1938年10月	七届	曾养甫	沈怡	—	—
	1939年12月	八届	陈立夫	沈怡	3290	26
	1940年12月	九届	凌鸿勋	恽震	3290	26
	1941年10月	十届	翁文灏	茅以升	4623	43
	1942年8月	十一届	翁文灏	胡博渊、杜镇远	5194	49
	1943年10月	十二届	曾养甫	侯家源、李熙谋	6731	71
	1945年5月	十三届	曾养甫	顾毓琇、徐恩曾	9482	126
	1947年10月	十四届	曾养甫	顾毓琇、徐恩曾	12730	129
	1948年10月	十五届	茅以升	顾毓琇、萨福均	15028	129
	1949年	十六届	沈怡	赵祖康	16717	129

注：1925~1930年中华工程师学会领导人名单空缺。

附录四　中国土木工程学会会址及秘书处变迁一览表

会址	时间	秘书长	秘书处成员	挂靠部门
北京（市政设计院）西四羊肉胡同27号（1953年10月）、西单北大街114号（1955年）	1953~1958年	马奔（任期1953~1962年）、李肇祥（副）	刘千里、赵大年、汪骏祥、张秉令、王世英	—
北京车公庄大街19号建工部技术情报局	1958~1972年	刘云鹤（任期1962~1965年）、花怡庚（任期1965年）	曾永年、奚静达、薄贵培、王素珍、田振东、罗秀华、秦庸侠、孙萍、刘桂兰、房石铭等	1958年7月挂靠建工部，与中国建筑学会合署办公。1966年后学会停止工作，干部下放
北京复兴路10号铁道部内	1973~1978年		（铁道部外事局代管）	1973年挂靠铁道部，学会活动基本停顿
北京复兴路10号铁道部内	1978~1984年	赵锡纯、孙家炽（副）、刘学魁（副）	叶家骏、张四珣、尚科、王斌等	学会活动恢复。1978年8月与中国铁道学会合署办公，1983年6月本会编制14人
北京百万庄（三里河路9号），建设部大楼北附楼	1984~1993年	李承刚（任期1984~1991年）、张朝贵（任期1991~1993年）副秘书长：杜希斌、汪森华、陈广驱、罗祥麟、范立础（兼）、张纪衡（兼）	徐渭、米祥友、丁碧莲、张俊清、孙荣植、郗学礼、闫峰嵘、马贞勇、高文彬、杨群、张惠敏、张凌、李伶、孟宪云、穆鹏、惠永宁、张守谊、蒋协炳等	1984年1月恢复挂靠城乡建设环境保护部1984年6月秘书处正式办公
北京百万庄（三里河路9号），建设部大楼北附楼	1993~2002年	张朝贵（任期1993~1998年）、唐美树（任期1998~2002年）副秘书长：罗祥麟、凤懋润（兼）、王麟书（兼）、刘西拉（兼）	徐渭、米祥友、丁碧莲、张俊清、周贵荣、张惠敏、郗学礼、张凌、杨群、焦明辉、孙玉珍、刘海鹰、吴明等	挂靠建设部
北京百万庄（三里河路9号），建设部大楼北附楼	2002~2007年	张雁、副秘书长：唐美树（任期2002~2006年）、罗祥麟（任期2002~2006年）、刘海鹰、凤懋润（兼）、王麟书（兼）	徐渭、杨群、张凌、张俊清、张惠敏、焦明辉、程莹、李丹、周炎革、张君、樊慧、万滢、王立春、龚磊、周晶、张春华等	

256

会址	时间	秘书长	秘书处成员	挂靠部门
北京百万庄 （三里河路9号）， 建设部大楼北附楼	2007~ 2012年	张雁、 副秘书长：刘海鹰 （任期2007~2009年）、 凤懋润（兼）、 王麟书（兼）	张凌、张惠敏、 焦明辉、程莹、 李丹、张君、龚磊、 王立春、龚磊、 周晶、文捷、李应斌、 王萌、吴鸣、 董海军、薛晶晶、 包雪松等	
	2012~ 2018年	张雁 （任期2012~2013年）、 杨忠诚 （任期2013~2014年）、 张玉平 （任期2015~2016年）、 刘士杰 （任期2016~2018年）、 副秘书长：张洪复 （任期2012~2013年）、 崔建友 （任期2012~2015年）、 王薇 （任期2015~2016年）、 李建钢 （任期2016~2018年）	张凌、焦明辉、 程莹、李丹、龚慧、 张君、吴鸣、樊慧、 包雪松、李冰、 戚彬、张瑜、 薛晶晶、董海军、 孙志勇、张洁、 王萌、章爽、 李应斌、龚磊、 王立春、周晶等	
	2018~ 2022年	李明安 （任期2018年至今）	张凌、焦明辉、 程莹、李丹、龚慧、 张君、吴鸣、樊慧、 包雪松、李冰、 刘渊、戚彬、张瑜、 薛晶晶、董海军、 孙志勇、张洁、 王萌、章爽、李静等	

附录五　中国土木工程学会已加入的国际学术组织

国际学术组织名称（外文缩写）	总部地点	创立日期	加入日期
国际桥梁与结构工程协会（IABSE）	瑞士苏黎世	1929年	1956年
国际土力学及基础工程协会（ISSMFE），现更名为国际土力学及岩土工程学会（ISSMGE）	英国伦敦	1936年	1957年
国际隧道与地下空间协会（ITA）	瑞士洛桑	1974年	1979年
国际预应力协会（FIP），现更名为国际结构混凝土协会（FIB）	瑞士洛桑	1950年	1980年
国际燃气联盟（IGU）	挪威奥斯陆	1931年	1986年
国际公共交通联合会（UITP）	比利时布鲁塞尔	1885年	2000年
国际地下空间联合研究中心（ACUUS）	加拿大蒙特利尔	1996年	2007年